普通高等教育机械类应用型人才及卓越工程师培养系列教材

工业机器人技术及应用

刘 军 郑喜贵 主 编
张 莉 蒋玲玲 副主编
邱 慧 陈林林 参 编
周文玉 主 审

電子工業出版社
Publishing House of Electronics Industry
北京 · BEIJING

内 容 简 介

本书系统地介绍了工业机器人的基本组成、机械机构、运动学及动力学、控制系统、编程与调试、典型应用、管理与维护等内容。全书共 7 章，第 1 章介绍了工业机器人的发展与应用、机器人的组成与分类；第 2 章介绍了工业机器人的常见机械系统，对其机座、臂部、腕部、末端执行器及传动机构均做了比较详细的介绍；第 3 章主要介绍了工业机器人的运动学及动力学等数学理论基础；第 4 章介绍了工业机器人的控制系统；第 5 章介绍了工业机器人的编程与调试；第 6 章介绍了工业机器人的典型应用，对几类典型工业机器人的系统组成、周边设备及工作站布局做了较为详细的介绍；第 7 章介绍了工业机器人的管理与维护。本书每章最后都设计了思考与练习题，便于学生加深对相关知识的理解。

本书既可作为高等院校机械设计制造及其自动化、机械电子工程等专业的本科生，以及机械制造与自动化、机电一体化等相关专业的专科生教学使用，也可供工业机器人领域的教师、研究人员和工程技术人员学习参考。

图书在版编目（CIP）数据

工业机器人技术及应用/刘军，郑喜贵主编．—北京：电子工业出版社，2017.7
普通高等教育机械类应用型人才及卓越工程师培养规划教材
ISBN 978-7-121-31580-0

Ⅰ．①工… Ⅱ．①刘… ②郑… Ⅲ．①工业机器人—高等学校—教材 Ⅳ．①TP242.2

中国版本图书馆 CIP 数据核字（2017）第 116693 号

责任编辑：郭穗娟
印　　刷：涿州市京南印刷厂
装　　订：涿州市京南印刷厂
出版发行：电子工业出版社
　　　　　北京市海淀区万寿路 173 信箱　邮编　100036
开　　本：787×1 092　1/16　印张：14.75　字数：374.4 千字
版　　次：2017 年 7 月第 1 版
印　　次：2021 年 6 月第 6 次印刷
定　　价：49.80 元

凡所购买电子工业出版社图书有缺损问题，请向购买书店调换。若书店售缺，请与本社发行部联系，联系及邮购电话：(010)88254888，88258888。

质量投诉请发邮件至 zlts@phei.com.cn，盗版侵权举报请发邮件至 dbqq@phei.com.cn。

本书咨询联系方式：(010)88254502，guosj@phei.com.cn。

前　言

机器人技术从诞生之日起至今，仅仅半个世纪的时间，已经广泛应用于国民经济及人类生活的各个领域。在现代化的工业生产中，机器人已逐步在焊接、搬运、码垛、喷涂、装配、加工检验等诸多领域充当了生产主力军的作用，已经成为人类不可或缺的得力助手。在人类的日常生活中，机器人也在医疗、家政服务、保安、抢险排爆等方面，逐步改变着我们的生活和生存方式。

工业机器人是典型的机电一体化产品，涉及机械工程、电子技术、计算机技术、自动控制及人工智能等多个学科的知识。随着工业机器人在人类生产和生活中的应用越来越普及，作为“新工科”的大学生和工程技术人员，非常有必要学习和掌握工业机器人相关的专业技术知识。

本书参考有关工业机器人的最新资料和信息，合理设置内容，是以工业机器人的基础性、实用性、共用性为主线，并结合新工科人才培养方向而撰写的。全书共 7 章，系统地介绍了工业机器人的基本组成、机械机构、运动学及动力学、控制系统、编程与调试、典型应用、管理与维护等内容。

本书内容新颖、系统全面，既有基本理论、基本方法，又有典型应用，理论联系实际，将工业机器人的原理与构造、典型应用、操作与编程、管理与维护等压缩在一本教材里，并且每章都设计了思考与练习题，便于学生加深对相关知识的理解。本书在第 2 次印刷时，进行了少量修订，使内容更完善。

本书由郑州科技学院刘军、郑喜贵、张莉、蒋玲玲、邱慧、陈林林共同编写，其中刘军、郑喜贵担任主编，张莉、蒋玲玲担任副主编。具体编写分工如下：刘军编写第 1 章，张莉编写第 2 章，邱慧编写第 3、7 章，陈林林编写第 4 章，蒋玲玲编写第 5 章，郑喜贵编写第 6 章。

本书既可作为高等院校机械设计制造及其自动化、机械电子工程等专业的本科生及机械制造与自动化、机电一体化等相关专业的专科生教学使用，也可供工业机器人领域的教师、研究人员和工程技术人员学习参考。

本书在编写过程中参阅了国内外诸多同行专家学者的机器人技术著作，作者在本书最后的参考文献部分已列出，在此致以诚挚的谢意！郑州科技学院周文玉教授审阅了全书，并提出了许多宝贵的意见和建议，在此表示衷心的感谢！

由于机器人技术的发展日新月异，编者水平有限，本书难以对工业机器人技术进行全面、详细的介绍，书中难免存在不足之处，敬请各位专家和广大读者批评指正，以便进一步提高本书的质量。

编　者

2019 年 1 月

前言

目　录

第1章 绪论

教学要求

通过本章学习，了解工业机器人的定义、分类、发展及应用，掌握工业机器人的基本组成及技术参数。

21世纪是制造业高度信息化的世纪，工业机器人的发展离不开工业自动化的需要和发展，伴随着电子技术与信息技术的发展，工业机器人已成功地广泛应用于各行业，给人类生活带来了巨大的变化。

1.1 工业机器人的定义

机器人（Robot）是1920年由捷克作家Karel Capek在剧本中塑造的一个具有人的外表、特征和功能且愿意为人服务的机器“Robota”一词衍生出来的。科技的进步让机器人不止停留在科幻的故事里，它正逐步进入人类生活的各个方面。目前，有关工业机器人的定义有许多种不同说法，以下为一些具有代表性的工业机器人的定义：

（1）国际标准化组织（ISO）对工业机器人的定义：工业机器人是一种能自动控制，可重复编程，多功能、多自由度的操作机，能搬运材料、工件或操持工具来完成各种作业。

（2）美国机器人协会（RIA）对工业机器人的定义：一种用于移动各种材料、零件、工具或专用装置的，通过程序动作来执行各种任务，并具有编程能力的多功能操作机。

（3）日本机器人协会（JIRA）对工业机器人的定义：一种装备有记忆装置和末端执行装置的、能够完成各种移动来代替人类劳动的通用机器。

（4）我国对工业机器人的定义：一种自动化的机器，所不同的是这种机器具备一些与人或者生物相似的智能，如感知能力、规划能力、动作能力和协同能力，是一种具有高度灵活性的自动化机器。

由于机器人一直在随科技的进步而发展出新的功能，因此工业机器人的定义还是一个未确定的问题。目前国际大都遵循ISO所下的定义。

由以上定义不难发现，工业机器人具有四个显著特点：

（1）具有特定的机械结构，其动作具有类似于人或其他生物的某些器官（肢体、感受等）的功能。

（2）具有通用性，可完成多种工作、任务，可灵活改变动作程序。

（3）具有不同程度的智能，如记忆、感知等。

（4）具有独立性，完整的机器人系统在工作中可以不依赖人的干预。

1.2 工业机器人的发展与应用

1.2.1 工业机器人的发展

美国是机器人的诞生地。1962 年，美国 AMF 公司与 Consolided Control Corp 联合研制了世界上第一台实用的示教再现工业机器人。经过 50 多年的发展，世界各国对工业机器人的研究、开发及应用日趋成熟。工业机器人产品比较完善的国家有美国、日本、德国及法国，特别是美国的机器人技术在国际上一直处于领先地位，其技术全面、先进，适应性也很强。

1947 年美国研究和开发了远程遥控机械手，继而在 1954 年美国申请了工业机器人专利，1960 年麻省理工学院的明斯基研究机械手和搭载视觉的行走机器人，到 1965 年美国 AMF 公司和 Unimation 公司分别推出了工业机器人产品，并且在 1970 年美国成功地召开了首届工业机器人国际学术会议。

日本在 1967 年从美国引进第一台机器人，1973 年日本成立了工业机器人研究学会。1976 年以后，随着微电子的快速发展和市场需求急剧增加，日本当时劳动力严重缺乏，工业机器人在企业里受到了极大欢迎，1980 年开始日本国内各类公司积极地引入工业机器人，使日本工业机器人得到快速发展。1983 年日本通产省主持开发极限作业机器人等大型项目，同时成立了日本机器人学会。至今，无论机器人的数量还是机器人的密度，日本都位居世界第一，素有“机器人王国”之称。

德国引进机器人的时间虽然比英国和瑞典大约晚了五六年，但战争所导致的劳动力短缺、国民的技术水平较高等社会环境，为工业机器人的发展、应用提供了有利条件。此外，德国规定，对于一些危险、有毒、有害的岗位，必须以机器人来代替普通人的劳动，这为机器人的应用开拓了广泛的市场，并推动了工业机器人技术的发展。目前，德国工业机器人的总数位居世界第二位，仅次于日本。

法国政府一直比较重视机器人技术，通过大力支持一系列研究计划，建立了一套完整的科学技术体系，使法国机器人的发展比较顺利。在政府组织的项目中，特别注重机器人基础技术方面的研究，把重点放在开展机器人的基础研究上，应用和开发方面的工作则由工业界支持开展。两者相辅相成，使机器人在法国企业界得以迅速发展和普及，从而使法国在国际工业机器人界拥有不可或缺的一席之地。

英国从 20 世纪 70 年代末开始，推行并实施了一系列支持机器人发展的政策，使英国工业机器人起步比当今的机器人大国日本还要早，并取得了早期的辉煌。然而，这时候政府对工业机器人实行了限制发展的错误措施，导致英国的机器人工业一蹶不振，在西欧几乎处于末位。

近些年，意大利、瑞典、西班牙、芬兰、丹麦等国家由于国内对机器人的大量需求，发展也非常迅速。

随着现代科技的迅猛发展，工业机器人技术已经广泛地应用于各个生产领域。在制造业中诞生的工业机器人是继动力机、计算机之后出现的全面延伸人的体力和智力的新一代生产工具。工业机器人的应用是一个国家工业自动化水平的重要标志。在国外，工业机器人产品日趋成熟，已经成为了一种标准设备而被工业界广泛地应用，从而相继形成了一批具有影响力的著名的工业机器人公司，而这些公司已经成为它们所在国家和地区的支柱性产业。

目前，国际上的工业机器人公司主要分为日系和欧系。日系中主要有 Yaskawa、OTC、松下、FANUC 等公司的产品，欧系中主要有德国的 KUKA 和 CLOOS、瑞士的 ABB、意大利的 COMAU 及奥地利的 IGM 等公司的产品。图 1-1 展示了几款由不同公司生产的工业机器人产品。

我国工业机器人起步于 20 世纪 70 年代初期，经过 40 多年发展，大致经历了 4 个阶段：70 年代的萌芽期，80 年代的开发期、90 年代的应用期和 21 世纪的发展期。随着 20 世纪 70 年代世界科技快速发展，工业机器人的应用在世界上掀起了一个高潮。在这种背景下，我国于 1972 年开始研制自己的工业机器人，当时主要是局限于理论探讨。进入 20 世纪 80 年代后，随着改革开放的不断深入，在高技术浪潮的冲击下，我国机器人技术的开发与研究得到了政府的重视与支持。真正进行工业机器人的研究、开发及应用是在“七五”计划、“八五”计划、“九五”计划、“十五”计划、“十一五”计划时期。“七五”期间，国家投入资金，对工业机器人及零部件进行攻关，完成了示教再现式工业机器人成套技术的开发，研制出了喷漆、点焊、弧焊和搬运机器人。尤其是 1986 年我国的国家高技术研究发展计划（863 计划）开始实施之后，该计划将工业机器人技术作为一个重要的发展主题，并且投入了大量的资金进行工业机器人研发，取得了一大批科研成果，成功地研制出了一批特种机器人。

（a）YASKAWA 产品

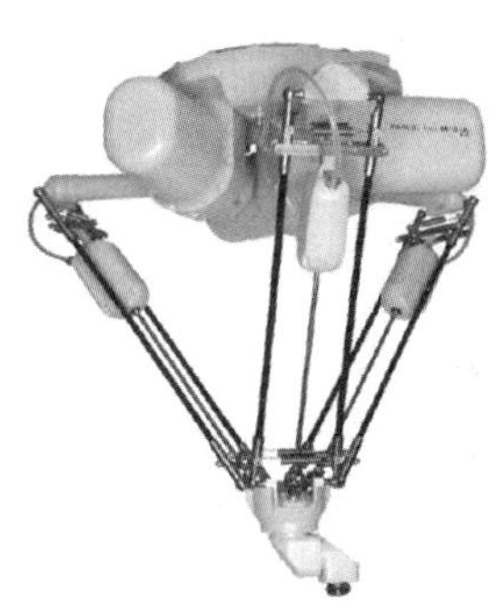

（b）FANUC 产品

（c）KUKA 产品

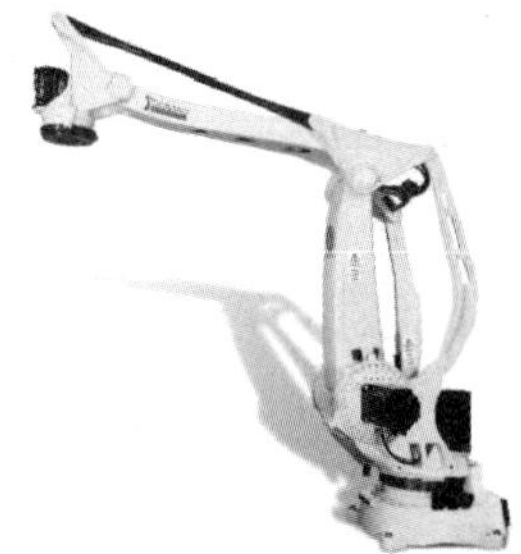

（d）COMAU 产品

图 1-1 工业机器人

从 20 世纪 90 年代初期起，我国的国民经济进入了实现两个根本转变期，掀起了新一轮的经济体制改革和技术进步热潮。我国的工业机器人在实践中又迈进了一大步，先后研制了点焊、弧焊、装配、喷漆、切割、搬运和码垛等各种用途的工业机器人，并实施了一批机器人应用工程，形成了一批工业机器人产业化基地，为我国机器人产业的腾飞奠定了基础。但是，与发达国家相比，我国工业机器人还有很大差距。

1.2.2 工业机器人的应用

根据国际机器人联合会（IFR）的数据，2014 年，全球工业机器人销量增长了 29%，共计 229 261 台，达到有史以来的最高水平。在所有行业中，工业机器人的销量都有所增长。汽车零部件供应商和电气/电子行业的增长是造成其增长的主要驱动力。2014 年，中国销量占全球总供应量的 25%，已站稳全球最大工业机器人市场的领先地位。

自 2010 年以来,由于自动化趋势的持续推进以及工业机器人技术的不断创新，全球对工业机器人的需求不断增长。2010—2014 年，工业机器人年均复合增长率为 17%（CAGR）。在此之前，工业机器人安装量的增速从未如此迅速。2005—2008 年，工业机器人年均销售量约为 115 000 台。从 2010 年到 2014 年，数量增长至 171 000 台，增长量约 48%，这是一个明确的信号，表明全世界对工业机器人的需求显著上升。

2014 年中国购买了 57 096 台工业机器人，比 2013 年增加了 56%。根据中国机器人产业联盟（CRIA）数据表明，中国机器人供应商安装了大约 16 000 台机器人。他们的销量比 2013 年高出约 78%，其中一部分是因为越来越多的公司在 2014 年首次公布了它们的销售数据。国外机器人供应商在中国的销量增长 49%，达到 41 100 台。中国已是全球最大的机器人市场，也是全球增长最快的市场，同时也标志着的中国在制造业方面表现出产业转型的特征。

工业机器人的应用领域不断得到拓展，所能够完成的工作日趋复杂。其主要应用行业是汽车和摩托车制造、金属冷加工、金属铸造与锻造、冶金、石化、塑料制品等。工业机器人不仅可以单一完成作业，也可以由多台机器人协同完成复杂的工作任务。工业机器人已经可替代人工完成搬运、码垛、焊接、喷涂、装配、浇铸、打磨、抛光等工作。为此，本节着重介绍制造业中常见的几类工业机器人的应用情况。

1. 搬运机器人

搬运机器人是可以进行自动化搬运作业的工业机器人。搬运作业是指用机械手等设备握持工件，从一个加工位置移到另一个加工位置。如图 1-2 所示的搬运机器人可安装不同的末端执行件（如机械手、吸盘等），以完成各种不同形状和状态的工件搬运工作，它可以大大地减轻人类繁重的体力劳动。目前世界上使用的搬运机器人约几十万台，它们被广泛地应用于机床上下料、冲压机自动化生产线、自动装配流水线、集装箱等自动搬运。许多发达国家已经制定了人工搬运的最大限度，超过限度的搬运必须由搬运机器人来完成。

2. 码垛机器人

码垛机器人是机电一体化高新技术产品，如图 1-3 所示。它可按照要求的编组方式和层数，完成对料袋、胶块、箱体等各种产品的码垛。码垛机器人可全天候作业，大大提高企业的生产效率和产量，减少人工成本，同时可以避免人工搬运造成的错误。码垛机器人已被广泛应用于化工、饮料、食品、啤酒、塑料等生产企业，对纸箱、袋装、灌装等各种形状的包装成品都适用。

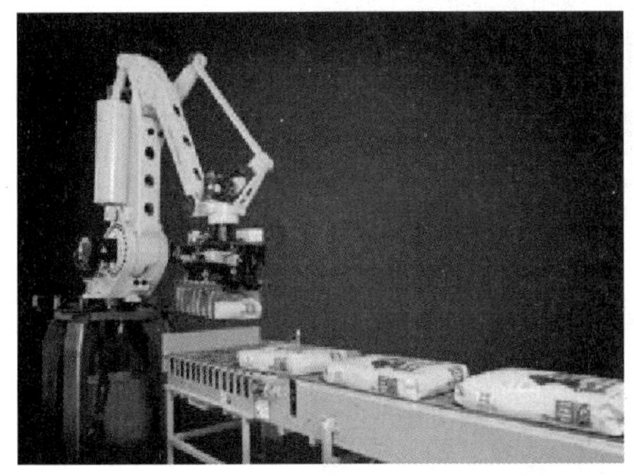

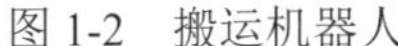

图 1-2　搬运机器人

图 1-3　码垛机器人

3. 焊接机器人

焊接机器人（见图 1-4）是目前应用领域最大的工业机器人，主要在工程机械和汽车、船舶制造领域。焊接机器人能在恶劣的环境下长期连续作业，焊接质量稳定，可以提高工作效率，减轻工人劳动强度。以焊接机器人为核心的白车身焊接生产线正朝着高度自动化，多品种混流生产及大规模定制生产线的方向发展。德国 KUKA 公司为奔驰、大众、宝马、福特等整车企业研制了大型自动化白车身焊接生产线，该生产线上的机器人占有率高达 95%甚至 98%以上；意大利 COMAU 公司在多车型混装焊接生产线方面处于领先地位，其研制的主焊接线合装平台可同时生产 4 种以上不同的车型，具有高度柔性化。随着机器人技术的发展，焊接机器人向着智能化的方向发展。

图 1-4　焊接机器人

4. 喷涂机器人

喷涂机器人（见图 1-5）利用了机器人灵活、稳定、高效的特点，适用于生产量大、产品型号多、表面形状不规则的工件外表面，广泛应用于汽车、仪表、电器、建材等行业。

图 1-5　喷涂机器人

5．装配机器人

为完成装配作业而设计的工业机器人称为装配机器人（见图 1-6）。装配机器人是柔性自动化装配系统的核心设备，它由机械本体、机械手、控制系统、传感系统组成。其中机械本体的结构类型有水平关节型、直角坐标型、多关节型和圆柱坐标型等；控制系统一般采用多 CPU 或多级计算机系统，实现运动控制和运动编程；机械手是为适应不同的装配对象而设计的各种手爪和手腕等；传感系统用来获取装配机器人与环境和装配对象之间相互作用的信息。与一般的工业机器人相比，装配机器人具有精度高、柔顺性好、工作范围小、能与其他系统配套使用等特点，主要用于各种自动化装配线。企业对生产的高智能、高自动化、高效率等需求，决定了未来装配机器人的发展趋势，以期实现并普及多机器人之间的协作达到智能自助移动装配的目的，利用人与机器人协作以实现功能上互补，利用故障预判与应急自处理以实现无人值守作业等。

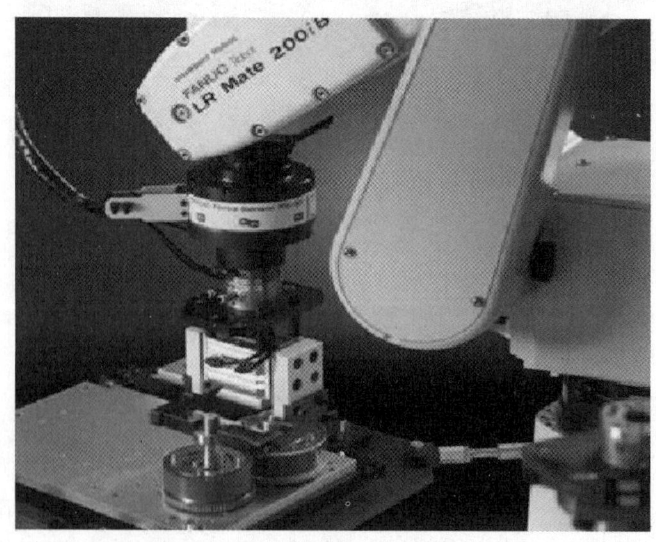

图 1-6　装配机器人

1.3　工业机器人的基本组成及技术参数

1.3.1　工业机器人的基本组成

工业机器人系统由三大部分六个子系统组成。三大部分是机械部分、传感部分、控制部分，六个子系统是驱动系统、机械结构系统、感受系统、机器人-环境交互系统、人机交互系统、控制系统，如图 1-7 所示。

1. 驱动系统

要使机器人运行起来，需给各个关节即每个运动自由度安置传动装置，这就是驱动系统。驱动系统的作用是提供机器人各部位、各关节动作的原动力。驱动系统可以是液压传动、气动传动、电动传动，或者把它们结合起来应用的综合系统；也可以是直接驱动或者通过同步带、链条、轮系、谐波齿轮等机械传动机构进行间接驱动。

2. 机械结构系统

工业机器人的机械结构系统由机身、手臂、末端操作器三大部分组成，如图 1-8 所示。每一部分都有若干自由度，构成一个多自由度的机械系统。机身部分如同机床的床身结构一样，机器人机身构成机器人的基础支撑。有的机身底部安装有行走机构便构成了行走机器人；有的机身不具备行走及腰转机构，则构成了单机器人臂（Single Robot Arm）。手臂一般由大臂、小臂和手腕组成，完成各种动作。末端操作器是直接装在手腕上的一个重要部件，它可以是二手指或多手指的手爪，也可以是各种作业工具，如焊枪、喷漆枪等。

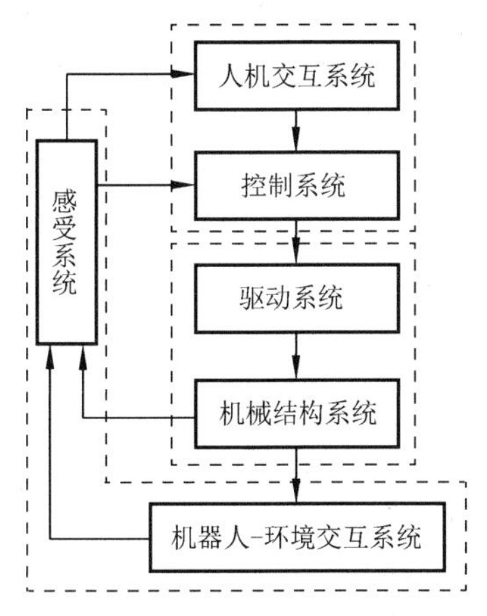

图 1-7　工业机器人的基本组成

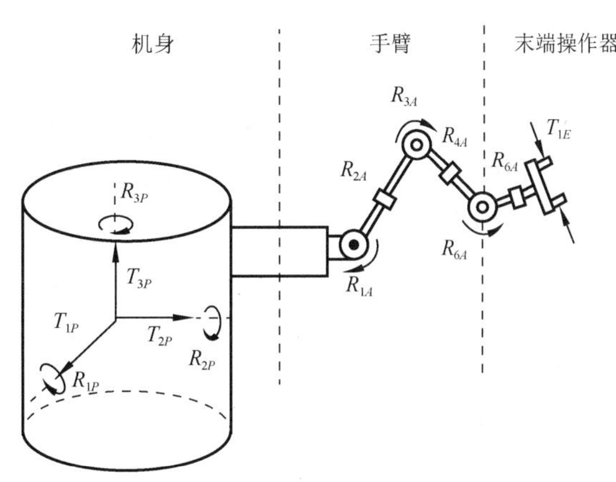

图 1-8　工业机器人机械结构基本组成

3. 感受系统

感受系统由内部传感器模块和外部传感器模块组成，用以获取内部和外部环境状态中有意义的信息。智能传感器的使用提高了机器人的机动性、适应性和智能化的水准，人类的感受系统对感知外部世界信息是极其灵巧的。然而，对于一些特殊的信息，传感器比人类的感受系统更有效。

4. 机器人-环境交互系统

工业机器人-环境交互系统是实现工业机器人与外部环境中的设备相互联系和协调的系统。工业机器人与外部设备集成为一个功能单元，如加工制造单元、焊接单元、装配单元等，也可以是多台机器人、多台机床或设备、多个零件存储装置等集成为一个去执行复杂任务的功能单元。

5. 人机交互系统

人机交互系统是使操作人员参与机器人控制并与机器人进行联系的装置。例如，计算机的标准终端、危险信号报警器等。该系统归纳起来分为两大类：指令给定装置和信息显示装置。

6. 控制系统

控制系统的任务是根据机器人的作业指令程序，以及从传感器反馈回来的信号支配机器人的执行机构去完成规定的运动和功能，分为开环系统和闭环系统。工业机器人若不具备信息反馈特征，则为开环控制系统；若具备信息反馈特征，则为闭环控制系统。根据控制原理可分为程序控制系统、适应性控制系统和人工智能控制系统；根据控制运动的形式可分为点位控制和轨迹控制。

1.3.2 工业机器人的技术参数

技术参数是各工业机器人制造商在产品供货时所提供的技术数据。机器人的技术参数反映了机器人的适用范围和工作性能，是选择、使用机器人必须考虑的问题。尽管各机器人厂商提供的技术参数项目不完全一样，机器人的结构、用途及用户的要求也不尽相同，但工业机器人的主要技术参数一般都应有自由度、工作精度、工作范围、最大工作速度、承载能力等。表 1-1 提供了两种工业机器人的主要技术参数，仅供参考。

表 1-1 两种工业机器人的主要技术参数

FANUC M-10iA	机械结构	6 轴垂直多关节型	最大速度	J1	210°/s
	最大负荷	10kg		J2	190°/s
	工作半径	1420mm		J3	210°/s
	重复精度	±0.08 mm		J4	400°/s
	安装方式	落地式、倒置式		J5	400°/s
	本体质量	130kg		J6	600°/s
动作范围	J1	340°	动作范围	J4	380°
	J2	250°		J5	380°
	J3	445°		J6	720°

续表

YASKAWA MA1400	机械结构	6 轴垂直多关节型	最大速度	S 轴	220°/s
	最大负荷	3kg		L 轴	220°/s
	工作半径	1434mm		U 轴	220°/s
	重复精度	±0.08 mm		R 轴	410°/s
	安装方式	落地式、倒置式		B 轴	410°/s
	本体质量	130kg		T 轴	610°/s
动作范围	S	-170° ～ +170°	动作范围	R 轴	-150° ～+150°
	L	-90° ～ +155°		B 轴	-45° ～+180°
	U	-175° ～ +190°		T 轴	-200° ～+200°

1. 自由度

自由度是指描述物体运动所需要的独立坐标数。机器人的自由度表示机器人动作灵活的尺度，一般以轴的直线移动、摆动或旋转动作的数目来表示，手部（末端执行器）的动作（手指的开、合）及手指关节的自由度不包括在内。机器人的自由度越多，就越能接近人手的动作机能，通用性就越好；但是自由度越多，结构越复杂，对机器人的整体要求就越高，这是机器人设计中的一个矛盾。

在三维空间中描述一个物体的位置和姿态（简称位姿）需要 6 个自由度。但是，工业机器人的自由度是根据其用途而设计的，可能小于 6 个自由度，也可能大于 6 个自由度。工业机器人一般多为 4～6 个自由度，7 个以上的自由度是冗余自由度，是用来避障碍物的。利用冗余自由度可以增加机器人的灵活性、躲避障碍物和改善动力性能。人的手臂（大臂、小臂、手腕）共有 7 个自由度，因此工作起来很灵巧，手部可回避障碍并从不同方向到达同一个目的点。

2. 工作精度

工业机器人的工作精度包括定位精度和重复定位精度。定位精度是指机器人末端参考点实际到达的位置与所需到达的理想目标位置之间的差距。重复定位精度是指机器人重复到达某一目标位置的差异程度，或在相同的位置指令下，机器人连续重复若干次其位置的分散情况。它是衡量一列误差值的密集程度，即重复度，如图 1-9 所示。目前，工业机器人的重复精度可达 ±0.01～±0.5mm。依据作业任务和末端持重的不同，机器人重复精度也不同。表 1-2 列出了工业机器人典型行业应用的工作精度。

表 1-2　工业机器人典型行业应用的工作精度

作业任务	额定负载/kg	重复定位精度/mm
搬运	5～200	±0.2～±0.5
码垛	50～800	±0.5
点焊	50～350	±0.2～±0.3
弧焊	3～20	±0.08～±0.1
喷涂	5～20	±0.2～±0.5
装配	2～5	±0.02～±0.03
	6～10	±0.06～±0.08
	10～20	±0.06～±0.1

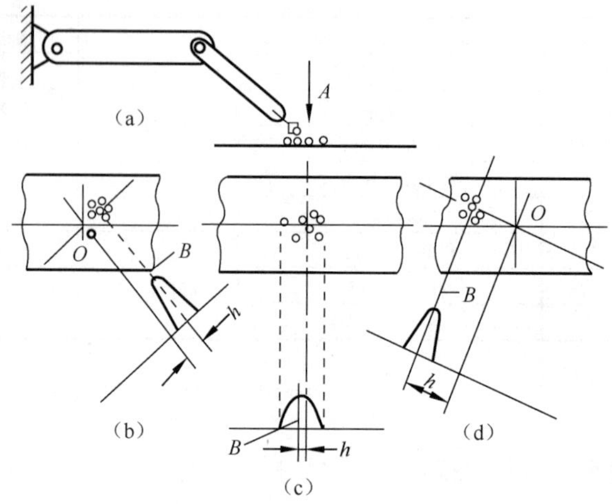

（a）重复定位精度的测定；（b）合理定位精度，良好重复定位精度；
（c）良好定位精度，很差重复定位精度；（d）很差定位精度，良好重复定位精度

图 1-9　工业机器人定位精度和重复定位精度

3. 工作范围

工作范围也称为工作空间、工作行程，是指机器人手腕参考点或末端操作器安装点（不包括末端操作器）所能到达的所有空间区域，一般不包括末端操作器本身所能到达的区域，常用图 1-10 中的图形表示。因为末端操作器的形状和尺寸是多种多样的，为了真实反应机器人的特征参数，所以工作范围是指不安装末端操作器时的工作区域。工作范围的形状和大小是十分重要的，机器人在执行某作业时可能会因为存在手部不能到达的作业死区（Dead Zone）而不能完成任务。

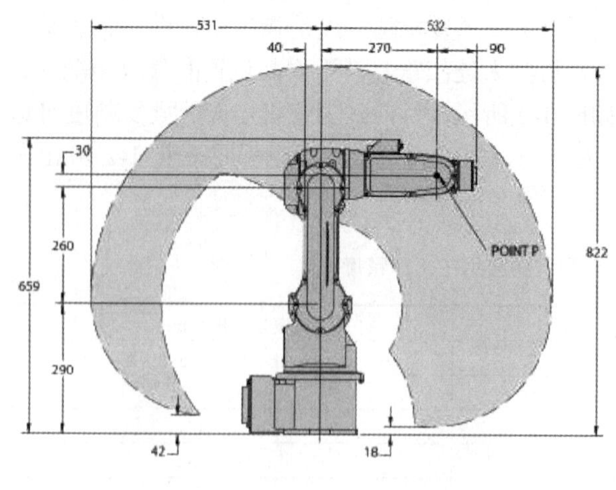

（a）垂直串联多关节机器人

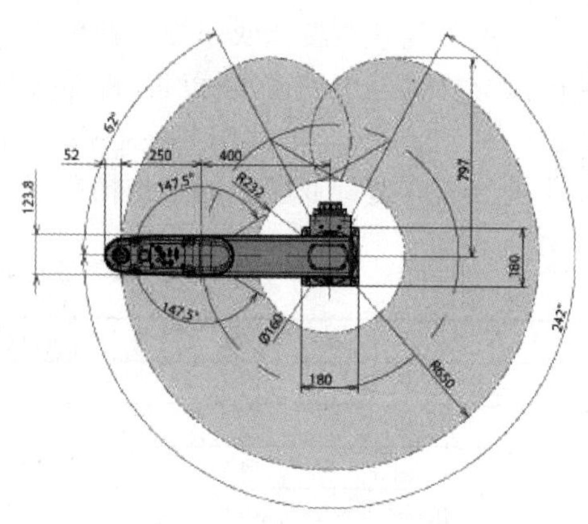

（b）水平串联多关节机器人

图 1-10　不同本体结构的 YASKAWA 机器人工作范围

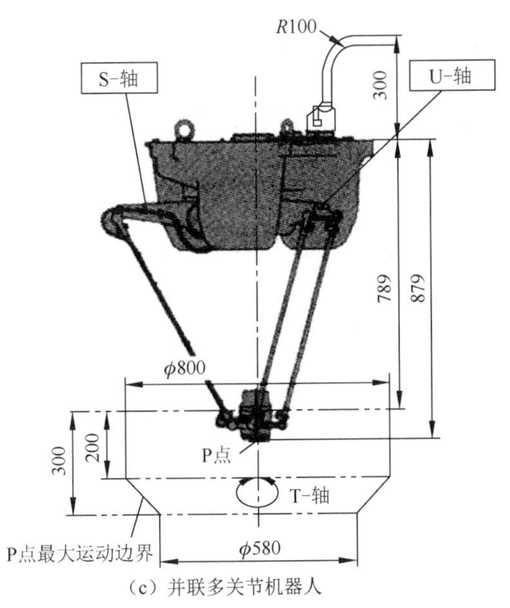

（c）并联多关节机器人

图 1-10　不同本体结构的 YASKAWA 机器人工作范围（续）

4．最大工作速度

关于最大工作速度，有的厂家指工业机器人在主要自由度上的最大稳定速度，有的厂家指机器人手臂末端最大的合成速度，通常都在技术参数中加以说明。很明显，工作速度越高，工作效率越高。但是，工作速度越高就要花费更多的时间去升速或降速，或者对工业机器人的最大加速度率或最大减速度率的要求更高。

5．承载能力

承载能力是指机器人在工作范围内的任何位姿上所能承受的最大质量。承载能力不仅决定于负载的质量，而且还与机器人运行的速度和加速度的大小和方向有关。为了安全起见，承载能力这一技术指标是指高速运行时的承载能力。通常，承载能力不仅指负载，而且还包括机器人末端操作器的质量。

1.4　工业机器人的分类

关于工业机器人分类，国际上没有制定统一的标准，常用的机器人分类方法主要有专业分类法和应用分类法两种

1．专业分类法

1）按机器人的技术等级划分

根据机器人目前的技术发展水平，一般可分为示教再现机器人（第一代）、感知机器人（第二代）和智能机器人（第三代）三类。第一代机器人已实用和普及，绝大多数工业机器人都属

于第一代机器人；第二代机器人的技术已部分实用化；第三代机器人尚处于实验和研究阶段。

2）按机器人的机械结构形态划分

根据机器人现有的机械结构形态，有人将其分为圆柱坐标、球坐标、直角坐标及关节型、并联结构型等，关节型机器人为常用类型。不同形态机器人在外观、机械结构、控制要求、工作空间等方面均有较大的区别。例如，关节型机器人的动作和功能类似人类的手臂，而直角坐标、并联结构型机器人的外形和控制要求与数控机床十分类似。

3）按机器人的运动控制方式划分

根据机器人的控制方式，一般可分为顺序控制型、轨迹控制型、远程控制型、智能控制型等。顺序控制型又称为点位控制型，这种机器人只需要规定动作次序和移动速度，而不需要考虑移动轨迹；轨迹控制型需要同时控制移动轨迹和移动速度，故可用于焊接、喷漆等连续移动作业；远程控制型可实现无线遥控，它多用于特定行业，如军事机器人、空间机器人、水下机器人等；智能控制型机器人就是前述的第三代机器人，多用于服务、军事等行业，这种机器人目前尚处于实验和研究阶段。

2. 应用分类法

应用分类法是根据机器人应用环境（用途）进行分类的大众分类方法，其定义通俗，易为公众所接受。应用分类的方法同样较多。例如，日本分为工业机器人和智能机器人两类；我国分为工业机器人和特种机器人两类等。然而，由于对机器人的智能性判别尚缺乏科学、严格的标准，加上工业机器人和特种机器人的界线较难划分，因此，在通常情况下，公众较易接受的参照国际机器人联合会（IFR）的分类方法，将机器人分为工业机器人和服务机器人两类。若要进一步细分，则目前常用的机器人基本上可分为图 1-11 所示的几类。

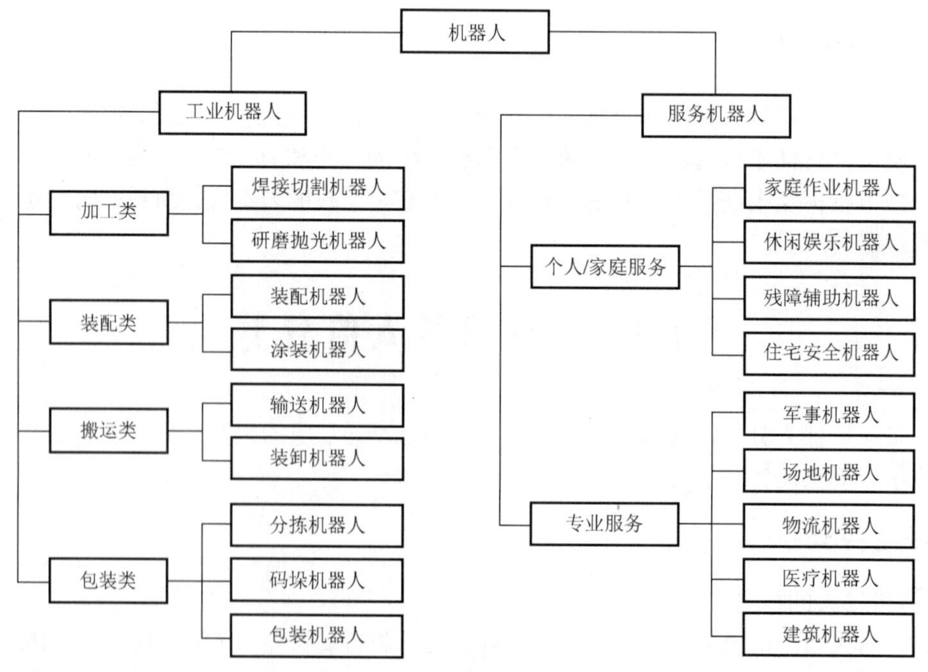

图 1-11　机器人的分类

本 章 小 结

工业机器人产业发展迅速，这就要求许多对工业机器人感兴趣的人应具备一定的基本概念。在本章中，我们讨论了工业机器人的定义、特点、发展、应用、基本组成、主要技术参数及其分类。显然，随着科学技术的不断发展，工业机器人的研究与应用将会越来越广泛。本书的其他部分将讨论工业机器人的组成、运动学与动力学、控制、编程及它们的应用。

思考与练习

1-1　简述工业机器人的定义及其特点。

1-2　简述工业机器人的主要应用场合及其特点。

1-3　简述工业机器人的基本组成。

1-4　简述工业机器人的主要技术参数。

1-5　工业机器人按坐标形式可以分为几类？查阅资料简述每一类各有什么特点。

第2章 工业机器人的机械系统

教学要求

通过本章学习，了解工业机器人的系统组成，掌握工业机器人各部位的机械结构特点和功能，了解工业机器人的驱动装置和传动单元。

一般而言，同类机器人的本体机械结构基本统一，规格不同的机器人只是结构件的外形有所区别，但其传动系统的结构和原理基本相同。例如，直角坐标型机器人多采用龙门式结构，其传动系统大都为滚珠丝杠直线传动；并联型机器人多采用倒置悬挂式结构，其传动系统为连杆摆动；水平串联 SCARA 型机器人多采用水平伸展结构，其传动系统以同步带为主；而垂直串联型机器人则为关节结构等。

本章主要以垂直串联型机器人为例来介绍工业机器人的本体结构。如图 2-1 所示，工业机

1—手部　2—腕部　3—臂部　4—机座

图 2-1　机器人机械结构组成

器人的机械系统由机座、臂部、腕部、手部或末端执行器组成。机器人为了完成工作任务，必须配置操作执行机构，这个操作执行机构相当于人的手部，有时也称为手爪或末端执行器。而连接手部和臂部的部分相当于人的手腕，称为腕部，作用是改变末端执行器的空间方向和将载荷传递到臂部。臂部连接机身和腕部，主要作用是改变手部的空间位置，满足机器人的作业空间，并将各种载荷传递到机身。机座是机器人的基础部分，它起着支撑作用。对于固定式机器人，机座直接固定在地面基础上；对于行走式机器人，机座安装在行走机构上。

2.1　工业机器人的手部结构

工业机器人的手部也称为末端执行器，它直接装在工业机器人的腕部上，用于夹持工件或让工具按照规定的程序完成指定的工作。

人类的手是最灵活的肢体部分，能完成各种各样的动作和任务。同样，机器人的手部是完成抓握工件或执行特定作业的重要部件，是最重要的执行机构。人的手有两种定义：一种是根据医学划分标准把包括上臂、腕部在内的整体称为手；另一种是把手掌和手指部分称为手。机器人的手部接近于后一种定义。

由于被夹持工件的形状、尺寸、重量、材质及表面状态的不同，工业机器人的手部结构是多种多样的，大部分的手部结构都是根据特定的工件要求而专门设计的。

机器人手部的特点如下：

（1）手部和腕部相连处可拆卸。手部和腕部有机械接口，也可能有电、气、液接头。根据夹持对象的不同，手部结构会有差异，通常一个机器人配有多个手部装置或工具，因此要求手部方便地拆卸和更换。

（2）手部是机器人末端执行器。手部可以具有手指，也可以不具备手指；可以有手爪，也可以是进行专业作业的工具，例如装在机器人腕部上的喷漆枪、焊接工具等。

（3）手部的通用性比较差。机器人手部通常是专用的装置，例如，一种手爪往往只能抓握一种或几种在形状、尺寸、重量等方面相近似的工件；一种工具只能执行一种作业任务。

（4）手部是一个独立的部件。例如，把腕部归属于臂部，那么工业机器人机械系统的三大部件就是机身、臂部和手部。手部对于整个工业机器人来说是完成作业好坏以及作业柔性好坏的关键部件之一，具有复杂感知能力的智能化手爪的出现增加了工业机器人作业的灵活性和可靠性。

手部的工作原理不同，故其结构形态各异。常用的手部按其夹持原理可以分为夹持类手部和吸附类手部两大类。

2.1.1　夹持类手部

夹持式是工业机器人最常用的一种手部形式。夹持式一般由手指（手爪）、驱动装置、传动机构、支架等组成，如图 2-2 所示。

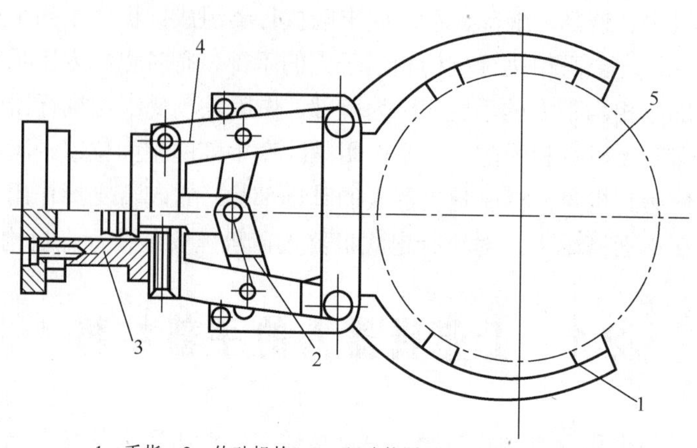

图 2-2　夹持式手部的组成

1. 手指

手指是直接与工件接触的构件，通过手指的张开和闭合来实现工件的松开和夹紧。机器人的手部一般有两个手指，少数有三个或多个手指，其结构形式常取决于被夹持工件的形状和特性。

指端是手指上直接与工件接触的部位，其形状分为 V 形指、平面指、尖指和特形指。

（1）V 形指如图 2-3 所示，图（a）适用于夹持圆柱形工件，图（b）适用于夹持旋转中的圆柱体，图（c）有自定位能力，但浮动件设计应具有自锁性。

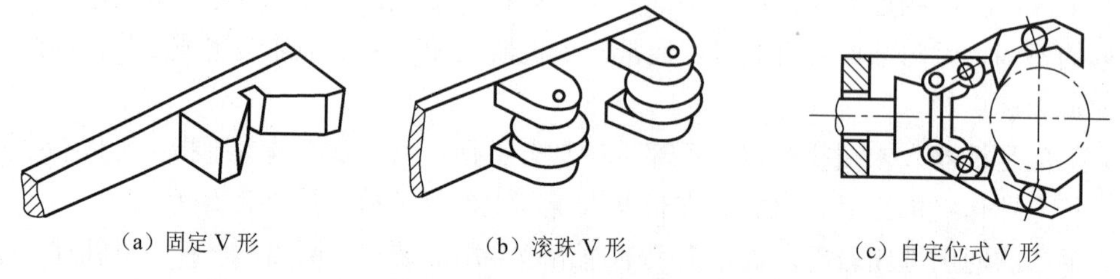

图 2-3　V 形指端形状

（2）平面指如图 2-4（a）所示，一般用于夹持方形工件（具有两个平行表面）、板形或细小棒料。

（3）尖指如图 2-4（b）所示，一般用于夹持小型或柔性工件。

（4）特形指如图 2-4（c）所示，一般用于夹持形状不规则的工件。

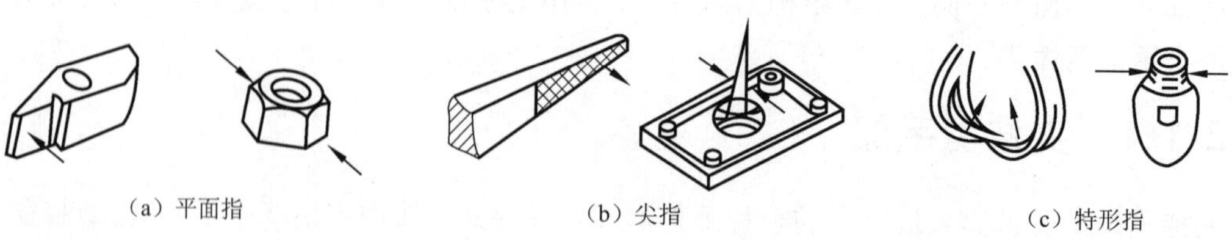

图 2-4　夹钳式手指端形状

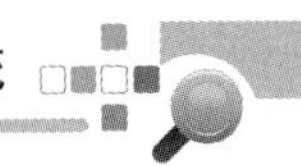

手指的指面主要有光滑指面、齿形指面和柔性指面三种形式。光滑指面平整光滑，用于夹持已加工表面，避免已加工表面受损；齿形指面可增加夹持工件的摩擦力，多用来夹持表面粗糙的毛坯或半成品；柔性指面内镶橡胶、泡沫、石棉等物，一般用于夹持已加工表面、炽热件，也适于夹持薄壁件和脆性工件。

手指的材料可选用一般碳素钢和合金结构钢。为使手指经久耐用，指面可镶嵌硬质合金；对于高温作业的手指，可选用耐热钢；在腐蚀性气体环境下工作的手指，可镀铬或进行搪瓷处理，也可选用耐腐蚀的玻璃钢或聚四氟乙烯。

2．传动机构

驱动源的驱动力通过传动机构驱动手指（手爪）开合并产生夹紧力。传动机构是向手指传递运动和动力，以实现夹紧和松开动作的机构。按其手指夹持工件时的运动方式不同，可分为回转型和平移型传动机构，夹持式手部使用较多的是回转型，其手指就是一对（或几对）杠杆，再同斜楔、滑槽、连杆、齿轮、蜗轮蜗杆或螺杆等机构组成复合式杠杆传动机构。夹持式手爪还常以传动机构来命名，如图 2-5 所示。

图 2-5（a）所示为斜楔式回转型手部的结构简图。斜楔 2 向下运动，克服弹簧 5 拉力，使杠杆手指装有滚子 3 的一端向外撑开，从而夹紧工件 8。反之，斜楔向上移动，则在弹簧拉力作用下，使手指 7 松开。手指与斜楔通过滚子接触可以减少摩擦力，提高机械效率。有时，为了简化结构，也可让手指与斜楔直接接触。

图 2-5（b）所示为滑槽式杠杆双支点回转型手部的结构简图。杠杆形手指 4 的一端装有 V 形指 5，另一端则开有长滑槽。驱动杆 1 上的圆柱销 2 套在滑槽内，当驱动连杆同圆柱销一起作往复运动时，即可拨动两个手指各绕其支点（铰销 3）作相对回转运动，从而实现手指对工件 6 的夹紧与松开动作。滑槽杠杆式传动结构的定心精度与滑槽的制造精度有关。

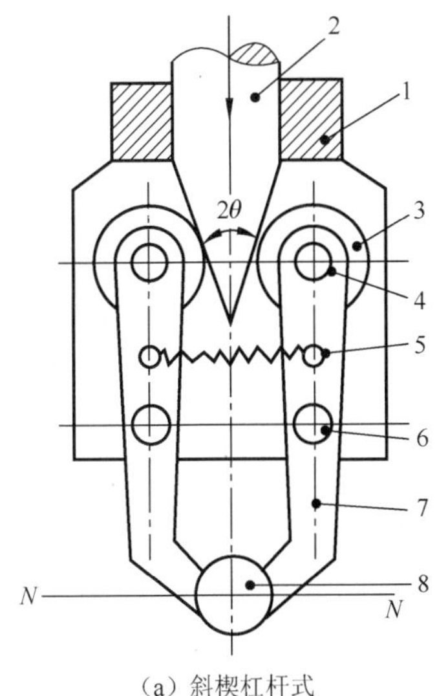

（a）斜楔杠杆式

1—壳体　2—斜楔驱动杆　3—滚子

4—圆柱销　5—拉簧　6—铰销　7—手指　8—工件

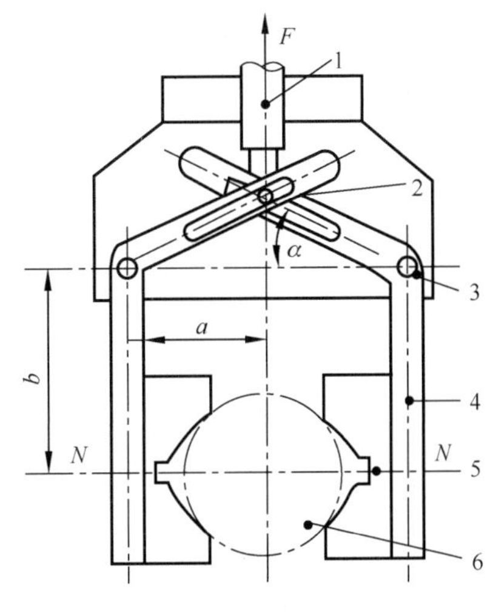

（b）滑槽杠杆式

1—驱动杆　2—圆柱销　3—铰销

4—手指　5—V 形指　6—工件

图 2-5　回转型传动机构

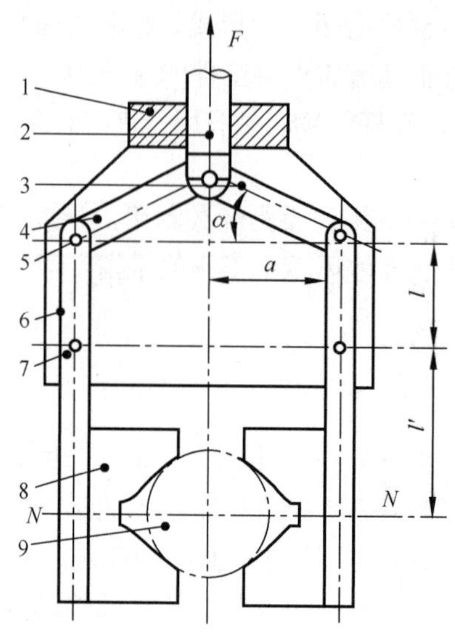

（c）双支点连杆杠杆式

1—壳体　2—驱动杆　3—铰销

4—连杆　5、7—圆柱销　6—手指　8—V 形指　9—工件

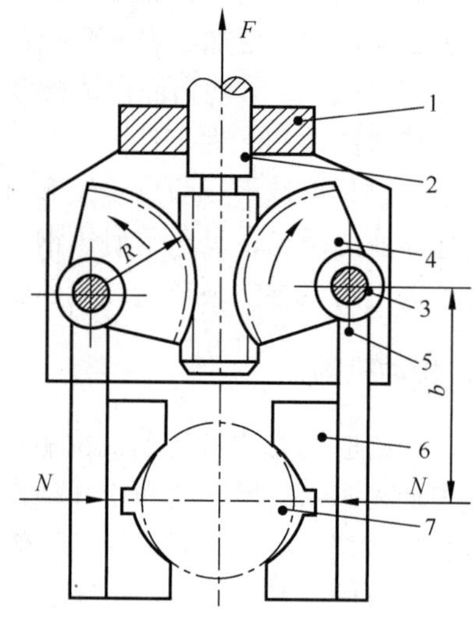

（d）齿条齿轮杠杆式

1—壳体　2—驱动杆　3—小销

4—扇形齿　5—手指　6—V 形指　7—工件

图 2-5　回转型传动机构（续）

图 2-5（c）所示为双支点回转型连杆杠杆式手部的简图。驱动杆 2 末端与连杆 4 由铰销 3 铰接，当驱动杆 2 作直线往复运动时，通过连杆对推动两杆手指各绕支点 7 作回转运动，从而使手指松开或闭合。该机构的活动环节较多，故定心精度一般比斜楔传动差。

图 2-5（d）所示为齿条直线传动的齿轮杠杆式手部的简图。驱动杆 2 末端制成双面齿条，与扇形齿轮 4 啮合，而扇形齿轮 4 与手指 5 固连在一起，可绕支点回转。驱动力推动齿条作直线往复运动，即可带动扇形齿轮回转，从而使手指闭合或松开。

除夹持式手部之外，还有钩托式和弹簧式手部。

2.1.2　吸附类手部

吸附类手部依靠吸附力取料。根据吸附力的不同有气吸附和磁吸附两种。吸附类手部适用于大面积（单面接触无法抓取）、易碎（玻璃、磁盘）、微小（不易抓取）的物体，因此使用面较大。

1. 气吸式手部

气吸式手部是工业机器人常用的一种吸持工件的装置。它由吸盘（一个或几个）、吸盘架及进排气系统组成。

气吸式手部具有结构简单、重量轻、使用方便等优点，主要用于搬运体积大、重量轻的零件，如冰箱壳体、汽车壳体等；也广泛用于需要小心搬运的物件，如显像管、平板玻璃等；以及非金属材料，如板材、纸张等。图 2-6 为气吸式机械手在码垛生产线的应用。

气吸式手部的另一个特点是对工件表面没有损伤，且对被吸持工件预定的位置精度要求不高；但要求工件上与吸盘接触部位光滑平整、清洁，被吸工件材质致密，没有透气空隙。

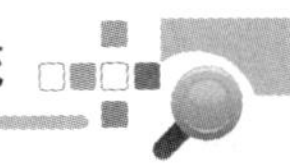

图 2-6　气吸式机械手在码垛生产线的应用

气吸式手部是利用吸盘内的压力与大气压之间的压力差工作的。按形成压力差的方法，可分为真空气吸、气流负压气吸、挤压排气气吸三种。

图 2-7（a）为真空气吸吸附手部结构。真空的产生是利用真空泵，真空度较高。其主要零件为蝶形橡胶吸盘 1，通过固定环 2 安装在支承杆 4 上，支承杆由螺母 6 固定在基板 5 上。取料时，橡胶吸盘与物体表面接触，橡胶吸盘的边缘起密封作用，又起到缓冲作用，然后真空抽气，吸盘内腔形成真空，实施吸附取料。放料时，管路接通大气，失去真空，物体放下。为了避免在取放料时产生撞击，有的还在支承杆上配有弹簧缓冲；为了更好地适应物体吸附面的倾斜状况，有的在橡胶吸盘背面设计有球铰链。真空气吸吸附手部工作可靠、吸附力大，但需要有真空系统，成本较高。

图 2-7（b）为气流负压吸附手部结构。利用流体力学的原理，当需要取物时，压缩空气高速流经喷嘴 5 时，其出口处的气压低于吸盘腔内的气压，于是腔内的气体被高速气流带走而形成负压，完成取物动作，当需要释放物件时，切断压缩空气即可。气流负压吸附手部需要的压缩空气，在一般工厂内容易取得，使用方便，成本较低。

图 2-7（c）为挤压排气吸附手部结构。取料时手部先向下，吸盘压向工件 5，橡胶吸盘 4 形变，将吸盘内的空气挤出；之后，手部向上提升，压力去除，橡胶吸盘恢复弹性形变使吸盘内腔形成负压，将工件牢牢吸住，机械手即可进行工件搬运。到达目标位置后要释放工件时，用碰撞力 F_p 或电磁力使压盖 2 动作，使吸盘腔与大气连通而失去负压，破坏吸盘腔内的负压，释放工件。挤压排气吸附手部结构简单，经济方便，但吸附力小，吸附状态不易长期保持，可靠性比真空吸盘和气流负压吸盘差。

2. 磁吸式手部

磁吸式手部是利用永久磁铁或电磁铁通电后产生的磁力来吸附工件的，其应用较广。磁吸式手部与气吸式手部相同，不会破坏被吸件表面质量。磁吸式手部的优点：有较大的单位面积吸力，对工件表面粗糙度及通孔、沟槽等无特殊要求；磁吸式手部的缺点：被吸工件存在剩磁，吸附头上常吸附磁性屑（如铁屑），影响正常工作。因此，对那些不允许有剩磁的零件要禁止使用。对钢、铁等材料制品，温度超过 723℃就会失去磁性，故在高温下无法使用磁吸式手部。

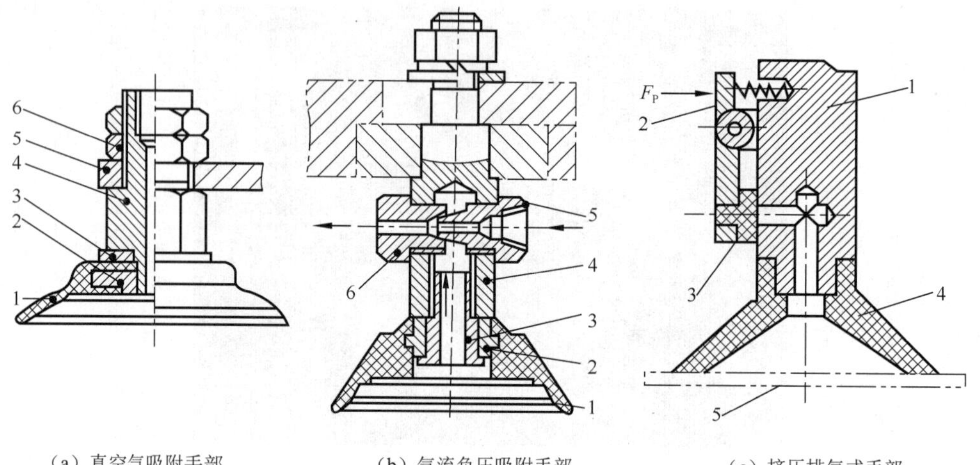

（a）真空气吸附手部
1—橡胶吸盘　2—固定环　3—垫片
4—支承杆　5—基板　6—螺母

（b）气流负压吸附手部
1—橡胶吸盘　2—心套　3—通气螺钉
4—支承杆　5—喷嘴　6—喷嘴套

（c）挤压排气式手部
1—吸盘架　2—压盖　3—密封垫
4—橡胶吸盘　5—工件

图 2-7　气吸式手部

磁吸式手部按磁力来源可分为永久磁铁手部和电磁铁手部，电磁铁手部由于供电不同又可分为交流电磁铁和直流电磁铁手部。图 2-8 所示为电磁铁手部的结构示意。在线圈通电的瞬间，由于空气间隙的存在，磁阻很大，线圈的电感和启动电流很大，这时产生磁性吸力将工件吸住，一旦断电，磁吸力消失，工件就松开。若采用永久磁铁作为吸盘，则必须强迫性地取下工件。

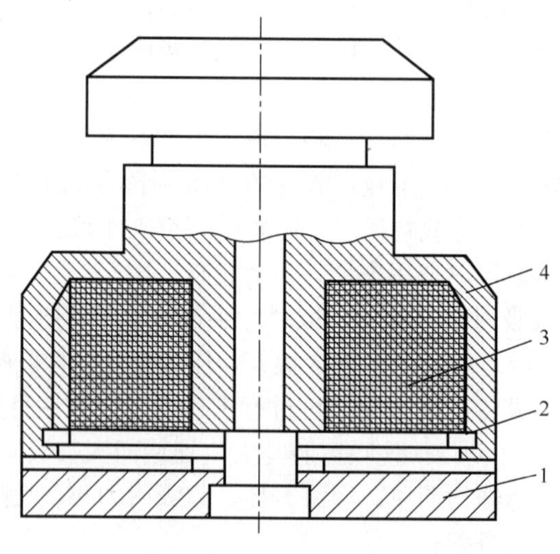

1—电磁吸盘　2—防尘盖　3—线圈　4—外壳体

图 2-8　电磁铁手部结构

2.1.3　仿人机器人手部

目前，大部分工业机器人的手部只有两个手指，而且手指上一般没有关节，取料不能适应物体外形的变化，不能使物体表面承受比较均匀的夹持力，因此无法满足对复杂形状、不同材质的物体实施夹持和操作。

为了提高机器人手部和腕部的操作能力、灵活性和快速反应能力，使机器人能像人手一样进行各种复杂的作业，如装配作业、维修作业、设备操作等，就必须有一个运动灵活、动作多样的灵巧手，即仿人手机器人手部。

1. 柔性手

柔性手可对不同外形物体实施抓取，并使物体表面受力比较均匀。图 2-9（a）所示为多关节柔性手，每个手指由多个关节串接而成，手指传动部分由牵引钢丝绳及摩擦滚轮组成。每个手指由两根钢丝绳牵引，一侧为握紧状态，另一侧为放松状态，这样的结构可抓取凹凸外形并使物体受力比较均匀。

2. 多指灵活手

机器人手部和腕部最完美的形式是模仿人手的多指灵活手，每一个手指由三个回转关节，每一个关节自由度都是独立控制的。因此，各种复杂动作都能模仿，图 2-9（b）和图 2-9（c）分别是三指灵活手和四指灵活手。

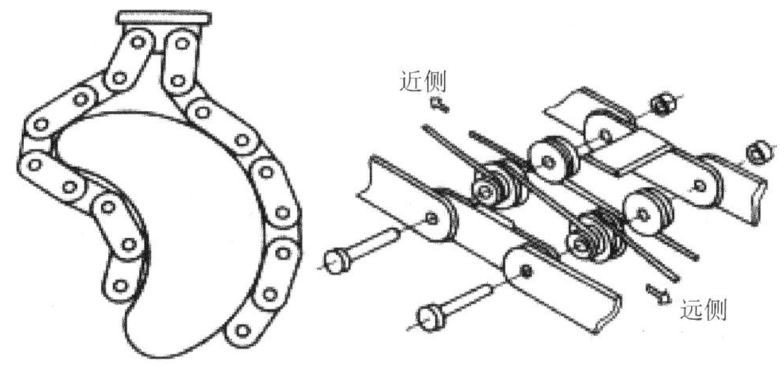

（a）多关节灵活手

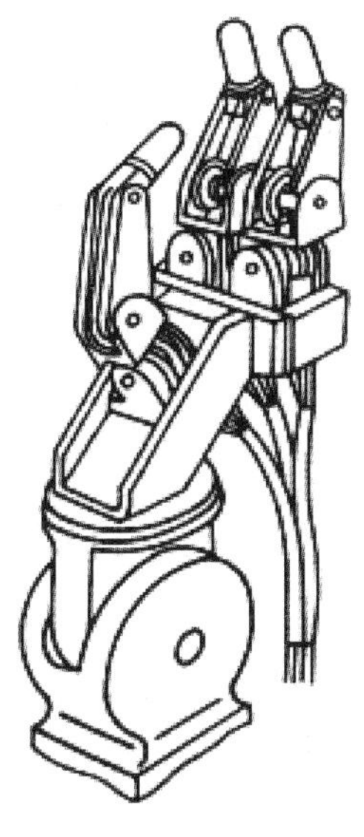

（b）三指灵活手

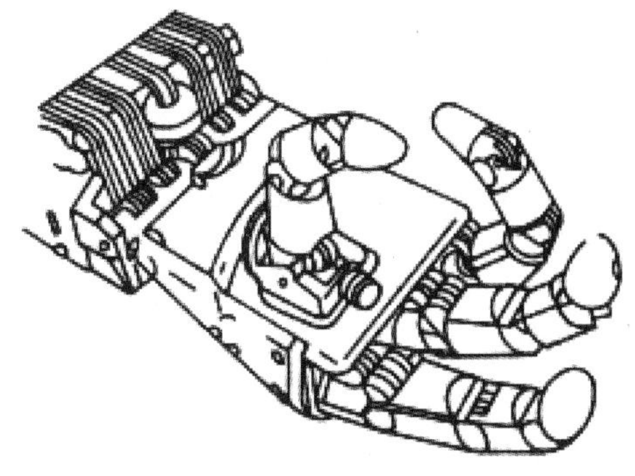

（c）四指灵活手

图 2-9　仿人手

2.2 工业机器人的腕部结构

腕部是连接臂部和手部的部件，其作用主要是改变和调整手部在空间的方位，从而使手爪中所握持的工具或工件取得某一指定的姿态。因此，它具有独立的自由度，以满足机器人手部完成复杂的姿态。

例如，设想用机器人的手部夹持一个螺钉对准螺孔拧入，首先必须使螺钉前端到达螺孔入口，然后必须使螺钉的轴线对准螺孔的轴线，使轴线相重合后拧入。这就需要调整螺钉的方位角，前者即手部的位置，后者即手部的姿态。

2.2.1 腕部的转动方式

为了使手部能处于空间任意方向，要求腕部能实现对空间 3 个坐标轴 *X*、*Y*、*Z* 的转动，即具有翻转、俯仰和偏转 3 个自由度，如图 2-10 所示。腕部实际所需要的自由度数目应根据机器人的工作性能要求来确定。在有些情况下，腕部具有两个自由度：翻转和俯仰或翻转和偏转。

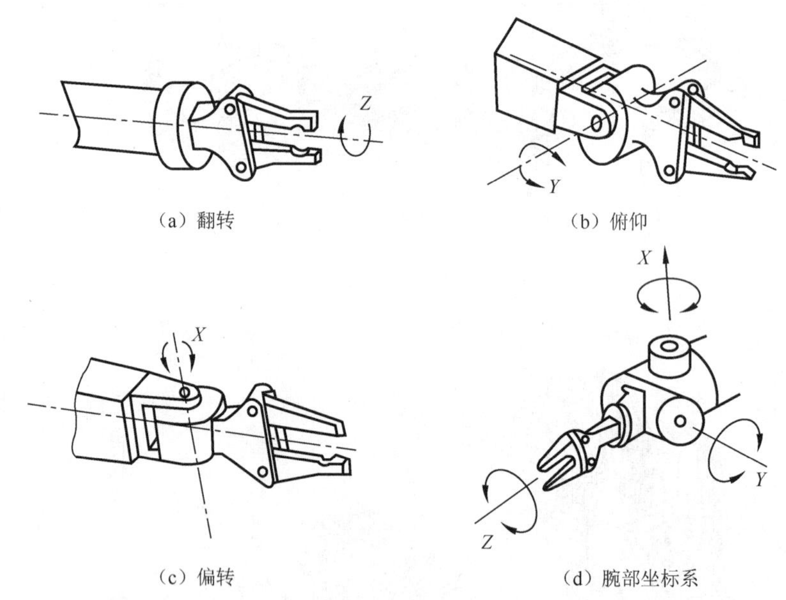

（a）翻转　（b）俯仰　（c）偏转　（d）腕部坐标系

图 2-10　腕部的自由度

腕部是安装在臂部的小臂上，因此腕部结构的设计要满足传动灵活、结构紧凑轻巧、避免干涉，具有合理的自由度。

按腕部转动特点的不同，用于腕部关节的转动可细分为滚转和弯转两种。滚转是指组成关节的两个零件自身的几何回转中心和相对运动的回转轴线重合，因而能实现 360° 无障碍旋转的关节运动，通常用 R 来标记，如图 3-11（a）所示。

弯转是指两个零件的几何回转中心和其相对运动的回转轴线垂直的关节运动。由于受到结构的限制，其相对转动角度一般小于 360°，通常用 B 来标记，如图 2-11（b）所示。

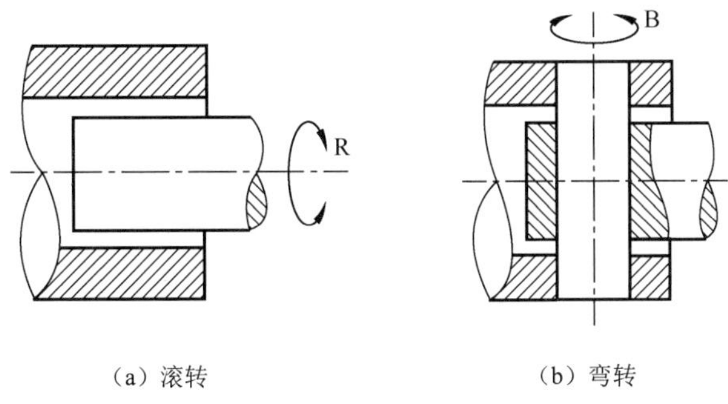

（a）滚转　　（b）弯转

图 2-11　腕部关节的滚转和弯转

2.2.2　腕部的分类

1. 按自由度数目来分

腕部根据实际使用的工作要求和机器人的工作性能来确定自由度，腕部按自由度数目，可分为单自由度腕部、二自由度腕部和三自由度腕部。

1）单自由度腕部

如图 2-12（a）所示，具有单一的臂转功能，腕部关节轴线与手臂的纵轴线共线，常回转角度不受结构限制，可以回转 360° 以上。该运动用滚转关节（R 关节）实现。

如图 2-12（b）所示，具有单一的手转功能，腕部关节轴线与手臂及手的轴线相互垂直；如图 2-12（c）所示，具有单一的侧摆功能，腕部关节轴线与手臂及手的轴线在另一个方向上相互垂直，两者常回转角度都受结构限制，通常小于转 360°，该两者运动都用弯转关节（B 关节）实现。

如图 2-12（d）所示，具有单一的平移功能，腕部关节轴线与手臂及手的轴线在一个方向上成一平面；不能转动只能平移，该运动用平移关节（T 关节）实现。

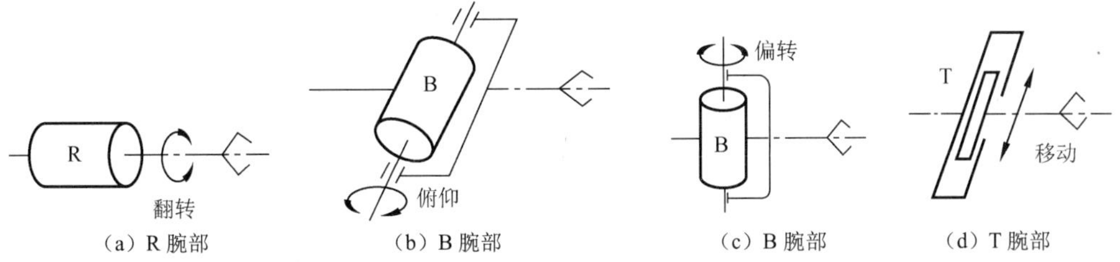

（a）R 腕部　　（b）B 腕部　　（c）B 腕部　　（d）T 腕部

图 2-12　单自由度腕部

2）二自由度腕部

可以由一个滚转关节和一个弯转关节联合构成滚转弯转 BR 关节，实现二自由度腕部，如图 2-13（a）所示；或由两个弯转关节组成 BB 关节实现二自由度腕部，如图 2-13（b）所示；但不能由两个滚转关节 RR 构成二自由度腕部，因为两个滚转关节的功能是重复的，实际上只能起到单自由度的作用，如图 2-13（c）所示。

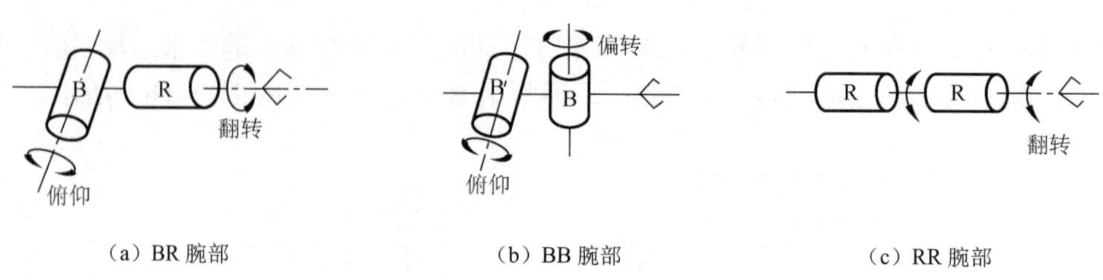

（a）BR 腕部　（b）BB 腕部　（c）RR 腕部

图 2-13　二自由度腕部

3）三自由度腕部

三自由度腕部可以由 B 关节和 R 关节组成多种形式，实现臂转、手转和腕摆功能。事实证明，三自由度腕部能使手部取得空间任意姿态。图 2-14（a）所示为 BBR 腕部，使手部具有俯仰、偏转和翻转运动；图 2-14（b）所示为 BRR 腕部，为了不使自由度退化，第一个 R 关节必须偏置；图 2-14（c）所示为 RRR 腕部，三个 R 关节不能共轴线；图 2-14（d）所示为 BBB 腕部，它已经退化为二自由度腕部，在实际中是不被采用的。

此外，B 关节和 R 关节排列的次序不同，也会产生不同的效果，因而也产生了其他形式的三自由度腕部。

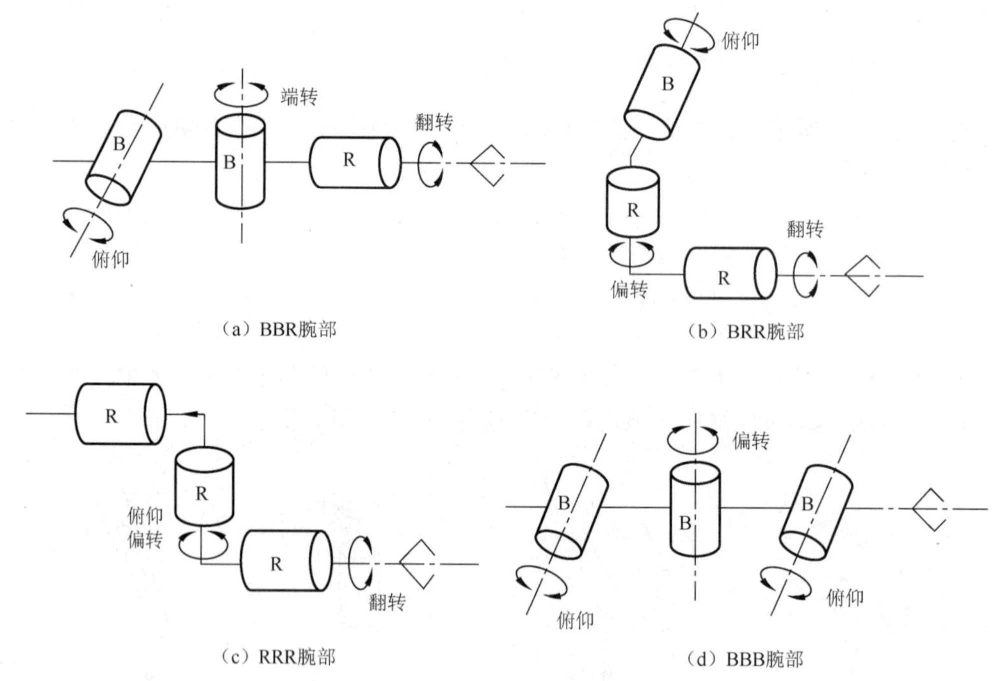

（a）BBR腕部　（b）BRR腕部

（c）RRR腕部　（d）BBB腕部

图 2-14　三自由度腕部

2. 按驱动方式来分

1）液压（汽）缸驱动的腕部结构

直接用回转液压（汽）缸驱动实现腕部的回转运动，具有结构紧凑、灵活等优点。如图 2-15 所示的腕部结构，采用回转液压缸实现腕部的旋转运动。当压力油从右进油孔 7 进入液压缸右

腔时，便推动回转叶片 11 和回转轴 10 一起绕轴线顺时针转动；当压力油从左进油孔 5 进入液压缸左腔时，便推动转轴逆时针回转。由于手部和回转轴 10 连成一个整体，故回转角度极限值由动片、定片之间允许回转的角度来确定，图 2-15 所示液压缸可以回转+90°和-90°。

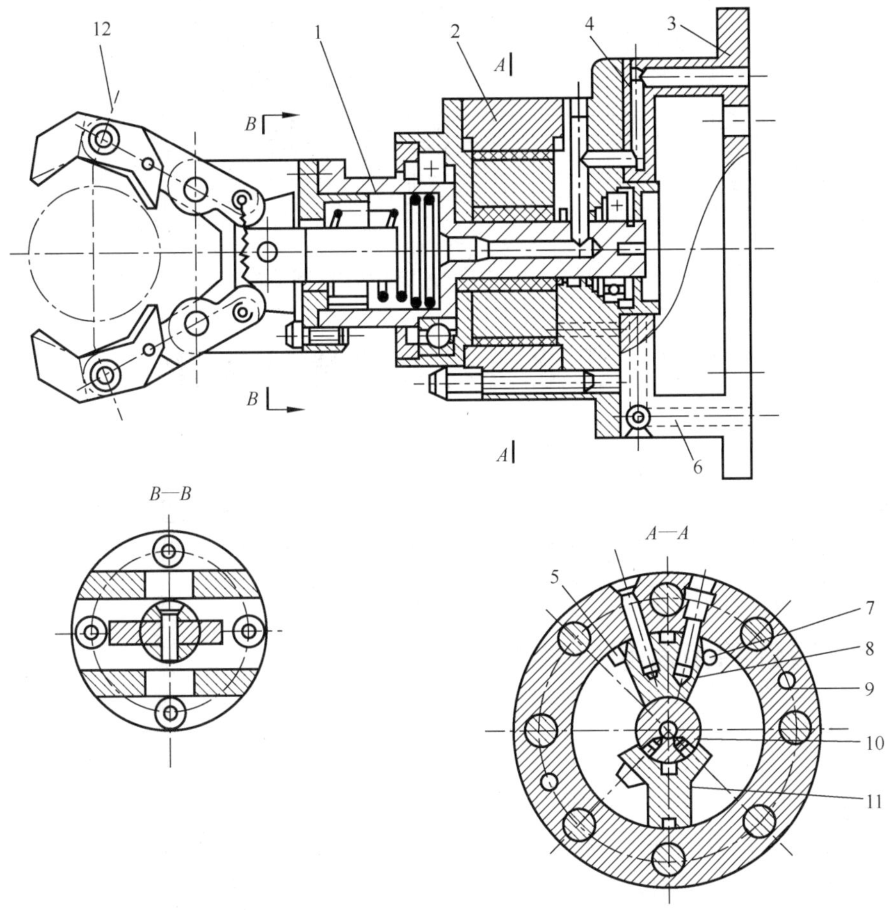

1—手部驱动位　2—周转液压缸　3—腕架　4—通向手部的油管　5—左进油孔　6—通向摆动液压缸油管　7—右进油孔　8—固定叶片　9—缸体　10—回转轴　11—圆转叶片　12—手部

图 2-15　摆动液压缸的旋转腕

2）机械传动的腕部结构

图 2-16 所示为三自由度的机械传动腕部的传动图，是一个具有三根输入轴的差动轮系。腕部旋转使得附加的腕部结构紧凑、重量轻。从运动分析的角度看，这是一种比较理想的三自由度腕部，这种腕部可使手的运动灵活、适应性广。目前，它已成功地用于电焊、喷漆等通用机器人上。

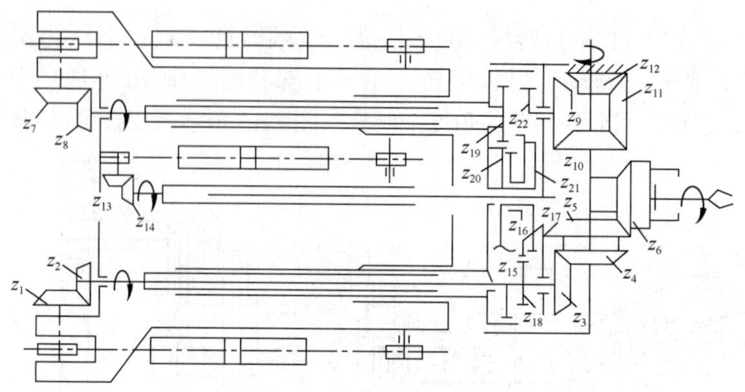

图 2-16　三自由度的机械传动腕部结构

2.3　工业机器人的臂部结构

工业机器人臂部（包括小臂和大臂）是机器人的主要执行部件，它的作用是支承腕部和手部，并带动它们使手部中心点按一定的运动轨迹，由某一位置运动到达另一指定位置。它不仅仅承受被抓取工件的重量，而且承受手部、腕部和臂部自身的重量。臂部的结构、工作范围、灵活性、抓重大小和定位精度都直接影响机器人的工作性能。

2.3.1　臂部特点和设计要求

1）臂部特点

（1）工业机器人的臂部一般有 2～3 个自由度，即伸缩、回转、俯仰或升降。专用机械手的臂部一般有 1～2 个自由度，为伸缩、回转或直行。

（2）臂部的重量较大，受力一般比较复杂，在运动时，直接承受腕部、手部和工件（或工具）的静、动载荷，特别是高速运动时，将产生较大的惯性力，引起冲击，影响定位的准确性。

（3）工业机器人的臂部一般与控制系统和驱动系统一起安装在机身上。

2）臂部设计要求

臂部的结构形式必须根据机器人的运动形式、抓取重量、动作自由度、运动精度等因素来确定。因此，设计时要注意以下要求。

（1）刚度要大，要有足够的承载能力。手臂部分在工作时，相当于一个悬臂梁，为防止臂部在运动过程中产生过大的变形，手臂的截面形状设计要合理，一般用空心轴制作臂杆和导向杆，用工字钢和槽钢制作支承板。

（2）导向性要好。为防止手臂在直线移动过程中沿运动轴线发生相对转动，保证手部的方向正确，应设置导向装置或设计方形、花键等形式的臂杆。

（3）重量要轻。为提高机器人的运动速度，要尽量减轻臂部运动部分的重量，以减小整个手臂对回转轴的转动惯量。

（4）运动要平稳，定位精度要高。由于臂部运动速度越高，重量越大，惯性力引起的定位前的冲击就越大，会造成运动不平稳，定位精度不高。所以应尽量减小臂部运动部分的重量，

使结构紧凑、重量轻，同时还要采取一定形式的缓冲措施。

2.3.2 臂部机构

机器人的臂部由大臂、小臂或多臂组成。臂部的驱动方式主要有液压驱动、气动驱动和电动驱动等形式，其中电动驱动形式最为通用。

1. 臂部伸缩机构

机器人臂部的伸缩运动属于直线运动。当行程小时，采用油（汽）缸直接驱动；当行程大时，可采用油（汽）缸驱动齿条传动的倍增机构或步进电机及伺服电动机驱动，也可用丝杆螺母或滚珠丝杆传动。为了增加手臂的刚性，防止手臂在伸缩运动时绕轴线转动或产生变形，臂部结构需要设置导向装置，或设计方形、花键等形式的臂杆。常用的导向装置有单导向杆和双导向杆等。

双导向杆臂部的伸缩结构如图 2-17 所示，臂部和腕部是通过连接板安装在升降液压缸的上端。当双作用液压缸 1 的两腔分别通入压力油时，则推动活塞杆 2（即臂部）做往复直线移动；导向杆 3 在导向套 4 内移动，以防臂部伸缩式的转动（并兼作腕部回转缸 6 及手部 7 的夹紧液压缸用的输油管道）。由于臂部的伸缩液压缸安装在两根导向杆之间，由导向杆承受弯曲作用，活塞杆只受拉压作用，故受力简单、传动平稳、外形整齐美观、结构紧凑。

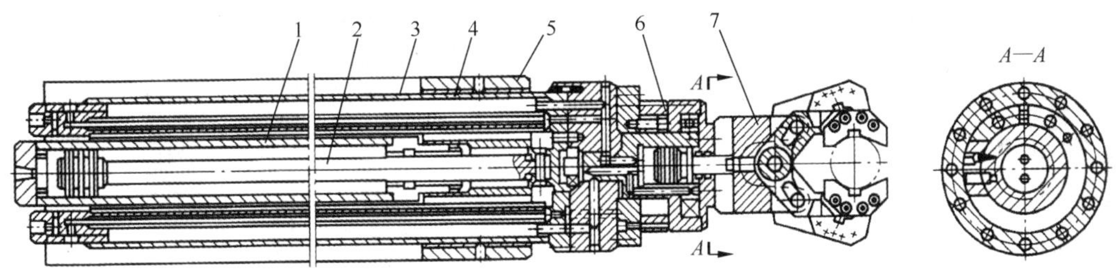

1—双作用液压缸　2—活塞杆　3—导向杆　4—导向套　5—支承座　6—腕部　7—手部

图 2-17　双导向杆臂部的伸缩结构

图 2-18 所示为采用四根导向柱的臂部伸缩结构，手臂的垂直伸缩运动由油缸 3 驱动，其特点是行程长，抓重大。工件形状不规则时，为了防止产生较大的偏重力矩，可用四根导向柱，这用结构多用于箱体加工线上。

2. 臂部俯仰机构

机器人的臂部俯仰运动一般采用活塞液压缸与连杆机构来实现。臂部的俯仰运动所用的活塞缸位于臂部的下方，其活塞杆和臂部用铰链连接，缸体采用尾部耳环或中部销轴等方式与立柱连接，如图 2-19 所示。

图 2-20 为铰接活塞缸实现臂部俯仰的机构示意。采用铰接活塞缸 5、7 和连杆机构，使小臂 4 相对大臂 6 和大臂 6 相对立柱 8 实现俯仰运动。

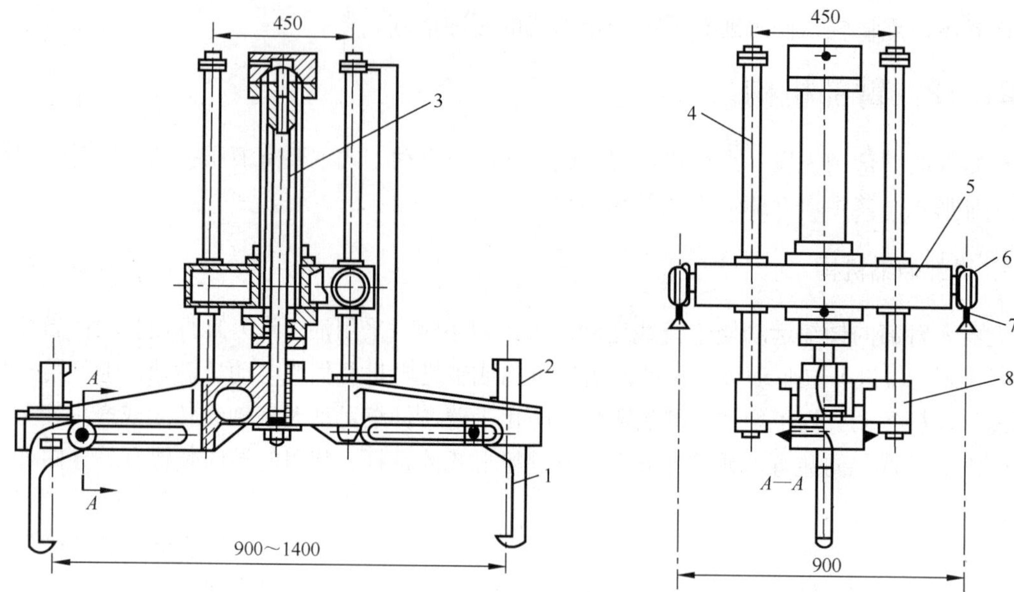

1—手部　2—夹紧缸　3—油缸　4—导向柱　5—运行架　6—行走车轮　7—轨道　8—支座

图 2-18　四导向柱臂部伸缩结构

(a)　(b)

图 2-19　臂部俯仰驱动缸安装示意

3. 臂部回转和升降机构

实现机器人臂部回转运动的结构形式是多种多样的，常用的有叶片式回转缸、齿轮传动机构、链轮传动机构、连杆机构。以齿轮传动机构中活塞缸和齿轮齿条机构为例来说明臂部的回转。齿轮齿条机构通过齿条的往复移动，带动与臂部连接的齿轮作往复回转运动，即实现臂部的回转运动，带动齿条往复移动的活塞缸可以由压力油或压缩气体驱动。

臂部升降和回转运动的结构如图 2-21 所示。活塞液压缸两腔分别进压力油，推动齿条活塞 7 作往复移动（见 *A*—*A* 剖面），与齿条 7 啮合的齿轮 4 作往复回转运动。由于齿轮 4、臂部升降缸体 2、连接板 8 均用螺钉连接成一体，连接板又与臂部固连，因此实现臂部的回转运动。升降液压缸的活塞杆通过连接盖 5 与机座 6 连接而固定不动，缸体 2 沿导向套 3 作上下移动，因为升降液压缸外部装有导向套，所以刚性好、传动平稳。

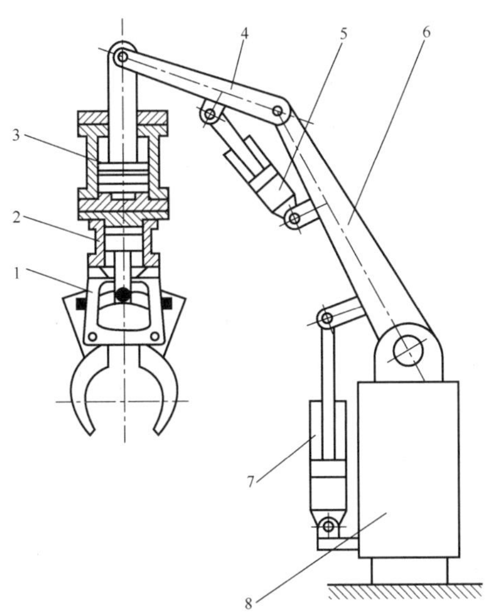

1—手部　2—夹紧缸　3—升降缸　4—小臂　5、7—铰接活塞缸　6—大臂　8—立柱

图 2-20　铰接活塞缸实现臂部俯仰的机构示意

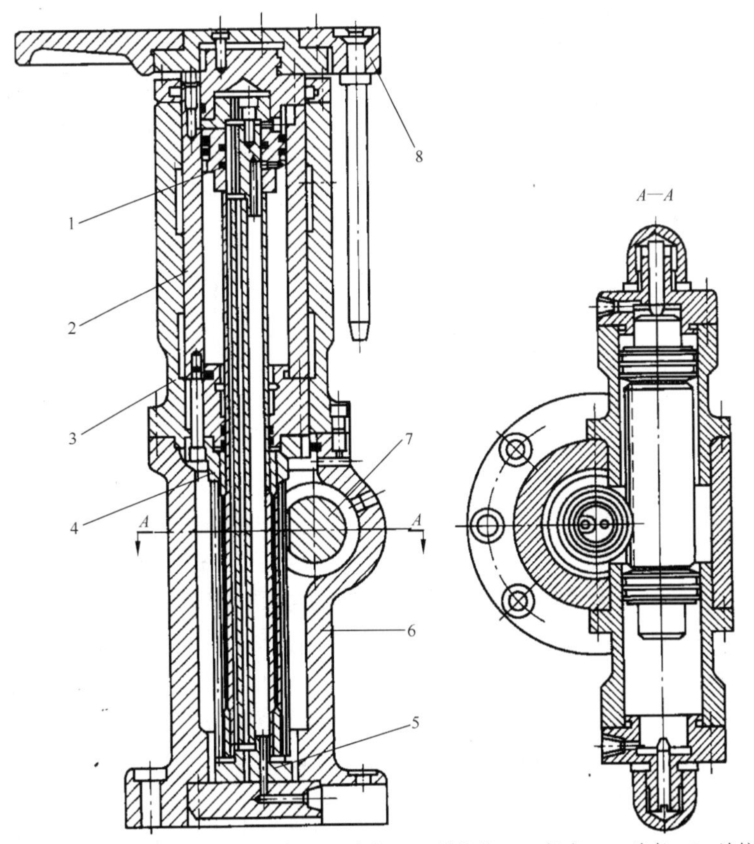

1—活塞缸　2—升降缸体　3—导向套　4—齿轮　5—连接盖　6—机座　7—齿条　8—连接板

图 2-21　臂部升降和回转运动的结构

2.3.3 机身和臂部的配置形式

机身和臂部的配置形式基本上反映了机器人的总体布局。由于机器人的运动要求、工作对象、作业环境和场地等因素的不同，因此出现了各种不同的配置形式。目前常用的有以下几种形式：

1. 横梁式

机身设计成横梁式，用于悬挂手臂部件，通常分为单臂悬挂式和双臂悬挂式两种，这类机器人的运动形式大多为移动式。它具有占地面积小，能有效地利用空间，动作简单直观等优点。横梁可设计成固定的或行走的，一般横梁安装在厂房原有建筑的柱梁或有关设备上，也可从地面架设。

图 2-22（a）中所示为一种单臂悬挂式，机器人只有一个铅垂配置的悬挂手臂。臂部除作伸缩运动外，还可以沿横梁移动。有的横梁装有滚轮，可沿轨道行走。图 2-22（b）所示为一种双臂对称交叉悬挂式。双悬挂式结构大多用于为某一机床（如卧式车床、外圆磨床等）上、下料服务的，一个臂用于上料、一个臂用于下料，这种形式可以减少辅助时间，缩短动作循环周期，有利于提高生产率。双臂在横梁上的配置有双臂平行配置、双臂对称交叉配置和双臂一侧交叉配置等。

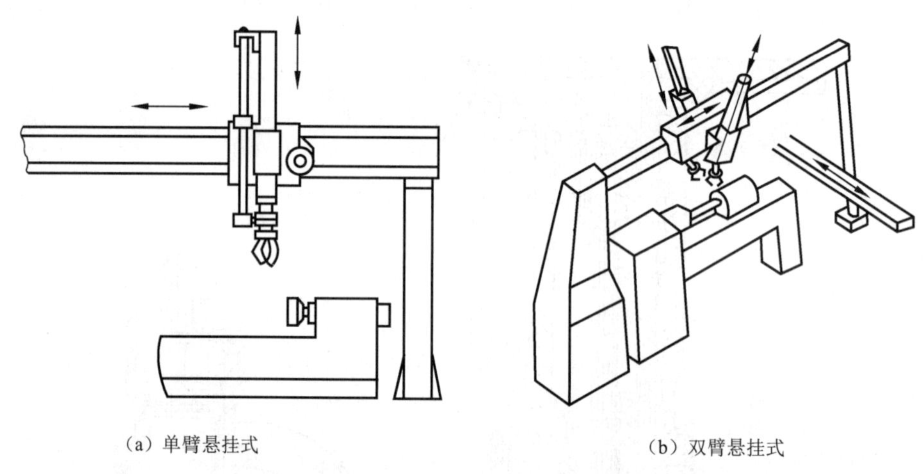

（a）单臂悬挂式　　　　（b）双臂悬挂式

图 2-22　横梁式

2. 立柱式

立柱式机器人多采用回转型、俯仰型或屈伸型的运动形式，是一种常见的配置形式。一般臂部都可在水平面内回转，具有占地面积小而工作范围大的特点。立柱可固定安装在空地上，也可以固定在床身上。立柱式结构简单，服务于某种主机，承担上、下料或转运等工作。

立柱式机器人常分为单臂式和双臂式两种，如图 2-23 所示，单臂式配置的立柱上配置单个臂，一般情况下臂部可水平、垂直或倾斜安装于立柱顶端；双臂式配置的机器人多用于一只手实现上料、另一只手实现下料。图（a）为一立柱式浇注机器人，以平行四边形铰接的四杆机构作为臂部，以此实现俯仰运动。浇包提升时始终保持铅垂状态，臂部回转运动后，可把从熔炉中取出的金属液送至压铸机的型腔。图（b）双臂对称布置，较平稳，两个悬挂臂的伸缩运动采用分别驱动方式，用来完成较大行程的提升与转位工作。

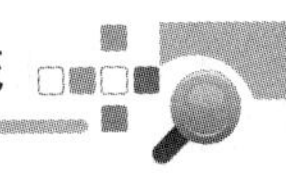

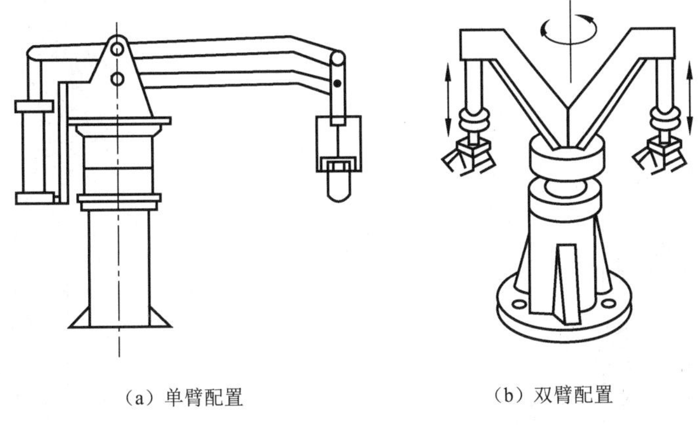

（a）单臂配置　　（b）双臂配置

图 2-23　立柱式

3. 机座式

机身设计成机座式，这种机器人可以是独立的、自成系统的完整装置，可随意安放和搬动，也可以具有行走机构，如沿地面上的专用轨道移动，以扩大其活动范围。各种运动形式均可设计成机座式。

如图 2-24 所示，手臂有单臂[见图（a）]、双臂[见图（b）]和多臂[见图（c）]的形式，手臂可配置在机座顶端，也可置于机座立柱中间。

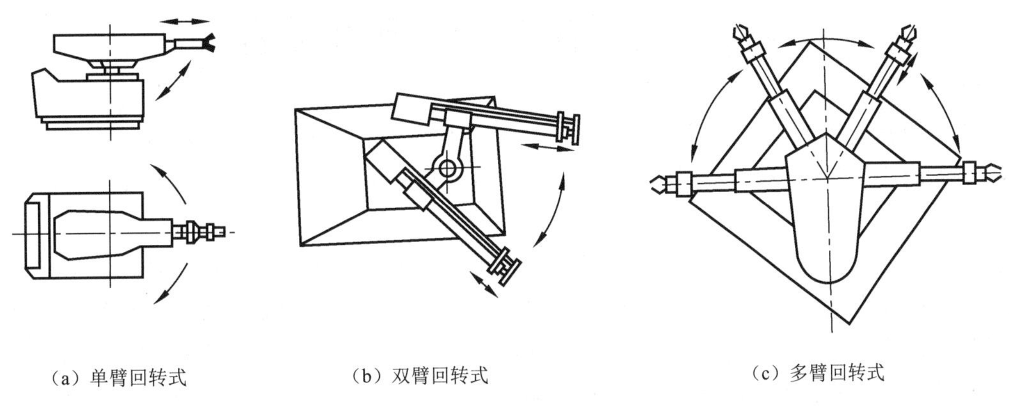

（a）单臂回转式　　（b）双臂回转式　　（c）多臂回转式

图 2-24　机座式

4. 屈伸式

屈伸式机器人的臂部由大小臂组成，大小臂间有相对运动，称为屈伸臂。屈伸臂与机身间的配置形式关系到机器人的运动轨迹，可以实现平面运动，也可以作空间运动。

图（a）为平面屈伸式机器人，其大小臂是在垂直于机床轴线的平面上运动，借助腕部旋转 90°，把垂直放置的工件送到机床两顶尖间。

图（b）为空间屈伸式机器人，小臂相对大臂运动的平面与大臂相对机身运动的平面互相垂直，手臂夹持中心的运动轨迹为空间曲线，它能将垂直放置的圆柱工件送到机床两顶尖间，而不需要腕部旋转运动。腕部只作小距离横移，即可将工件送进机床夹头内。该机构占地面积小，能有效地利用空间，可绕过障碍进入目的地，较好地显示了屈伸式机器人的优越性。

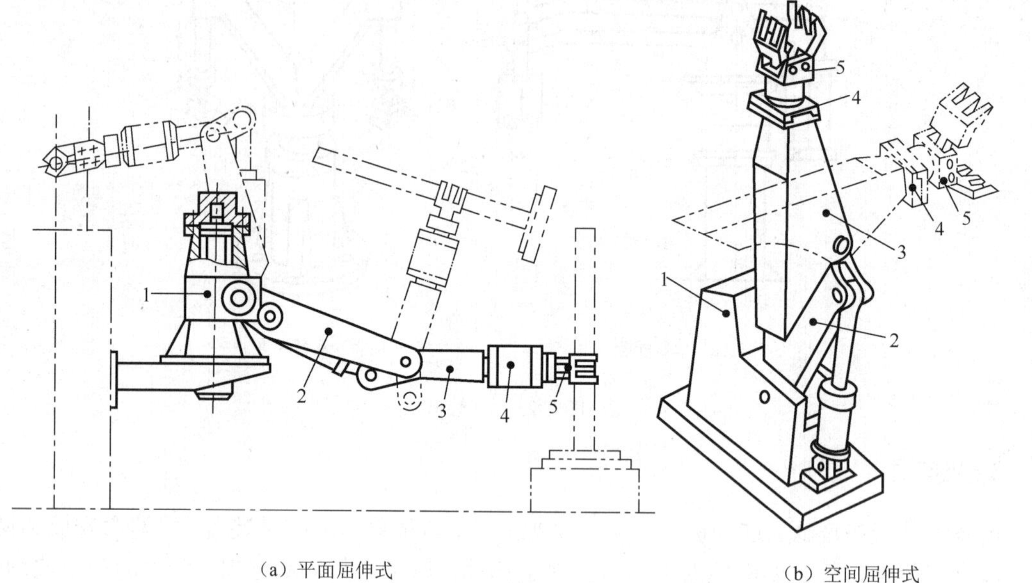

（a）平面屈伸式
1—立柱 2—大臂 3—小臂 4—腕部 5—手部

（b）空间屈伸式
1—立柱 2—大臂 3—小臂 4—腕部 5—手部

图 2-25 屈伸式

2.4 工业机器人的机身机构

机身是机器人的基础部分，它起支撑作用。工业机器人机身有固定式和行走式两种。对固定式机器人而言，其机身可直接安装在地面上；对移动式机器人而言，其机身则安装在行走机构上。

机身是直接连接、支承和传动手臂及行走机构的部件。它由臂部运动（升降、平移、回转和俯仰）机构及有关的导向装置、支承件等组成。由于机器人的运动形式、使用条件、负载能力各不相同，所采用的驱动装置、传动机构、导向装置也不同，致使机身机构有很大不同。

一般情况下，实现臂部的升降、回转或俯仰等运动的驱动装置或传动件都安装在机身上。臂部的运动越多，机身的结构和受力越复杂。机身既可以是固定的，如一般工业机器人中的立柱式、机座式和屈伸式机器人大多是固定的；也可以是行走式的，即在它的下部装有能行走的机构，可沿地面或架空轨道运行，具有智能的可移动机器人是今后机器人的发展方向。

常用的机身机构有升降回转型机身机构、俯仰型机身机构、直移型机身机构和类人机器人型机身机构。

1. 升降回转型机身机构

升降回转型机身机构由实现臂部的回转和升降的机构组成，回转通常由直线液（汽）压缸驱动的传动链、蜗轮蜗杆机械传动回转轴完成；升降通常由直线缸驱动、丝杠—螺母机构驱动、直线缸驱动的连杆升降台完成。

1）回转与升降机身结构特点

（1）升降油缸在下，回转油缸在上，回转运动采用摆动油缸驱动，因摆动油缸安置在升降活塞杆的上方，故活塞杆的尺寸要加大。

（2）回转油缸在下，升降油缸在上，回转运动采用摆动油缸驱动，相比之下，回转油缸的驱动力矩设计得大一些。

（3）链条链轮传动是将链条的直线运动变为链轮的回转运动，它的回转角度可大于 360°。图 2-26（a）为气动机器人采用单杆活塞汽缸驱动链条链轮传动机构实现机身的回转运动。此外，也有用双杆活塞汽缸驱动链条链轮回转的方式，如图 2-26（b）所示。

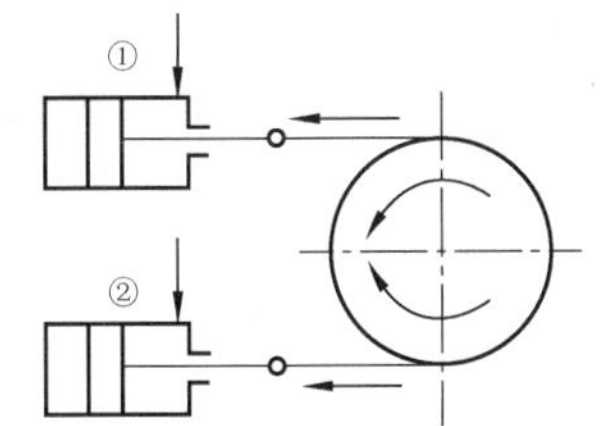

（a）单杆活塞汽缸驱动链条链轮传动机构

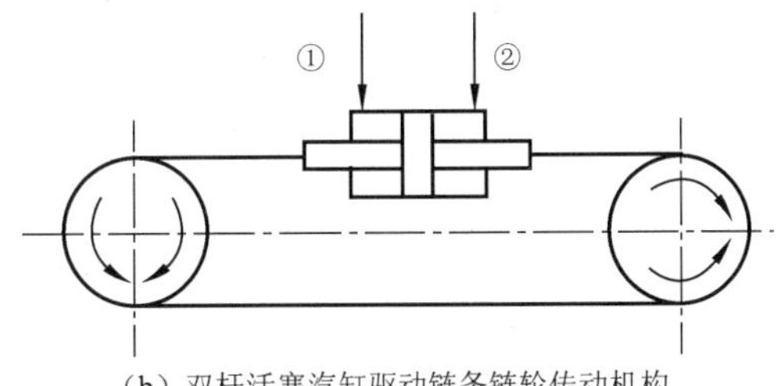

（b）双杆活塞汽缸驱动链条链轮传动机构

图 2-26　链条链轮传动机构

2）回转与升降机身结构工作原理

如图 2-27 所示设计的机身包括两个运动，机身的回转和升降。机身回转机构置于升降缸之上。

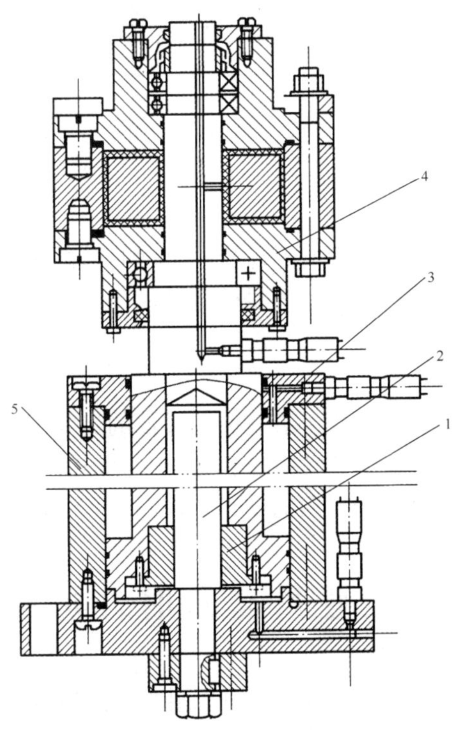

1—花键轴套　2—花键轴　3—活塞　4—回转缸　5—升降缸

图 2-27　回转升降型机身机构

手臂部件与回转缸的上端盖连接，回转缸的动片与缸体连接，由缸体带动手臂回转运动，回转缸的转轴与升降缸的活塞杆是一体的。活塞杆采用空心结构，内装一花键套与花键轴配合，活塞升降由花键轴导向。花键轴与升降缸的下端盖用键来固定，下端盖与连接地面的底座固定。这样就固定了花键轴，从而通过花键轴固定了活塞杆。在这种结构中导向杆在内部，使得结构紧凑。

2. 俯仰型机身机构

俯仰型机身机构由实现手臂左右回转和上下俯仰的部件组成，它用于手臂的俯仰运动部件代替手臂的升降运动部件。俯仰运动大多采用摆式直线缸驱动。

机器人手臂的俯仰运动一般采用活塞缸与连杆机构实现。手臂俯仰运用的活塞缸位于手臂的下方，其活塞杆和手臂用铰链连接，缸体采用尾部耳环或中部销轴等方式与立柱连接，如图 2-28 所示。此外，也采用无杆活塞驱动齿条齿轮或四连杆机构实现手臂的俯仰运动。

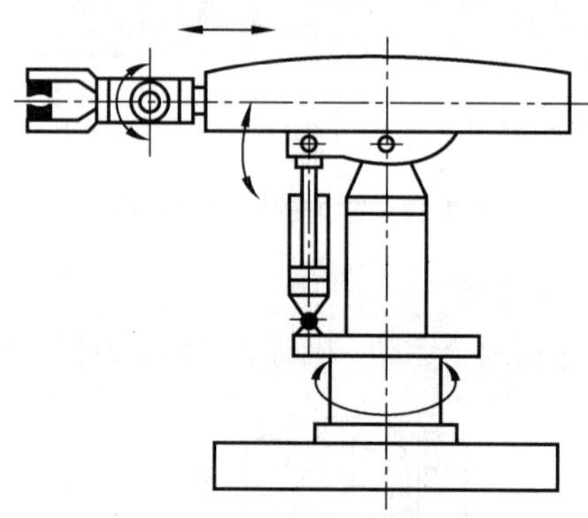

图 2-28　俯仰型机身机构

3. 直移型机身机构

直移型机身机构多为悬挂式，机身实际是悬挂手臂的横梁。为使手臂能沿横梁平移，除了要有驱动和传动机构，导轨也是一个必不可少的部件。

4. 类人机器人型机身机构

类人机器人型机身机构的机身上除了装有驱动臂部的运动装置外，还应该有驱动腿部运动的装置和腰部关节。类人机器人型机身机构的机身依靠腿部的屈伸运动来实现升降，腰部关节实现其左右和前后的俯仰和人身轴线方向的回转运动。

2.5　工业机器人的行走机构

大多数工业机器人是固定的，还有少部分可以沿着固定轨道移动。但随着工业机器人应用范围的不断扩大，以及海洋开发、原子能工业及航空航天等领域的不断发展，具有一定智能的可移动机器人将是未来机器人的发展方向之一，并会得到广泛应用。

行走机构是行走机器人的重要执行部件，它由驱动装置、传动机构、位置检测元件、传感器、电缆及管路等组成。它一方面支撑机器人的机身、臂部和手部，因而必须具有足够的刚度和稳定性；另一方面它还要根据作业任务的要求，带动机器人在更广阔的空间内运动。

行走机构按其运动轨迹，可分为固定轨迹式和无固定轨迹式。固定轨迹式行走机构主要用于工业机器人，如横梁式机器人。无固定轨迹式行走机构按其行走机构的结构特点， 可分为车轮式行走机构、履带式行走机构和足式行走机构等。一般室内的工业机器人多采用车轮式行走机构；室外的工业机器人为适应野外环境，多采用履带式行走机构；一些仿生机器人，通常模仿某种生物的运动方式而采用相应的行走机构。其中，轮式行走机构效率最高，但适应能力相对较差；而足式行走机构能力强，但效率最低。

2.5.1　车轮式行走机构

车轮式行走机器人是机器人中应用最多的一种，在相对平坦的地面上，用车轮移动方式行走是相对优越的。

1. 车轮的形式

车轮的形状或结构形式取决于地面的性质和车辆的承载能力。在轨道上运行的多采用实心钢轮，室外路面行驶多采用充气轮胎，室内平坦地面上的可采用实心轮胎。

图 2-29 所示是不同的车轮形式。图 2-29（a）的传统车轮适合于平坦的坚硬路面；图 2-29（b）的半球形轮是为火星表面而开发的；图 2-29（c）的充气球轮适合于沙丘地形；图 2-29（d）为车轮的一种变形，称为无缘轮，用来爬越阶梯及在水田中行驶。

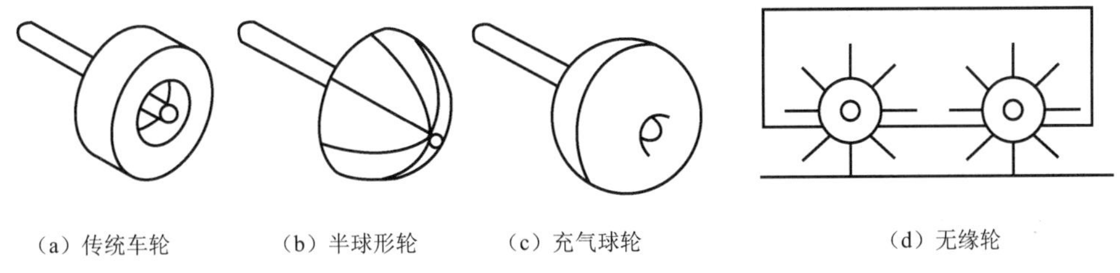

（a）传统车轮　（b）半球形轮　（c）充气球轮　（d）无缘轮

图 2-29　车轮形式

2. 车轮的配置和转向机构

图 2-30 所示为三轮车轮的配置和转向机构。其中，图 2-30（a）为后轮用两轮独立驱动，前轮为小脚轮构成辅助轮；图 2-30（b）为前轮驱动和转向，两后轮为从动轮；图 2-30（c）为后轮通过差动齿轮驱动，前轮转向。

四轮行走机构也是一种常用的配置形式。普通车轮行走机构对崎岖不平的地面适应性很差，为了提高轮式车轮的地面适应能力，设计了越障轮式机构，这种行走机构往往是多轮式行走机构。

图 2-31 是一种车轮式行走机器人。如此配置的行走机器人可用作机床上、下料，机床间工件或工具的传送接收等。车轮式行走机器人是自动化生产由单元生产向柔性生产线乃至无人车间发展的重要设备之一。车轮式行走机构也是遥控机器人移动的一种基本方式。

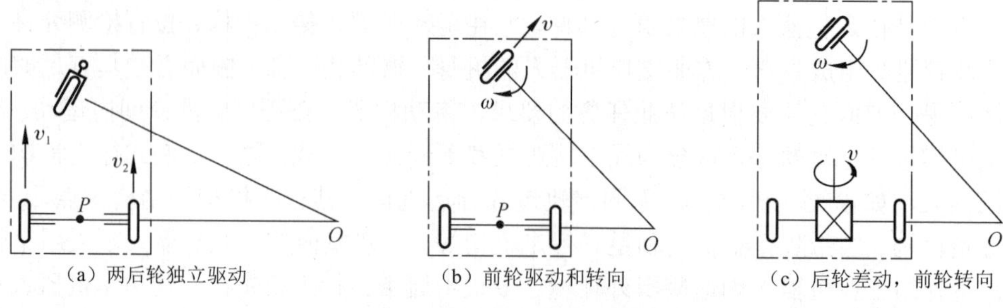

图 2-30　三轮车轮配置方式

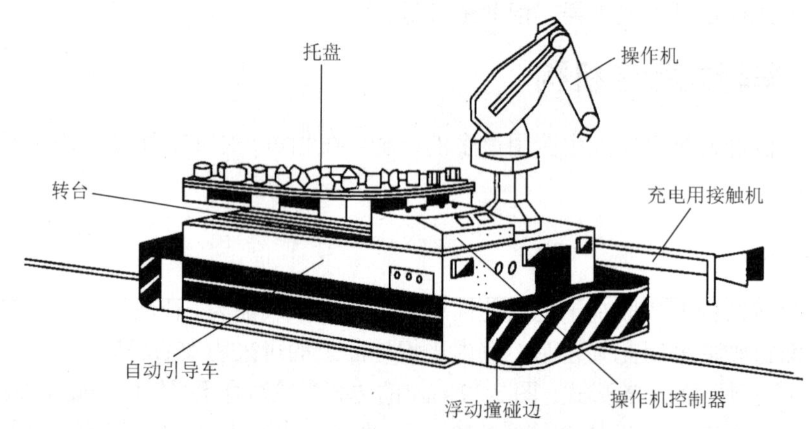

图 2-31　感应引导的车轮式行走机器人

2.5.2　履带式行走机构

履带式行走机构适合于未建造的天然路面行走，它是轮式行走机构的拓展，履带本身起着给车轮连续铺路的作用。

1. 履带行走机构的构成

1）履带行走机构的组成

履带行走机构由履带、驱动链轮、支承轮、拖带轮和张紧轮组成，如图 2-32 所示。

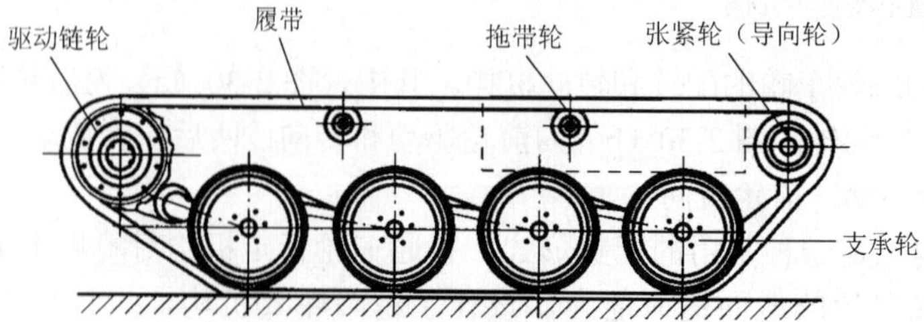

图 2-32　履带行走机构

2）履带行走机构的形状

履带行走机构的形状有很多种，主要是一字形、倒梯形等，如图 2-33 所示。图（a）为一

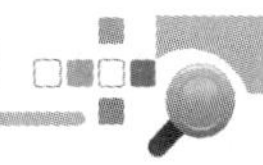

字形，驱动轮及张紧轮兼作支承轮，增大支承地面面积，改善了稳定性，此时驱动轮和导向轮只略微高于地面。图（b）为倒梯形，不作支承轮的驱动轮与张紧轮装得高于地面，链条引入引出时角度达 50°，其好处是适合于穿越障碍。另外，因为减少了泥土加入引起的磨损和失效，可以提高驱动轮和张紧轮的寿命。

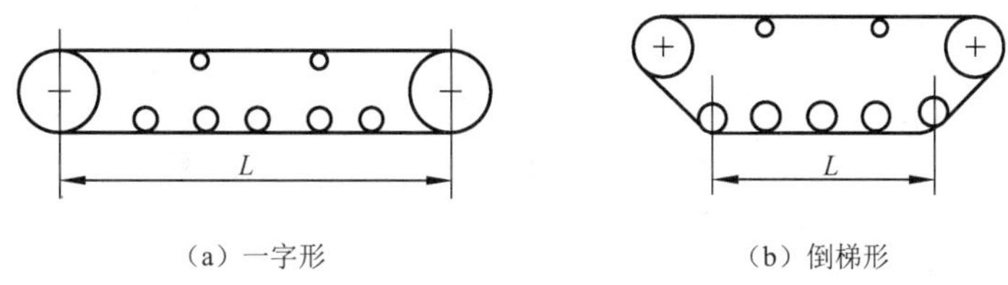

图 2-33　履带式行走机构的形状

2. 履带行走机构的特点

1）优点

（1）支承面积大，接地比压小，适合于松软或泥泞场地进行作业，下陷度小，滚动阻力小。

（2）越野机动性好，可以在有些凹凸的地面上行走，可以跨越障碍物，能爬梯度不太高的台阶，爬坡、越沟等性能均优于轮式行走机构。

（3）履带支承面上有履齿，不易打滑，牵引附着性能好，有利于发挥较大的牵引力。

2）缺点

（1）由于没有自定位轮及转向机构，只能依靠左右两个履带的速度差实现转弯，因此在横向和前进方面都会产生滑动。

（2）转弯阻力大，不能准确地确定回转半径。

（3）结构复杂，重量大，运动惯性大，减振功能差，零件易损坏。

2.5.3　足式行走机构

车轮式行走机构只有在平坦坚硬的地面上行驶才有理想的运动特性，履带式行走机构虽然可在高低不平的地面上运动，但它的适应性不够，行走式晃动太大，在软地面上行驶运动效率低。根据调查结果，地球上近一半的地面不适合传统的轮式或履带式车辆行走，但是一般多足动物却能在这些地方行动自如，显然足式行走方式具有独特的优势。

足式行走对崎岖路面具有很好的适应能力，足式运动方式的立足点是离散的点，可以在达到的地面上选择最优的支撑点，而轮式和履带式行走工具必须面临最坏的地形上的几乎所有点；足式行走机构有很大的适应性，尤其在有障碍物的通道（如管道、台阶）或很难接近的工作场地更有优越性；足式运动方式还具有主动隔振能力，尽管地面高低不平，机身的运动仍然可以相当平稳；足式行走在不平地面或松软地面上的运动速度较高，能耗较少。

1. 足的数目

现有的步行机器人的足数分别为单足、双足、三足、四足、六足、八足甚至更多。足的数目多，适合于重载和慢速运动。双足和四足具有最好的适应性和灵活性，也最接近人类和动物。图 2-34 显示了单足、双足、三足、四足和六足行走机构。

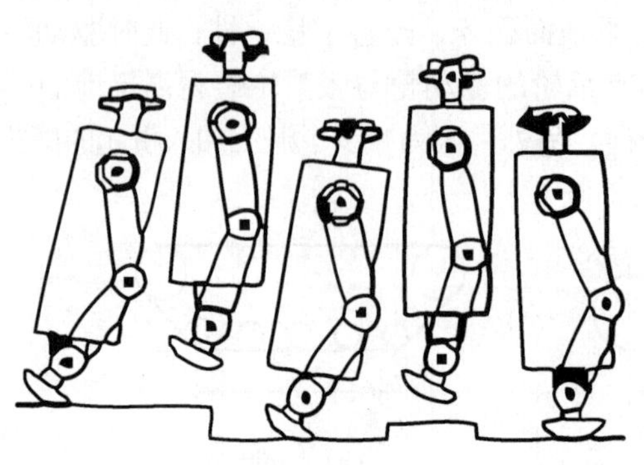

（a）单足跳跃机器人

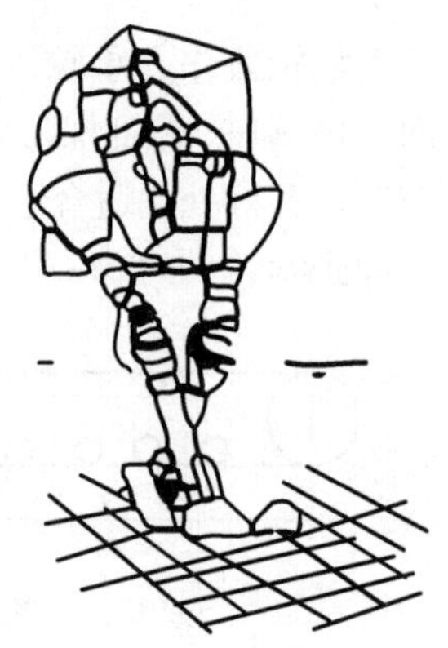

（b）双足机器人

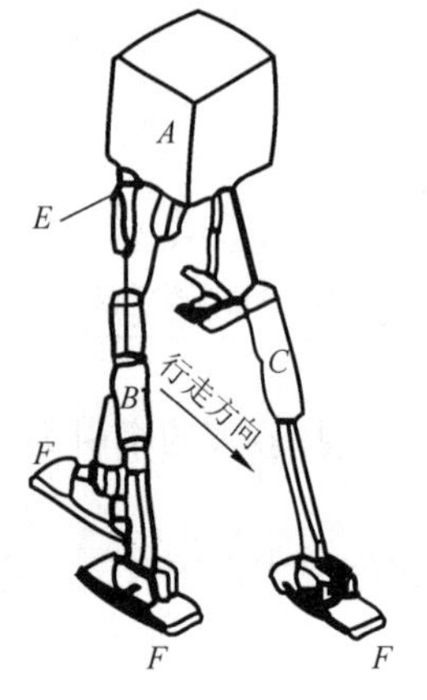

（c）三足机器人

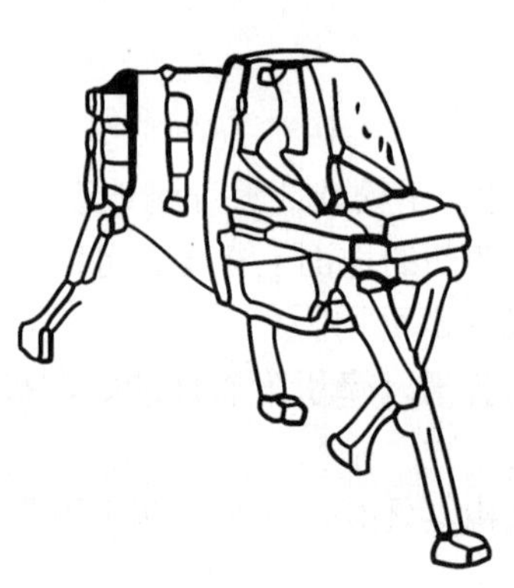

（d）四足机器人

（e）六足机器人

图 2-34　足式行走机器人

不同足数的行走机器人的主要性能指标对比见表 2-1 所示。

表 2-1　不同足数的行走机器人的主要性能指标

足数 评价指标	1	2	3	4	5	6	7	8
保持稳定姿态的能力	无	无	好	最好	最好	最好	最好	最好
静态稳定行走的能力	无	无	无	好	最好	最好	最好	最好
高速静稳定行走能力	无	无	无	有	好	最好	最好	最好
动态稳定行走的能力	有	有	最好	最好	最好	好	好	好
用自由度数衡量的机械结构之简单性	最好	最好	好	好	好	有	有	有

2. 足的配置

足的配置指足相对于机体的位置和方位的安排，这个问题对于多于两足时尤为重要。就二足而言，足的配置或一左一右，或一前一后，后一种配置因容易引起腿间的干涉而实际上很少用到。

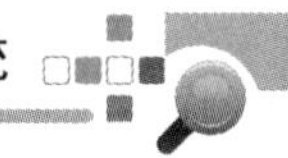

在假设足的配置为对称的前提下，四足或多于四足的配置可能有两种：一种是正向对称分布，如图 2-35（a）所示，即腿的主平面与行走方向垂直；另一种为前后向对称分布，如图 2-35（b）所示，即腿平面和行走方向一致。

足在主平面内的几何构形分别为哺乳动物形[见图 2-36（a）]、爬行动物形[见图 2-36（b）]和昆虫形[见图 2-36（c）]。

足的相对弯曲方向分别如图 2-37（a）所示的内侧相对弯曲、如图 2-37（b）所示外侧相对弯曲及如图 2-37（c）所示的同侧弯曲。不同的安排对稳定性有不同的影响。

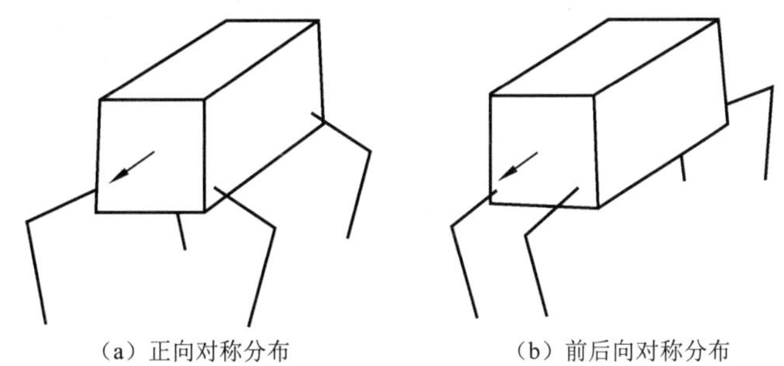

（a）正向对称分布　　（b）前后向对称分布

图 2-35　足的主平面的安排

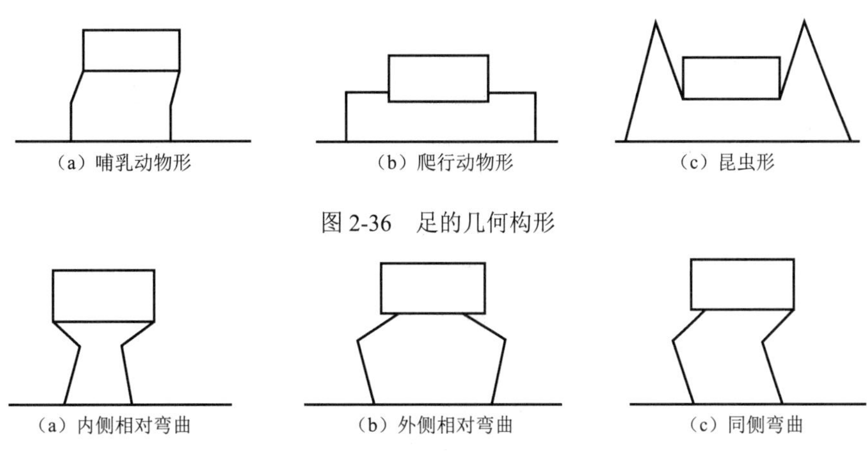

（a）哺乳动物形　　（b）爬行动物形　　（c）昆虫形

图 2-36　足的几何构形

（a）内侧相对弯曲　　（b）外侧相对弯曲　　（c）同侧弯曲

图 2-37　足的相对方位

3. 足式行走机构的平衡和稳定性

足式行走机构按其行走时保持平衡方式的不同可分为两类：静态稳定的多足机构和动态稳定的多足机构。

1）静态稳定的多足机构

机器人机身的稳定通过足够数量的足支承来保证。在行走过程中，机身重心的垂直投影始终落在支承足着落地点的垂直投影所形成的凸多边形内。这样，即使在运动中的某一瞬时将运动"凝固"，机体也不会有倾覆的危险。这类行走机构的速度较慢，它的步态为爬行或步行。

四足机器人在静止状态是稳定的，它在步行时，一只脚抬起，另三只脚支撑自重时，必须移动身体，让重心落在三只脚接地点所组成的三角形内。六足、八足步行机器人由于行走时可保证至少有三足同时支承机体，在行走时更容易得到稳定的重心位置。

在设计阶段，静平衡的机器人的物理特性和行走方式都经过认真协调，因此在行走时不会发生严重偏离平衡位置的现象。为了保持静平衡，机器人需要仔细考虑机器足的配置。保证至少同时有三个足着地来保持平衡，也可以采用大的机器足，使机器人重心能通过足的着地面，易于控制平衡。

2）动态稳定的多足机构

典型例子是踩高跷。高跷与地面只是单点接触，两根高跷在地面不动时站稳是非常困难的，要想原地停留，必须不断踏步，不能总是保持步行中的某种瞬间姿态。

在动态稳定中，机体重心有时不在支承图形中，利用这种重心超出面积外而向前产生倾倒的分力作为行走的动力并不停地调整平衡点以保证不会跌倒。这类机构一般运动速度较快，消耗能量小。其步态可以是小跑和跳跃。

双足行走和单足行走有效地利用了惯性力和重力，利用重力使身体向前倾倒来向前运动。这就要求机器人控制器必须不断地将机器人的平衡状态反馈回来，通过不停地改变加速度或者重心的位置来满足平衡或定位的要求。

2.6　工业机器人驱动装置和传动单元

工业机器人的机械本体要靠驱动装置来驱使运动，而驱动装置的受控运动必须通过传动单元。因此，驱动装置和传动单元是工业机器人除机械本体外的重要部件。

2.6.1　驱动装置

驱动装置是驱使工业机器人机械臂（包含机身、臂部、腕部、手部）运动的机构。按照控制系统发出的指令信号，借助于动力元件使机器人产生工作。机器人常用的驱动方式主要有液压驱动、气压驱动和电气驱动三种基本类型，三种驱动方式的特点见表 2-2。

表 2-2　三种驱动方式的特点比较

特点 驱动方式	输出力	控制性能	维修使用	结构体积	使用范围	制造成本
液压驱动	压力高，可获得大的输出力	油液不可压缩，压力、流量均容易控制，可无级调速，反应灵敏，可实现连续轨迹控制	维修方便，液体对温度变化敏感，油液泄露，易着火	在输出力相同的情况下，体积比气压驱动方式小	中、小型及重型机器人	液压元件成本较高，油路比较复杂
气压驱动	气体压力低，输出力较小，如需输出力大时，其结构尺寸过大	可高速运行，冲击较严重，精确定位困难。气体压缩性大，阻尼效果差，低速不易控制，不易与 CPU 连接	维修简单，能在高温、粉尘等恶劣环境中使用，对泄露无影响	体积较大	中、小型机器人	结构简单，工作介质来源方便，成本低
电气驱动	输出力较小或较大	易与 CPU 连接，控制性能好，相应快，可精确定位，但控制系统复杂	维修使用较复杂	需要减速装置，体积较小	高性能、运动轨迹要求严格的机器人	成本较高

目前，除个别运动精度不高、重负载或有防爆要求的机器人采用液压、气动驱动外，工业机器人大多采用电气驱动，而其中交流伺服电动机应用最广，且驱动器布置大都采用一个关节一个驱动器。

2.6.2 传动单元

驱动装置的受控运动必须通过传动单元带动机械臂产生运动，以精确的保证末端执行器所要求的位置、姿态和实现其运动。

目前工业机器人广泛采用的机械传动单元是减速器，与通用减速器相比，机器人关节减速器要求具有传动链短、体积小、功率大、质量轻和易于控制等特点。大量应用在关节型机器人上的减速器主要有两类：RV 减速器和谐波减速器。精密减速器使机器人伺服电动机在一个合适的速度下运转，并精确地将转速降到工业机器人各部分需要的速度，在提高机械本体刚性的同时输出更大的转矩。一般讲 RV 减速器放置在机身、腰部（机器人臂部的支撑部分）、大臂等重负载位置（主要用于 20kg 以上的机器人关节）；而谐波减速器放置在小臂、腕部和手部等轻负载位置（主要用于 20kg 以下的机器人关节）。

此外，机器人还采用齿轮传动、链条（带）传动、直线运动单元等，如图 2-38 所示。

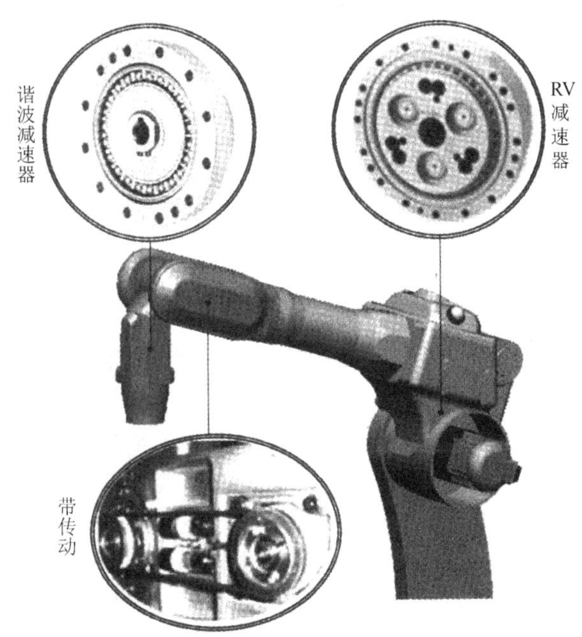

图 2-38　机器人关节传动单元

1. 谐波减速器

1）结构

同行星齿轮传动一样，谐波齿轮传动（简称谐波传动）通常由 3 个基本构件组成，包括一个有内齿的刚轮，一个带有外齿的柔轮和一个波发生器，如图 2-39 所示。在这 3 个基本构件中任意固定一个，其余一个为主动件一个为从动件（如刚轮固定不变，波发生器为主动件，柔轮为从动件）。

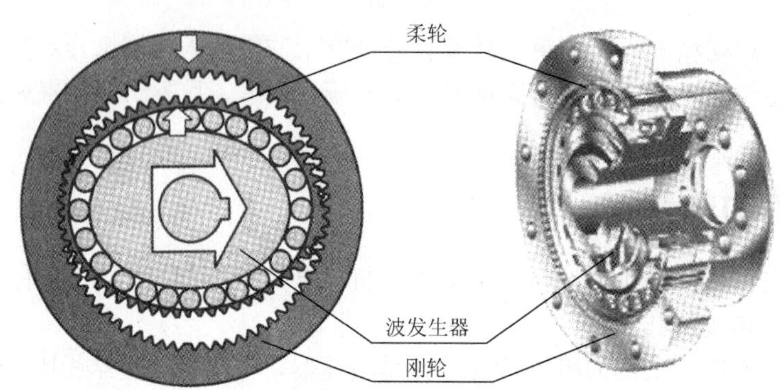

图 2-39　谐波发生器原理示意

（1）波发生器与输入轴相连，它由一个椭圆形凸轮和一个薄壁的柔性轴承组成，柔性轴承容易产生径向变形，在未装入凸轮之前环是圆形的，装上之后为椭圆形。

（2）柔轮有薄壁杯形、薄壁圆筒形或平嵌式等多种。薄壁圆筒形柔轮的开口端外面有齿圈，它随波发生器的转动而产生径向弹性变形，筒底部分与输出轴连接。

（3）刚轮是一个刚性的内齿轮。谐波齿轮减速器多以刚轮固定，外部与箱体连接。

2）工作原理

当波发生器装入柔轮后，迫使柔轮的剖面由原先的圆形变成椭圆形，其长轴两端附近的齿与刚轮的齿完全啮合（一般有 30%左右的齿处在啮合状态），而短轴两端附近的齿则与刚轮完全脱开，周长上其他区段的齿处于啮合和脱离的过渡状态。当波发生器沿某一方向连续转动时，柔轮的变形不断改变，使柔轮与刚轮的啮合状态也不断改变，啮入—啮合—啮出—脱开—再啮入……，周而复始地进行，柔轮的外齿数少于刚轮的内齿数，从而实现柔轮相对刚轮沿发生器相反方向的缓慢旋转。

3）特点

（1）结构简单、体积小、重量轻。与传动比相当的普通减速器相比，体积和重量均减少 1/3 左右或更多。

（2）传动比范围大。单级谐波减速器传动比为 50～300，优选 75～250 的数值；双极谐波减速器传动比为 3 000～60 000。

（3）同时啮合的齿数多，传动精度高，承载能力大。

（4）运动平稳、无冲击、噪声小。谐波减速器齿轮间的啮入、啮出是随着柔轮的变形逐渐进入和退出刚轮齿间的，啮合过程中以齿面接触，滑移速度小，且无突然变化。

（5）传动效率高，可实现高增速运动。

（6）可实现差速传动。如果让波发生器和刚轮主动，柔轮从动，就可以构成一个差动传动机构，从而实现快、慢速工作状况的转换。

2. RV 减速器

1）结构

与谐波减速器相比，RV 传动不仅具有较高的疲劳强度、刚度及较长的寿命，而且回差精度稳定。不像谐波传动，随着使用时间的增长，运动精度就会显著降低，故高精度机器人传动

多采用 RV 减速器，且有逐渐取代谐波减速器的趋势。图 2-40 所示为 RV 减速器结构示意图，主要有太阳轮（中心轮）、行星轮、转臂（曲柄轴）、转臂轴承、摆线轮（RV 齿轮）、针齿、刚性盘与输出盘等零部件组成。

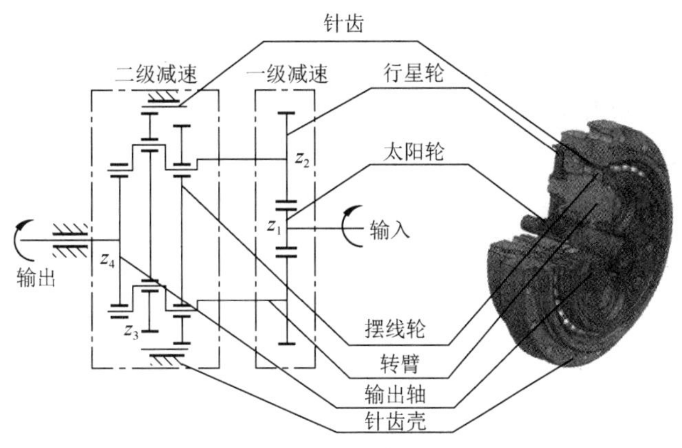

图 2-40　RV 减速器结构示意

2）工作原理

RV 传动装置是由第一级渐开线圆柱齿轮行星减速机构和和第二级摆线针轮行星减速机构两部分组成，是一封闭差动轮系。执行电动机的旋转运动由齿轮轴或太阳轮传递给两个渐开线行星轮，进行第一级减速；行星轮的旋转通过曲柄轴带动相距 180° 的摆线轮，从而生成摆线轮的公转。同时，由于摆线轮在公转过程中会受到固定于针齿壳上针齿的作用力而形成与摆线轮公转方向相反的力矩，进而造成摆线轮的自转运动，完成第二级减速。运动的输出通过两个曲柄轴使摆线轮与刚性盘构成平行四边形的等角速度输出机构，将摆线轮的转动等速传递给刚性盘及输出盘。

3）特点

（1）传动比范围大，传动效率高。

（2）扭转刚度大，远大于一般摆线针轮减速器的输出机构。

（3）在额定转矩下，弹性回差小。

（4）传递同样转矩和功率时，RV 减速器较其他减速器体积小。

本 章 小 结

本章主要介绍了工业机器人的基本机械结构和组成，重点介绍了工业机器人的手部、腕部、臂部、机身及行走机构的功能、结构特点、及应用形式，最后介绍了工业机器人的三种驱动类型的特点和传动单元。

思考与练习题

2-1　机器人的机械机构由哪几部分组成？

2-2　什么是仿人机器人手部？工业机器人有哪几种仿人机器人手部？

2-3　工业机器人腕部的转动方式有什么要求？

2-4　工业机器人臂部的作用是什么？由哪些部分组成？

2-5　目前常用的机身和臂部的配置形式有哪几种？各有什么特点？

2-6　简述回转与升降机身结构工作原理。

2-7　无固定轨迹式行走机构按其行走机构的结构特点，可分为哪几种行走机构？各适用于什么场合？

2-8　简述 RV 减速器的结构和工作原理。

第3章 》》》》》》
工业机器人的运动学和动力学

教学要求

通过本章学习，掌握齐次坐标及点、坐标轴手部位姿的描述，掌握平移和旋转的齐次变换及运算，了解工业机器人的连杆参数和齐次变换矩阵，熟悉工业机器人运动学方程。

3.1 工业机器人运动学

3.1.1 齐次坐标及对象物的描述

1. 点的位置描述

在选定的直角坐标系$\{A\}$中，空间任一点P的位置可用（3×1）的位置矢量$^{A}\boldsymbol{P}$表示为

$$^{A}\boldsymbol{P}=\begin{bmatrix}p_x\\p_y\\p_z\end{bmatrix} \tag{3-1}$$

式中，p_x、p_y、p_z是点P在坐标系$\{A\}$中的三个位置坐标分量，如图3-1所示。

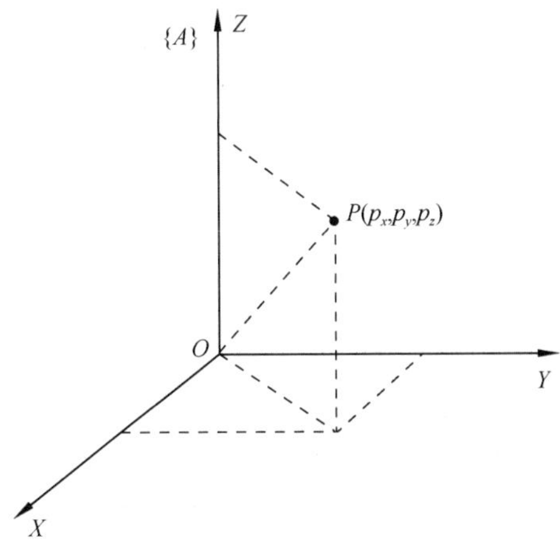

图3-1 点的位置描述

2．点的齐次坐标

若用四个数组成的（4×1）列阵表示三维空间直角坐标系$\{A\}$中点P，则该列阵称为三维空间点P的齐次坐标，表示如下：

$$\boldsymbol{P}=\begin{bmatrix} p_x \\ p_y \\ p_z \\ 1 \end{bmatrix} \tag{3-2}$$

齐次坐标并不是唯一的，当列阵的每一项分别乘以一个非零因子ω时，即

$$\boldsymbol{P}=\begin{bmatrix} P_x \\ P_y \\ P_z \\ 1 \end{bmatrix}=\begin{bmatrix} a \\ b \\ c \\ \omega \end{bmatrix} \tag{3-3}$$

式中，$a=\omega p_x$；$b=\omega p_y$；$c=\omega p_z$。该列阵仍然代表同一点P。

3．坐标轴方向的描述

如图3-2所示，用i、j、k来表示直角坐标系中X、Y、Z坐标轴的单位向量，用齐次坐标来描述X、Y、Z轴的方向，则有

$$\boldsymbol{X}=\begin{bmatrix} 1 \\ 0 \\ 0 \\ 0 \end{bmatrix},\ \boldsymbol{Y}=\begin{bmatrix} 0 \\ 1 \\ 0 \\ 0 \end{bmatrix},\ \boldsymbol{Z}=\begin{bmatrix} 0 \\ 0 \\ 1 \\ 0 \end{bmatrix}$$

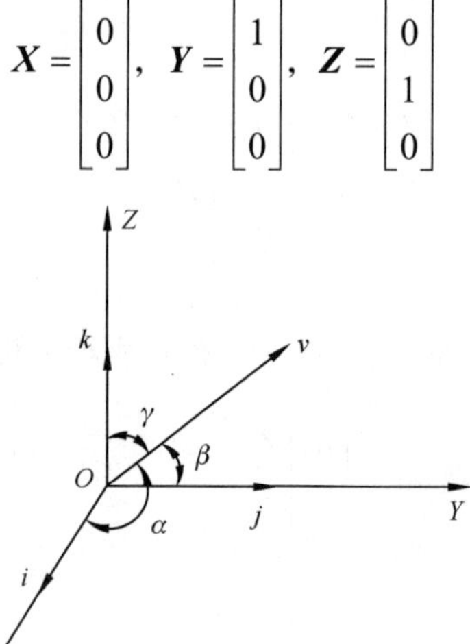

图3-2　坐标轴方向的描述

从上可知，若规定（4×1）列阵$[a\quad b\quad c\quad 0]^{\mathrm{T}}$中第四个元素为零，且$a^2+b^2+c^2=1$，则它表示某轴（或某矢量）的方向；若（4×1）列阵$[a\quad b\quad c\quad \omega]^{\mathrm{T}}$中第四个元素不为零，则它表示空间某点的位置。例如，在图3-2中，矢量$\boldsymbol{v}$的方向用（4×1）列阵表示为

$$\boldsymbol{v}=[a\quad b\quad c\quad 0]^{\mathrm{T}} \tag{3-4}$$

其中，$a=\cos\alpha$，$b=\cos\beta$，$c=\cos\gamma$。图3-2中矢量$\boldsymbol{v}$的坐标原点O可用（4×1）列阵表达为

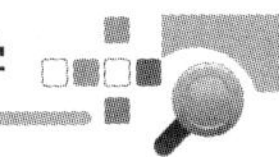

$$\boldsymbol{o}=\begin{bmatrix}0 & 0 & 0 & 1\end{bmatrix}^{\mathrm{T}}$$

4．动坐标轴方向的描述

动坐标系位姿的描述指用位姿矩阵对动坐标系原点位置和动坐标系各坐标轴方向的描述。该位姿矩阵为（4×4）的方阵。如上述直角坐标系可描述为

$$\boldsymbol{A}=\begin{bmatrix}1 & 0 & 0 & 0\\0 & 1 & 0 & 0\\0 & 0 & 1 & 0\\0 & 0 & 0 & 1\end{bmatrix}$$

5．刚体位姿的描述

机器人的每一个连杆均可视为一个刚体，若给定了刚体上某一点的位置和该刚体在空中的姿态，则这个刚体在空间上是完全确定的，可用唯一的位姿矩阵进行描述。如图 3-3 所示，设 O' 为刚体上任一点，$O'X'Y'Z'$ 为与刚体 Q 固连的一个坐标系，称为动坐标系。刚体 Q 在固定坐标系 $OXYZ$ 中的位置可用齐次坐标形式的一个（4×1）列阵表示为

$$\boldsymbol{P}=\begin{bmatrix}x_0\\y_0\\z_0\\1\end{bmatrix} \tag{3-5}$$

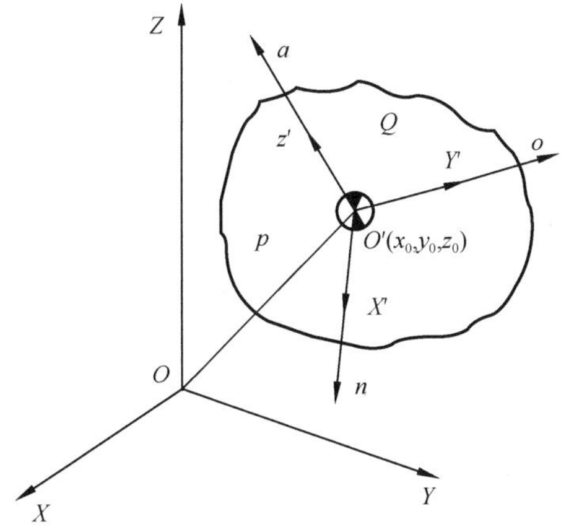

图 3-3　刚体位姿的描述

刚体的姿态可由动坐标系的坐标轴方向来表示。令 $\boldsymbol{n}$、$\boldsymbol{o}$、$\boldsymbol{a}$ 分别为 X'、Y'、Z' 坐标轴的单位方向矢量，每个单位方向矢量在固定坐标系上的分量为动坐标系各坐标轴的方向余弦，用齐次坐标形式的（4×1）列阵分别表示为

$$\boldsymbol{n}=\begin{bmatrix}n_x & n_y & n_z & 0\end{bmatrix}^{\mathrm{T}}、\boldsymbol{o}=\begin{bmatrix}o_x & o_y & o_z & 0\end{bmatrix}^{\mathrm{T}}、\boldsymbol{a}=\begin{bmatrix}a_x & a_y & a_z & 0\end{bmatrix}^{\mathrm{T}} \tag{3-6}$$

因此，图 3-3 中刚体的位姿可用下面（4×4）矩阵来描述：

$$T=\begin{bmatrix}n & o & a & p\end{bmatrix}=\begin{bmatrix}n_x & o_x & a_x & x_0\\ n_y & o_y & a_y & y_0\\ n_z & o_z & a_z & z_0\\ 0 & 0 & 0 & 1\end{bmatrix} \tag{3-7}$$

很明显，对刚体Q位姿的描述就是对固连于刚体Q的坐标系$O'X'Y'Z'$位姿的描述。

【例 3-1】 如图 3-4 表示连于刚体的坐标系$\{B\}$位于 OB 点，x_b=10，y_b=5，z_b=0。Z_B轴与画面垂直，坐标系$\{B\}$相对固定坐标系$\{A\}$有一个 30° 的偏转，试写出表示刚体位姿的坐标系$\{B\}$的（4×4）矩阵表达式。

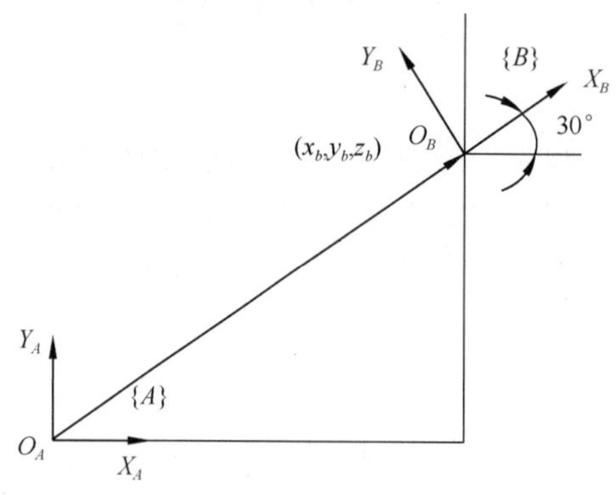

图 3-4 动坐标系$\{B\}$的描述

解： X_B的方向阵列：$\boldsymbol{n}=[\cos30° \quad \cos60° \quad \cos90° \quad 0]^T=[0.866 \quad 0.500 \quad 0.000 \quad 0]^T$

Y_B的方向阵列：$\boldsymbol{o}=[\cos120° \quad \cos30° \quad \cos90° \quad 0]^T=[-0.500 \quad 0.866 \quad 0.000 \quad 0]^T$

Z_B的方向阵列：$\boldsymbol{a}=[0.000 \quad 0.000 \quad 1.000 \quad 0]^T$

坐标系$\{B\}$的位置列阵：$\boldsymbol{p}=[10.0 \quad 5.0 \quad 0.0 \quad 1]^T$

因此，坐标系$\{B\}$的（4×4）矩阵表达式为

$$T=\begin{bmatrix}n & o & a & p\end{bmatrix}=\begin{bmatrix}0.866 & -0.500 & 0.000 & 10.0\\ 0.500 & 0.866 & 0.000 & 5.0\\ 0.000 & 0.000 & 1.000 & 0.0\\ 0 & 0 & 0 & 1\end{bmatrix}$$

6. 手部位姿的描述

机器人手部的位姿如图 3-5 所示，可用固连于手部的坐标系$\{B\}$的位姿来表示。坐标系$\{B\}$由原点位置和三个单位矢量唯一确定，即取手部中心点为原点 O_B；关节轴为 Z_B 轴，Z_B 轴的单位方向矢量 $\boldsymbol{a}$ 称为接近矢量，指向朝外；两手指连线位 Y_B 轴，Y_B 轴的单位矢量 $\boldsymbol{o}$ 称为姿态矢量，指向可任意选定；X_B 轴与 Y_B 轴及 Z_B 轴垂直，X_B 轴的单位方向矢量 $\boldsymbol{n}$ 称为法向矢量，同时垂直于 $\boldsymbol{a}$、$\boldsymbol{o}$ 矢量，即 $\boldsymbol{n}=\boldsymbol{o}\times\boldsymbol{a}$。

手部位姿矢量为从固定参考坐标系 $OXYZ$ 原点指向手部坐标系$\{B\}$原点的矢量 $\boldsymbol{p}$，手部的方向矢量为 $\boldsymbol{n}$、$\boldsymbol{o}$、$\boldsymbol{a}$。手部的位姿可由（4×4）矩阵表示为

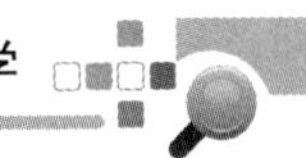

$$T=[n \quad o \quad a \quad p]=\begin{bmatrix} n_x & o_x & a_x & p_x \\ n_y & o_y & a_y & p_y \\ n_z & o_z & a_z & p_z \\ 0 & 0 & 0 & 1 \end{bmatrix} \tag{3-8}$$

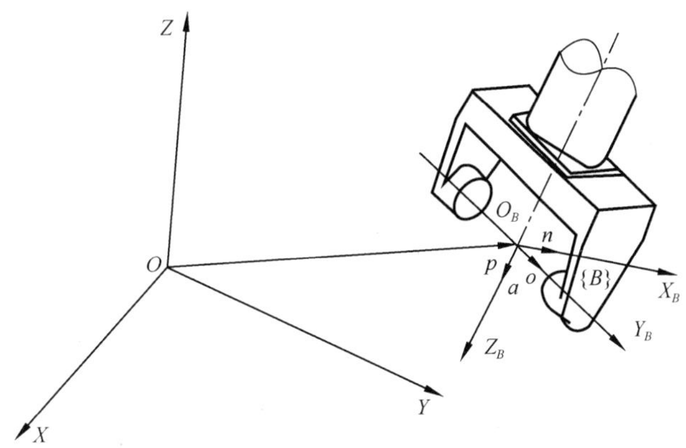

图 3-5　机器人手部位姿的描述

【例 3-2】　如图 3-6 表示手部抓握物体 *Q*，物体为边长 2 个单位的正立方体，写出表达该手部位姿的矩阵式。

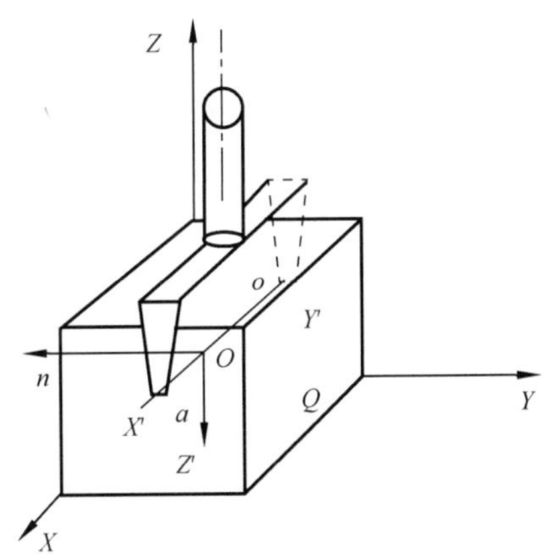

图 3-6　握住物体 *Q* 的手部

解： 因为物体 *Q* 形心与手部坐标系 $O'X'Y'Z'$ 的坐标原点 O' 相重合，所以手部位置的（4×1）列阵为

$$\boldsymbol{P}=[1\ 1\ 1\ 1]^{\mathrm{T}}$$

手部坐标系 X' 轴的方向可用单位矢量 $\boldsymbol{n}$ 来表示。

$$\boldsymbol{n}:\quad \alpha=90°\ ,\ \beta=180°\ ,\ \gamma=90°$$

$$n_x=\cos\alpha=0\ ;\quad n_y=\cos\beta=-1\ ;\quad n_z=\cos\gamma=0$$

同理，手部坐标系 Y' 与 Z' 轴的方向可分别用单位矢量 $\boldsymbol{o}$ 和 $\boldsymbol{\alpha}$ 来表示。

$$\boldsymbol{o}:\quad o_x=-1\ ;\quad o_y=0\ ;\quad o_z=0$$

$$\boldsymbol{a}: \ a_x = 0; \ a_y = 0; \ a_z = -1$$

根据式（3-8），手部位姿可用矩阵表达为：

$$\boldsymbol{T} = [\boldsymbol{n} \quad \boldsymbol{o} \quad \boldsymbol{a} \quad \boldsymbol{p}] = \begin{bmatrix} 0 & -1 & 0 & 1 \\ -1 & 0 & 0 & 1 \\ 0 & 0 & -1 & 1 \\ 0 & 0 & 0 & 1 \end{bmatrix}$$

7．目标物位姿的描述

任何一个物体在空间的位置和姿态都可以用齐次矩阵来表示，如图 3-7 所示。楔块 Q 在图（a）的情况下可用 6 个点描述，矩阵表达式为

$$\boldsymbol{Q} = \begin{bmatrix} 1 & -1 & -1 & 1 & 1 & -1 \\ 0 & 0 & 0 & 0 & 4 & 4 \\ 0 & 0 & 2 & 2 & 0 & 0 \\ 1 & 1 & 1 & 1 & 1 & 1 \end{bmatrix}$$

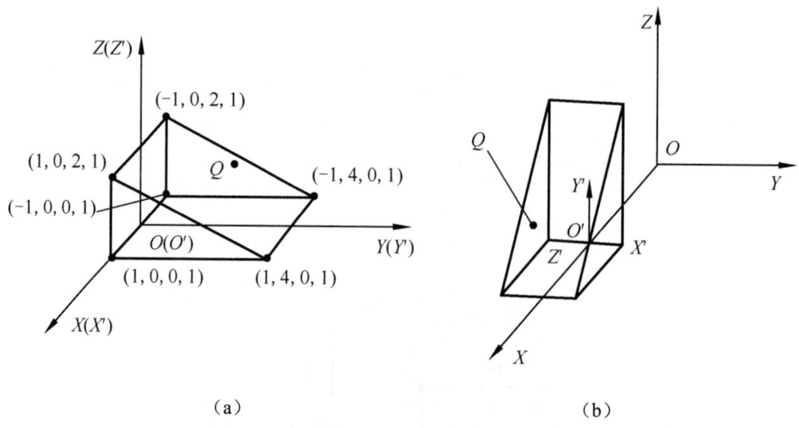

图 3-7　目标物位姿的描述

若让其绕 Z 轴旋转 90°，记为 Rot（z，90°）；再绕 Y 轴旋转 90°，即 Rot（y，90°），然后再沿 X 轴方向平移 4，即 Trans（4，0，0），则楔块成为（b）图位姿，其齐次矩阵表达式为

$$\boldsymbol{Q} = \begin{bmatrix} 4 & 4 & 6 & 6 & 4 & 4 \\ 1 & -1 & -1 & 1 & 1 & -1 \\ 0 & 0 & 0 & 0 & 4 & 4 \\ 1 & 1 & 1 & 1 & 1 & 1 \end{bmatrix}$$

3.1.2　齐次变换及运算

刚体的运动是由转动和平移组成的。为了能用同一矩阵表示转动和平移，有必要引入（4×4）的齐次坐标变换矩阵。

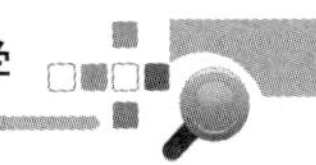

1．平移的齐次变换

首先，介绍点在空间直角坐标系中的平移。如图 3-8 所示为空间某一点在直角坐标系中的平移，由 $A(x,y,z)$ 平移至 $A'(x',y',z')$，即

$$\left.\begin{aligned} x' &= x + \Delta x \\ y' &= y + \Delta y \\ z' &= z + \Delta z \end{aligned}\right\} \tag{3-9}$$

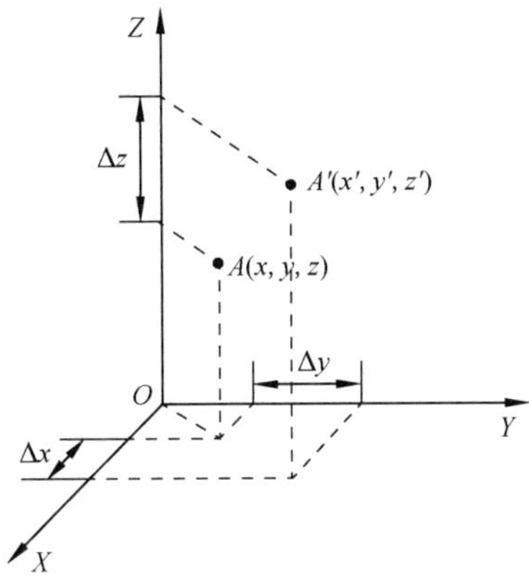

图 3-8　点的平移变换

或写成如下形式：

$$\begin{bmatrix} x' \\ y' \\ z' \\ 1 \end{bmatrix} = \begin{bmatrix} 1 & 0 & 0 & \Delta x \\ 0 & 1 & 0 & \Delta y \\ 0 & 0 & 1 & \Delta z \\ 0 & 0 & 0 & 1 \end{bmatrix} \begin{bmatrix} x \\ y \\ z \\ 1 \end{bmatrix}$$

也可简写为

$$\boldsymbol{a}' = \mathrm{Trans}(\Delta x, \Delta y, \Delta z)\boldsymbol{a} \tag{3-10}$$

式中，$\mathrm{Trans}(\Delta x, \Delta y, \Delta z)$ 表示齐次坐标变换的平移算子。且 Δx、Δy、Δz 分别表示沿 X、Y、Z 轴的移动量。即

$$\mathrm{Trans}(\Delta x, \Delta y, \Delta z) = \begin{bmatrix} 1 & 0 & 0 & \Delta x \\ 0 & 1 & 0 & \Delta y \\ 0 & 0 & 1 & \Delta z \\ 0 & 0 & 0 & 1 \end{bmatrix} \tag{3-11}$$

若算子左乘，表示点的平移是相对固定坐标系进行的坐标变换。若算子右乘，表示点的平移是相对动坐标系进行的坐标变换。公式（3-10）亦适用于坐标系的平移变换、物体的平移变换，如机器人手部的平移变换。

【例 3-3】　如图 3-9 表示的两种情况，动坐标系 $\{A\}$ 相对于定坐标系的 X_0、Y_0、Z_0 轴作（−1，2，2）平移后到 $\{A'\}$；动坐标系 $\{A\}$ 相对于自身坐标系（动系）的 X、Y、Z 轴分别作（−1，2，2）平移后到 $\{A''\}$。已知：

$$A=\begin{bmatrix}0 & -1 & 0 & 1\\ -1 & 0 & 0 & 1\\ 0 & 0 & -1 & 1\\ 0 & 0 & 0 & 1\end{bmatrix}$$

试写出坐标系{ A'}、{ A'' }的矩阵表达式。

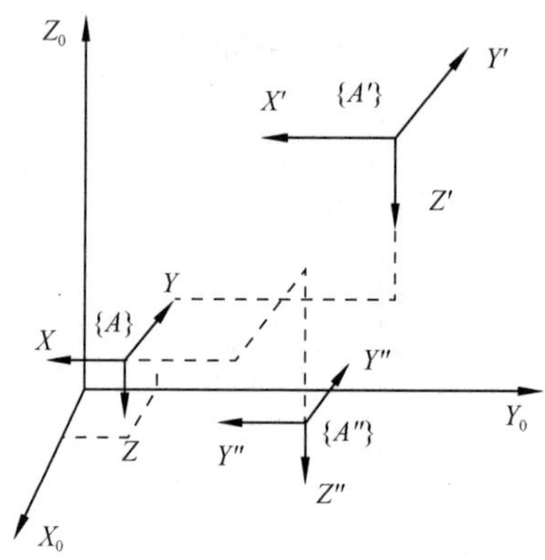

图 3-9　坐标系的平移变换

解：动坐标系{ A }的两个平移坐标变换算子均为

$$\mathrm{Trans}(\Delta x,\Delta y,\Delta z)=\begin{bmatrix}1 & 0 & 0 & -1\\ 0 & 1 & 0 & 2\\ 0 & 0 & 1 & 2\\ 0 & 0 & 0 & 1\end{bmatrix}$$

{ A' }坐标系是动系{ A }沿固定坐标系作平移变换得来的，因此，算子左乘，{ A' }的矩阵表达式为

$$A'=\mathrm{Trans}(-1,2,2)A=\begin{bmatrix}1 & 0 & 0 & -1\\ 0 & 1 & 0 & 2\\ 0 & 0 & 1 & 2\\ 0 & 0 & 0 & 1\end{bmatrix}\begin{bmatrix}0 & -1 & 0 & 1\\ -1 & 0 & 0 & 1\\ 0 & 0 & -1 & 1\\ 0 & 0 & 0 & 1\end{bmatrix}=\begin{bmatrix}0 & -1 & 0 & 0\\ -1 & 0 & 0 & 3\\ 0 & 0 & -1 & 3\\ 0 & 0 & 0 & 1\end{bmatrix}$$

{ A'' }坐标系是动系{ A }沿自身坐标系作平移变换得来的，因此算子右乘，{ A'' }的矩阵表达式为

$$A''=A\mathrm{Trans}(-1,2,2)=\begin{bmatrix}0 & -1 & 0 & 1\\ -1 & 0 & 0 & 1\\ 0 & 0 & -1 & 1\\ 0 & 0 & 0 & 1\end{bmatrix}\begin{bmatrix}1 & 0 & 0 & -1\\ 0 & 1 & 0 & 2\\ 0 & 0 & 1 & 2\\ 0 & 0 & 0 & 1\end{bmatrix}=\begin{bmatrix}0 & -1 & 0 & -1\\ -1 & 0 & 0 & 2\\ 0 & 0 & -1 & -1\\ 0 & 0 & 0 & 1\end{bmatrix}$$

经过平移坐标变换后，坐标{ A' }、{ A'' }的实际情况已解析在图 3-9 中。

2．旋转的齐次变换

首先，介绍点在空间直角坐标系中的旋转。如图 3-10 所示为空间某一点在直角坐标系中

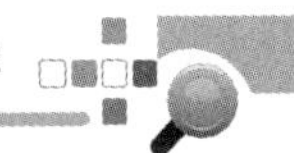

的旋转，由 $A(x,y,z)$ 绕 Z 轴旋转 θ 角后至 $A'(x',y',z')$， A 与 A' 之间的关系为

$$\left.\begin{aligned}x' &= x\cos\theta - y\sin\theta \\ y' &= x\sin\theta + y\cos\theta \\ z' &= z\end{aligned}\right\}\tag{3-12}$$

或写成矩阵形式为

$$\begin{bmatrix}x'\\y'\\z'\\1\end{bmatrix}=\begin{bmatrix}\cos\theta & -\sin\theta & 0 & 0\\ \sin\theta & \cos\theta & 0 & 0\\ 0 & 0 & 1 & 0\\ 0 & 0 & 0 & 1\end{bmatrix}\begin{bmatrix}x\\y\\z\\1\end{bmatrix}\tag{3-13}$$

也可简写为

$$\boldsymbol{a}' = \mathrm{Rot}(z,\theta)\boldsymbol{a}\tag{3-14}$$

式中，$\mathrm{Rot}(z,\theta)$ 表示齐次坐标变换时绕 Z 轴的旋转算子。算子左乘，相对于固定坐标系进行的坐标变换，算子为

$$\mathrm{Rot}(z,\theta)=\begin{bmatrix}\cos\theta & -\sin\theta & 0 & 0\\ \sin\theta & \cos\theta & 0 & 0\\ 0 & 0 & 1 & 0\\ 0 & 0 & 0 & 1\end{bmatrix}\tag{3-15}$$

同理，可写出绕 X 轴的旋转算子和绕 Y 轴的旋转算子

$$\mathrm{Rot}(x,\theta)=\begin{bmatrix}1 & 0 & 0 & 0\\ 0 & \cos\theta & -\sin\theta & 0\\ 0 & \sin\theta & \cos\theta & 0\\ 0 & 0 & 0 & 1\end{bmatrix}\tag{3-16}$$

$$\mathrm{Rot}(y,\theta)=\begin{bmatrix}\cos\theta & 0 & \sin\theta & 0\\ 0 & 1 & 0 & 0\\ -\sin\theta & 0 & \cos\theta & 0\\ 0 & 0 & 0 & 1\end{bmatrix}\tag{3-17}$$

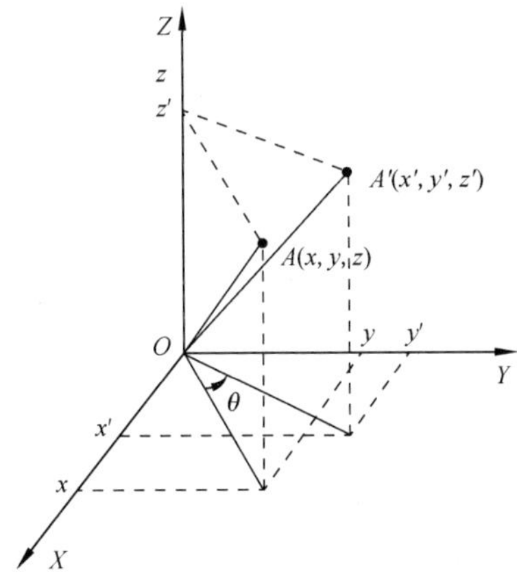

图 3-10　点的旋转变换

图 3-11 所示为点 A 绕任意过原点的单位矢量 k 旋转 θ 角的情况。k_x、k_y、k_z 分别为 k 矢量在固定参考坐标轴 X、Y、Z 上的三个分量，且 $k_x^2+k_y^2+k_z^2=1$。可以证明，其旋转齐次变换矩阵为

$$\mathrm{Rot}(k,\theta)=\begin{bmatrix} k_xk_x(1-\cos\theta)+\cos\theta & k_yk_x(1-\cos\theta)-k_z\sin\theta & k_zk_x(1-\cos\theta)+k_y\sin\theta & 0 \\ k_xk_y(1-\cos\theta)+k_z\sin\theta & k_yk_y(1-\cos\theta)+\cos\theta & k_zk_y(1-\cos\theta)-k_x\sin\theta & 0 \\ k_xk_z(1-\cos\theta)-k_y\sin\theta & k_yk_z(1-\cos\theta)+k_x\sin\theta & k_zk_z(1-\cos\theta)+\cos\theta & 0 \\ 0 & 0 & 0 & 1 \end{bmatrix} \quad (3\text{-}18)$$

式（3-18）为一般旋转齐次变换通式，概括了绕 X、Y、Z 轴进行旋转齐次变换的各种情况。

当 $k_x=1$，即 $k_y=k_z=0$ 时，则由式（3-18）可得到式（3-16）；

当 $k_y=1$，即 $k_x=k_z=0$ 时，则由式（3-18）可得到式（3-17）；

当 $k_z=1$，即 $k_x=k_y=0$ 时，则由式（3-18）可得到式（3-15）。

反之，若给出某个旋转齐次变换矩阵，则可求得 k 及转角 θ。变换算子公式不仅适用于点的旋转，也适用于矢量、坐标系及物体的旋转变换计算。若相对固定坐标系进行变换，则算子左乘；若相对动坐标系进行变换，则算子右乘。

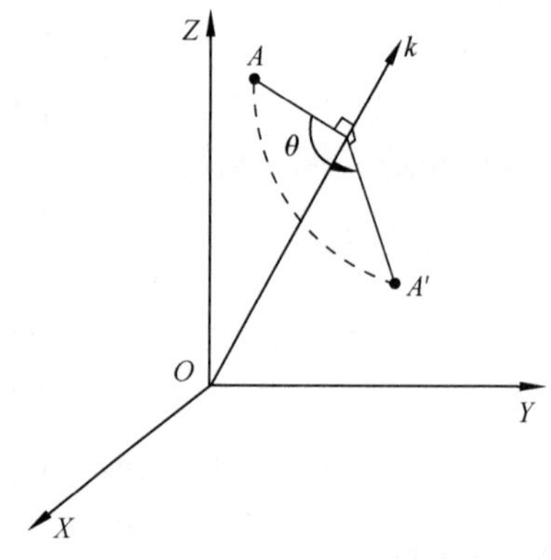

图 3-11　点的一般旋转变换

3. 平移加旋转的齐次变换

平移变换和旋转变换可以组合在一起，计算时只要用旋转算子乘上平移算子就可以实现在旋转上加平移。

【例 3-4】 已知坐标系中点 U 的位置矢量 $\boldsymbol{u}=[7\quad 3\quad 2\quad 1]^{\mathrm{T}}$，将此点绕 Z 轴旋转 90°，再绕 Y 轴旋转 90° 后得到点 W，点 W 再作 $4\boldsymbol{i}-3\boldsymbol{j}+7\boldsymbol{k}$ 的平移，即可得到 E 点如图 3-12 所示。求变换后所得的点 E 的列阵表达式。

解： $\boldsymbol{e}=\mathrm{Trans}(4,-3,7)\mathrm{Rot}(y,90°)\mathrm{Rot}(z,90°)\boldsymbol{u}$

$$=\begin{bmatrix}1&0&0&4\\0&1&0&-3\\0&0&1&7\\0&0&0&1\end{bmatrix}\begin{bmatrix}0&0&1&0\\1&0&0&0\\0&1&0&0\\0&0&0&1\end{bmatrix}\begin{bmatrix}7\\3\\2\\1\end{bmatrix}=\begin{bmatrix}0&0&1&4\\1&0&0&-3\\0&1&0&7\\0&0&0&1\end{bmatrix}\begin{bmatrix}7\\3\\2\\1\end{bmatrix}=\begin{bmatrix}6\\4\\10\\1\end{bmatrix}$$

式中，$\begin{bmatrix} 0 & 0 & 1 & 4 \\ 1 & 0 & 0 & -3 \\ 0 & 1 & 0 & 7 \\ 0 & 0 & 0 & 1 \end{bmatrix}$为平移加旋转的复合变换矩阵。

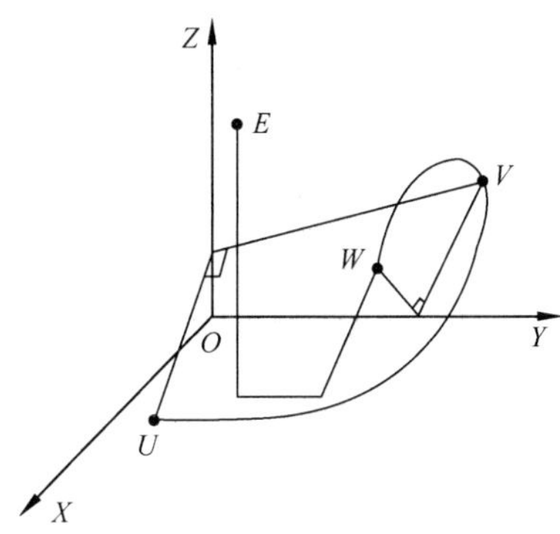

图 3-12　旋转加平移的变换

3.1.3　工业机器人的连杆参数和齐次变换矩阵

机器人运动学的重点是研究手部的位姿和运动，而手部位姿是与机器人各杆件的尺寸、运动副类型及杆间的相互关系直接相关联的。因此，在研究手部相对于基座的几何关系时，首先必须分析两相邻杆件的相互关系，即建立杆件坐标系。

1. 连杆参数

如图 3-13 所示，连杆两端有关节 n 和 $n+1$。该连杆尺寸可以用两个量来描述：一个是两个关节轴线沿公垂线的距离 a_n，称为连杆长度；另一个是垂直于 a_n 的平面内两个轴线的夹角 α_n，称为连杆扭角。这两个参数为连杆的尺寸参数。

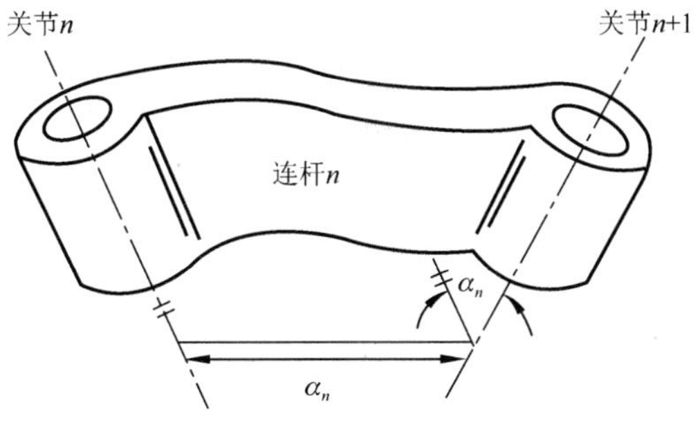

图 3-13　连杆的几何参数

再考虑连杆 n 与相邻连杆 $n-1$ 的关系，若它们通过关节相连，如图 3-14 所示，其相对位置可用两个参数 d_n 和 θ_n 来确定。其中，d_n 是沿关节 n 轴线两个公垂线的距离，θ_n 是垂直于关节 n 轴线的平面内两个公垂线的夹角。这是表达相邻杆件关系的两个参数。这样，每个连杆可以由四个参数来描述，其中两个是连杆尺寸，另外两个表示连杆与相邻连杆的连接关系。对于旋转关节，θ_n是关节变量，其他三个参数固定不变；对于移动关节，d_n是关节变量，其他三个参数固定不变。

确定连杆的运动类型，同时根据关节变量即可设计关节运动副，从而进行整个机器人的结构设计。已知各个关节变量的值，便可从基座固定坐标系通过连杆坐标系的传递，推导出手部坐标系的位姿形态。

2. 连杆坐标系的建立

建立连杆 n 坐标系（简称 n 系）的规则如下：连杆 n 坐标系的坐标原点位于 $n+1$ 关节轴线上，是关节 $n+1$ 的关节轴线与 n 和 $n+1$ 关节轴线公垂线的交点。Z 轴与 $n+1$ 关节轴线重合，X 轴与公垂线重合，从 n 指向 $n+1$ 关节。Y 轴按右手螺旋法则确定。现将连杆参数与坐标系的建立（见图 3-14）归纳为表 3-1。

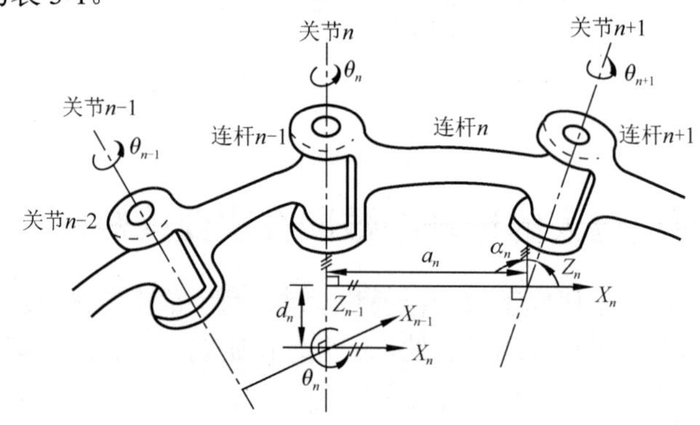

图 3-14　连杆的关系参数

表 3-1　连杆参数及坐标系

名称		含义	“±”号	性质
θ_n	转角	连杆 n 绕关节 n 的 Z_{n-1} 轴的转角	右手法则	转动关节为变量 移动关节为常量
d_n	距离	连杆 n 沿关节 n 的 Z_{n-1} 轴的位移	沿 Z_{n-1} 正向为+	转动关节为常量 移动关节为变量
a_n	长度	沿 X_n 方向上，连杆 n 的长度，尺寸参数	与 X_n 正向一致	常量
α_n	扭角	连杆 n 两关节轴线之间的扭角，尺寸参数	右手法则	常量

连杆 n 的坐标系 $O_nZ_nX_nY_n$

原点 O_n	轴 Z_n	轴 X_n	轴 Y_n
位于关节 n+1 轴线与连杆 n 两关节轴线的公垂线的交点处	与关节 n+1 轴线重合	沿连杆 n 两关节轴线之公垂线，并指向 n+1 关节	按右手法则确定

3. 连杆坐标系之间的变换矩阵

各连杆坐标系建立后，$n-1$ 系与 n 系间的变换关系可用坐标系的平移、旋转来实现。从 $n-1$ 系到 n 系的变换步骤如下：可先令 $n-1$ 系绕 Z_{n-1} 轴旋转角 θ_n，使 X_{n-1} 与 X_n 平行，算子为 Rot（z，θ_n）。再沿 Z_{n-1} 轴平移 d_n，使 X_{n-1} 与 X_n 重合，算子为 Trans（0，0，d_n）。然后沿 X_n 轴平移 a_n，使两个坐标系原点重合，算子为 Trans（a_n，0，0）。最后绕 X_n 轴旋转 α_n 角，使

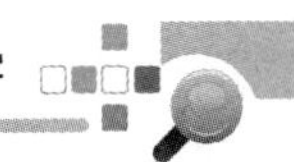

得 $n-1$ 系与 n 系重合，算子为 Rot（x，　α_n）。

该变换过程用一个总的变换矩阵 $\boldsymbol{A}_n$ 来表示连杆 n 的齐次变换矩阵：

$$\boldsymbol{A}_n=\underset{(1)}{\mathrm{Rot}(z,\theta_n)}\underset{(2)}{\mathrm{Trans}(0,0,d_n)}\underset{(3)}{\mathrm{Trans}(a_n,0,0)}\underset{(4)}{\mathrm{Rot}(x,\alpha_n)}$$

$$=\begin{bmatrix}\cos\theta_n & -\sin\theta_n & 0 & 0\\ \sin\theta_n & \cos\theta_n & 0 & 0\\ 0 & 0 & 1 & 0\\ 0 & 0 & 0 & 1\end{bmatrix}\begin{bmatrix}1 & 0 & 0 & 0\\ 0 & 1 & 0 & 0\\ 0 & 0 & 1 & d_n\\ 0 & 0 & 0 & 1\end{bmatrix}\begin{bmatrix}1 & 0 & 0 & a_n\\ 0 & 1 & 0 & 0\\ 0 & 0 & 1 & 0\\ 0 & 0 & 0 & 1\end{bmatrix}\begin{bmatrix}1 & 0 & 0 & 0\\ 0 & \cos\alpha_n & -\sin\alpha_n & 0\\ 0 & \sin\alpha_n & \cos\alpha_n & 0\\ 0 & 0 & 0 & 1\end{bmatrix} \tag{3-19}$$

$$=\begin{bmatrix}\cos\theta_n & -\sin\theta_n\cos\alpha_n & \sin\theta_n\sin\alpha_n & a_n\cos\theta_n\\ \sin\theta_n & \cos\theta_n\cos\alpha_n & -\cos\theta_n\sin\alpha_n & a_n\sin\theta_n\\ 0 & \sin\alpha_n & \cos\alpha_n & d_n\\ 0 & 0 & 0 & 1\end{bmatrix}$$

实际中，多数机器人连杆参数取特殊值，如 α_n=0 或 d_n=0，可以使计算简单且控制方便。

3.1.4　工业机器人运动学方程

1. 机器人运动学方程

我们将为机器人的每一个连杆建立一个坐标系，并用齐次变换来描述这些坐标系间的相对关系，也称为相对位姿。通常把描述一个连杆坐标系与下一个连杆坐标系间相对关系的齐次变换矩阵称为 $\boldsymbol{A}$ 变换矩阵或 $\boldsymbol{A}$ 矩阵。如果 $\boldsymbol{A}_1$ 矩阵表示第一个连杆坐标系相对于固定坐标系的位姿，$\boldsymbol{A}_2$ 矩阵表示第二个连杆坐标系相对于第一个连杆坐标系的位姿，那么第二个连杆坐标系在固定坐标系中的位姿可用 $\boldsymbol{A}_1$ 和 $\boldsymbol{A}_2$ 的乘积来表示：

$$\boldsymbol{T}_2=\boldsymbol{A}_1\boldsymbol{A}_2$$

同理，若 $\boldsymbol{A}_3$ 矩阵表示第三个连杆坐标系相对于第二个连杆坐标系的位姿，则有

$$\boldsymbol{T}_3=\boldsymbol{A}_1\boldsymbol{A}_2\boldsymbol{A}_3$$

如此类推，对于六连杆机器人，有下列 $\boldsymbol{T}_6$ 矩阵：

$$\boldsymbol{T}_6=\boldsymbol{A}_1\boldsymbol{A}_2\boldsymbol{A}_3\boldsymbol{A}_4\boldsymbol{A}_5\boldsymbol{A}_6 \tag{3-20}$$

此式右边表示了从固定参考系到手部坐标系的各连杆坐标系之间的变换矩阵的连乘，左边 $\boldsymbol{T}_6$ 表示这些变换矩阵的乘积，也就是手部坐标系相对于固定参考系的位姿，我们称式（3-20）为机器人运动学方程。式（3-20）计算结果 $\boldsymbol{T}_6$ 是一个如下的（4×4）矩阵：

$$\boldsymbol{T}_6=\begin{bmatrix}n_x & o_x & a_x & p_x\\ n_y & o_y & a_y & p_y\\ n_z & o_z & a_z & p_z\\ 0 & 0 & 0 & 1\end{bmatrix} \tag{3-21}$$

式中，前三列表示手部的姿态，第四列表示手部的中心位置。

2. 正向运动学及实例

正向运动学主要解决机器人运动学方程的建立及手部位姿的求解问题，下面给出建立机器人运动学方程的方法及两个实例。

1）平面关节型机器人的运动学方程

如图 3-15（a）所示为具有一个肩关节、一个肘关节和一个腕关节的 SCARA 装配机器人。此类机器人的机械结构特点是三个关节轴线是相互平行的。固定坐标系{ 0 }和连杆 1、连杆 2、连杆 3 的坐标系{1}、{ 2 }、{ 3 }分别如图 3-15（a）所示，坐落在关节 1、关节 2、关节 3 和手部中心。坐标系{ 3 }也就是手部坐标系。连杆参数中 θ 为变量，其余参数 d 、a 、α 均为常量。考虑到关节轴线平行，并且连杆都在一个平面内的特点，列出 SCARA 机器人连杆的参数如表 3-2 所示。

该平面关节型机器人的运动学方程为

$$\boldsymbol{T}_3=\boldsymbol{A}_1\boldsymbol{A}_2\boldsymbol{A}_3$$

式中，$\boldsymbol{A}_1$ 表示连杆 1 的坐标系{1}相对于固定坐标系{ 0 }的齐次变换矩阵；$\boldsymbol{A}_2$ 表示连杆 2 的坐标系{ 2 }相对于连杆 1 的坐标系{1}的齐次变换矩阵；$\boldsymbol{A}_3$ 表示连杆 3 的坐标系即手部坐标系{ 3 }相对于连杆 2 的坐标系{ 2 }的齐次变换矩阵。参考图 3-15（b），于是有

$$\boldsymbol{A}_1=\mathrm{Rot}(z_0,\theta_1)\mathrm{Trans}(l_1,0,0)$$
$$\boldsymbol{A}_2=\mathrm{Rot}(z_1,\theta_2)\mathrm{Trans}(l_2,0,0)$$
$$\boldsymbol{A}_3=\mathrm{Rot}(z_2,\theta_3)\mathrm{Trans}(l_3,0,0)$$

因此可以得到

$$\boldsymbol{T}_3=\begin{bmatrix}\cos(\theta_1+\theta_2+\theta_3) & -\sin(\theta_1+\theta_2+\theta_3) & 0 & l_3\cos(\theta_1+\theta_2+\theta_3)+l_2\cos(\theta_1+\theta_2)+l_1\cos\theta_1\\ \sin(\theta_1+\theta_2+\theta_3) & \cos(\theta_1+\theta_2+\theta_3) & 0 & l_3\sin(\theta_1+\theta_2+\theta_3)+l_2\sin(\theta_1+\theta_2)+l_1\sin\theta_1\\ 0 & 0 & 1 & 0\\ 0 & 0 & 0 & 1\end{bmatrix} \tag{3-22}$$

$\boldsymbol{T}_3$ 是 $\boldsymbol{A}_1$、$\boldsymbol{A}_2$ 、$\boldsymbol{A}_3$ 连乘的结果，表示手部坐标系{ 3 }（即手部）的位姿。

$$\boldsymbol{T}_3=\begin{bmatrix}n_x & o_x & a_x & p_x\\ n_y & o_y & a_y & p_y\\ n_z & o_z & a_z & p_z\\ 0 & 0 & 0 & 1\end{bmatrix}$$

于是可写出手部位置（4×4）列阵为

$$\boldsymbol{p}=\begin{bmatrix}p_x\\ p_y\\ p_z\\ 1\end{bmatrix}=\begin{bmatrix}l_3\cos(\theta_1+\theta_2+\theta_3)+l_2\cos(\theta_1+\theta_2)+l_1\cos\theta_1\\ l_3\sin(\theta_1+\theta_2+\theta_3)+l_2\sin(\theta_1+\theta_2)+l_1\sin\theta_1\\ 0\\ 1\end{bmatrix}$$

表示手部姿态的方向矢量 $\boldsymbol{n}$、$\boldsymbol{o}$、$\boldsymbol{a}$ 分别为

$$\boldsymbol{n}=\begin{bmatrix}n_x\\ n_y\\ n_z\\ 0\end{bmatrix}=\begin{bmatrix}\cos(\theta_1+\theta_2+\theta_3)\\ \sin(\theta_1+\theta_2+\theta_3)\\ 0\\ 0\end{bmatrix}$$

$$\boldsymbol{o}=\begin{bmatrix}o_x\\o_y\\o_z\\0\end{bmatrix}=\begin{bmatrix}-\sin(\theta_1+\theta_2+\theta_3)\\\cos(\theta_1+\theta_2+\theta_3)\\0\\0\end{bmatrix}$$

$$\boldsymbol{a}=\begin{bmatrix}a_x\\a_y\\a_z\\0\end{bmatrix}=\begin{bmatrix}0\\0\\1\\0\end{bmatrix}$$

当转角变量θ_1、θ_2、θ_3给定时，可以算出具体数值。如图 3-15（b）所示，设θ_1=30°，θ_2=−60°，θ_3=−30°时，则可根据平面关节型机器人运动学方程式（3-22）求解出运动学正解，即手部的位姿矩阵表达式为

$$\boldsymbol{T}_3=\begin{bmatrix}0.5 & 0.866 & 0 & 183.2\\-0.866 & 0.5 & 0 & -17.32\\0 & 0 & 1 & 0\\0 & 0 & 0 & 1\end{bmatrix}$$

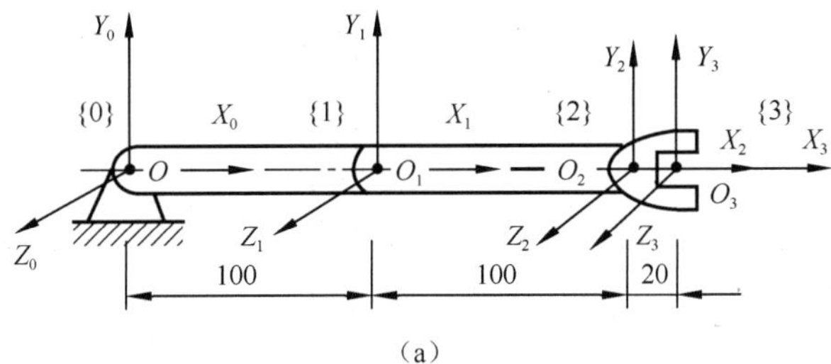

（a）

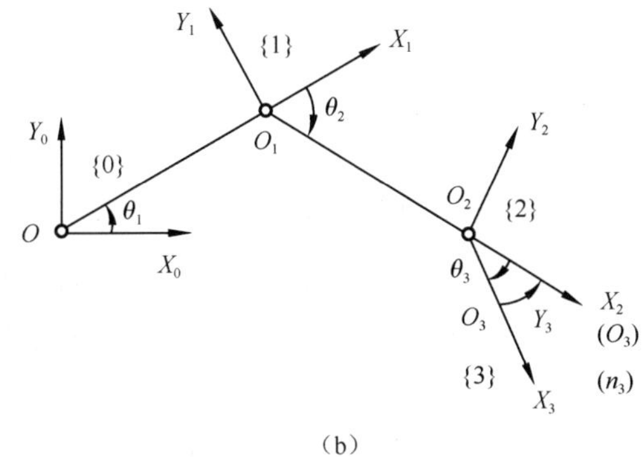

（b）

图 3-15　SCARA 机器人的坐标系

表 3-2　SCARA 机器人的连杆参数

连杆	转角（变量）θ	两连杆间距离 d	连杆长度 a	连杆扭角 α
连杆 1	θ_1	$d_1=0$	$a_1=l_1=100$	$\alpha_1=0$
连杆 2	θ_2	$d_2=0$	$a_2=l_2=100$	$\alpha_2=0$
连杆 3	θ_3	$d_3=0$	$a_3=l_3=20$	$\alpha_3=0$

2）斯坦福（STANFORD）机器人的运动学方程

图 3-16 所示为斯坦福（STANFORD）机器人及赋给各连杆的坐标系。表 3-3 给出了斯坦福机器人各连杆的参数。现在根据各连杆坐标系的关系写出齐次变换矩阵 $\boldsymbol{A}_i$。$\{1\}$系与$\{0\}$系是旋转关节连接，如图 3-17（a）所示。坐标系$\{1\}$相对于固定坐标系$\{0\}$的 Z_0 轴的旋转为变量 θ_1，然后绕自身坐标系 X_1 轴作 α_1 的旋转变换，$\alpha_1 = -90^\circ$。因此

$$\boldsymbol{A}_1 = \mathrm{Rot}(z_0,\theta_1)\mathrm{Rot}(x_1,\alpha_1) = \begin{bmatrix} \cos\theta_1 & 0 & -\sin\theta_1 & 0 \\ \sin\theta_1 & 0 & \cos\theta_1 & 0 \\ 0 & -1 & 1 & 0 \\ 0 & 0 & 0 & 1 \end{bmatrix} \tag{3-23}$$

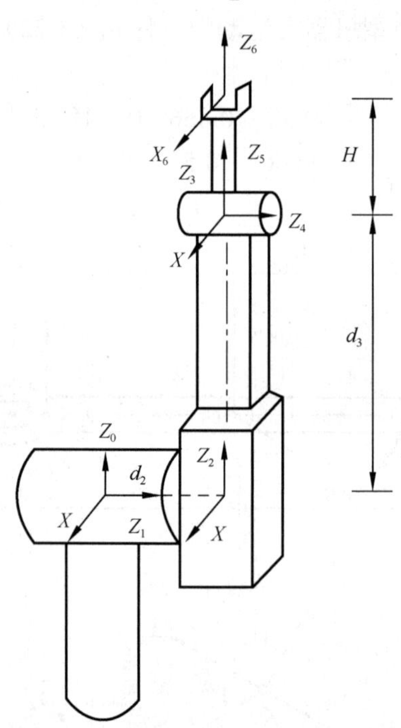

图 3-16　斯坦福（STANFORD）机器人的坐标系

$\{2\}$系与$\{1\}$系是旋转关节连接，连杆距离为 d_2，如图 3-17（b）所示。坐标系$\{2\}$相对于坐标系$\{1\}$的 Z_1 轴的旋转为变量 θ_2，然后绕自身坐标系 Z_2 轴正向作 d_2 距离的平移变换及绕 X_2 轴作 α_2 的旋转坐标变换，$\alpha_2 = 90^\circ$。因此

$$\boldsymbol{A}_2 = \mathrm{Rot}(z_1,\theta_2)\mathrm{Trans}(0,0,d_2)\mathrm{Rot}(x_2,\alpha_2) = \begin{bmatrix} \cos\theta_2 & 0 & \sin\theta_2 & 0 \\ \sin\theta_2 & 0 & -\cos\theta_2 & 0 \\ 0 & 1 & 1 & d_2 \\ 0 & 0 & 0 & 1 \end{bmatrix} \tag{3-24}$$

$\{3\}$系与$\{2\}$系是移动关节连接，如图 3-17（c）所示。坐标系$\{3\}$相对于坐标系$\{2\}$的 Z_2 轴的平移为变量 d_3。因此

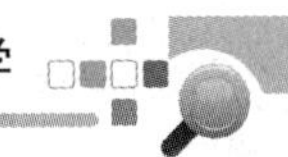

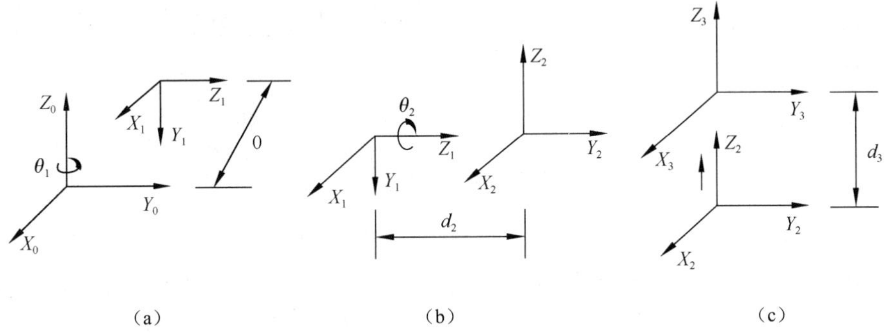

图 3-17　斯坦福（STANFORD）机器人手臂坐标系

$$A_3 = \mathrm{Trans}(0,0,d_3) = \begin{bmatrix} 1 & 0 & 0 & 0 \\ 0 & 1 & 0 & 0 \\ 0 & 1 & 1 & d_3 \\ 0 & 0 & 0 & 1 \end{bmatrix} \tag{3-25}$$

图 3-18 是斯坦福机器人手腕三个关节的示意，它们都是转动关节，关节变量为θ_4、θ_5、θ_6，并且三个关节的中心重合。

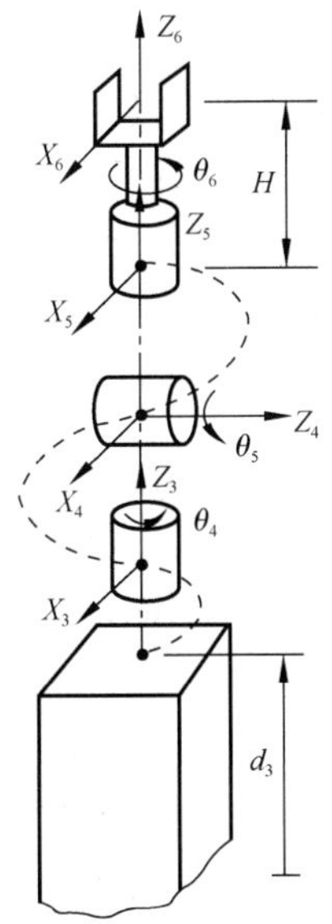

图 3-18　斯坦福（STANFORD）机器人手腕关节

如图 3-19（a）所示，系{4}对系{3}的旋转变量为θ_4，然后绕自身坐标轴 X_4 作α_4的旋转变换，$\alpha_4 = 90°$。因此

$$A_4 = \mathrm{Rot}(z_3,\theta_4)\mathrm{Rot}(x_4,\alpha_4) = \begin{bmatrix} \cos\theta_4 & 0 & -\sin\theta_4 & 0 \\ \sin\theta_4 & 0 & \cos\theta_4 & 0 \\ 0 & -1 & 0 & 0 \\ 0 & 0 & 0 & 1 \end{bmatrix} \tag{3-26}$$

如图 3-19（b）所示，系{ 5 }相对于系{ 4 }的旋转变量为θ_5，然后绕自身坐标轴 X_5 作α_5的旋转变换，$\alpha_5 = 90^\circ$。所以

$$A_5 = \mathrm{Rot}(z_4,\theta_5)\mathrm{Rot}(x_5,\alpha_5) = \begin{bmatrix} \cos\theta_5 & 0 & \sin\theta_5 & 0 \\ \sin\theta_5 & 0 & -\cos\theta_5 & 0 \\ 0 & 1 & 0 & 0 \\ 0 & 0 & 0 & 1 \end{bmatrix} \tag{3-27}$$

如图 3-19（c）所示，系{ 6 }相对于系{ 5 }的旋转变量为θ_6，并移动距离 H，所以

$$A_6 = \mathrm{Rot}(z_5,\theta_6)\mathrm{Trans}(0,0,H) = \begin{bmatrix} \cos\theta_6 & -\sin\theta_6 & 0 & 0 \\ \sin\theta_6 & \cos\theta_6 & 0 & 0 \\ 0 & 0 & 1 & H \\ 0 & 0 & 0 & 1 \end{bmatrix} \tag{3-28}$$

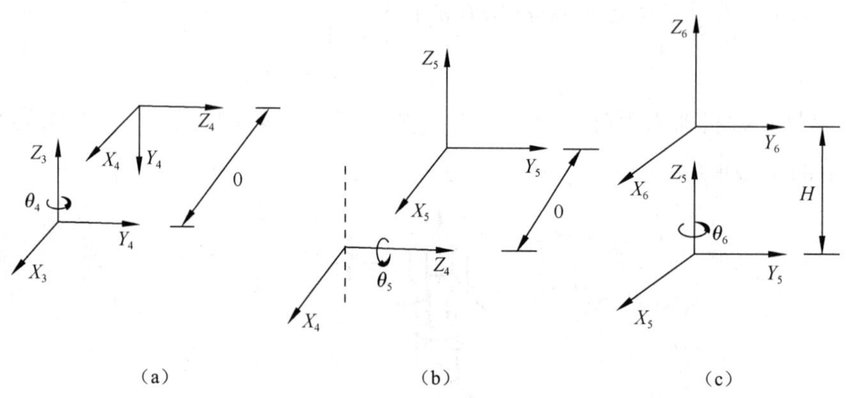

图 3-19　斯坦福（STANFORD）机器人手腕坐标系

这样，所有杆的 $\boldsymbol{A}$ 矩阵已建立。如果要知道非相邻杆件间的关系，就用相应的 $\boldsymbol{A}$ 矩阵连乘即可，例如 ${}^4T_6$:

$${}^4\boldsymbol{T}_6 = \boldsymbol{A}_5\boldsymbol{A}_6 = \begin{bmatrix} \cos\theta_5\cos\theta_6 & -\cos\theta_5\sin\theta_6 & \sin\theta_5 & H\sin\theta_5 \\ \sin\theta_5\cos\theta_6 & -\sin\theta_5\sin\theta_6 & -\cos\theta_5 & H\cos\theta_5 \\ \sin\theta_6 & \cos\theta_6 & 1 & 0 \\ 0 & 0 & 0 & 1 \end{bmatrix}$$

$${}^3\boldsymbol{T}_6 = \boldsymbol{A}_4\boldsymbol{A}_5\boldsymbol{A}_6$$

$${}^2\boldsymbol{T}_6 = \boldsymbol{A}_3\boldsymbol{A}_4\boldsymbol{A}_5\boldsymbol{A}_6$$

$${}^1\boldsymbol{T}_6 = \boldsymbol{A}_2\boldsymbol{A}_3\boldsymbol{A}_4\boldsymbol{A}_5\boldsymbol{A}_6$$

则斯坦福机器人运动学方程为

$${}^0\boldsymbol{T}_6 = \boldsymbol{A}_1\boldsymbol{A}_2\boldsymbol{A}_3\boldsymbol{A}_4\boldsymbol{A}_5\boldsymbol{A}_6 \tag{3-29}$$

方程（3-29）右边的结果就是最后一个坐标系{6}的位姿矩阵，各元素均为θ和d的函数，当θ和d给出后，可以计算出斯坦福机器人手部坐标系{6}的位置$\boldsymbol{p}$和姿态$\boldsymbol{n}$、$\boldsymbol{o}$、$\boldsymbol{a}$。这就是斯坦福机器人手部位姿的解，这个求解过程称为斯坦福机器人运动学正解。

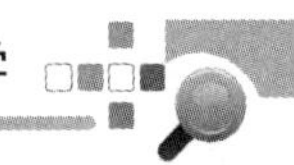

表 3-3　斯坦福机器人的连杆参数

杆号	关节转角 θ	两连杆间距离 d	连杆长度 a	连杆扭角 α
连杆 1	θ_1	0	0	−90°
连杆 2	θ_2	d_2	0	90°
连杆 3	0	d_3	0	0°
连杆 4	θ_4	0	0	−90°
连杆 5	θ_5	0	0	90°
连杆 6	θ_6	H	0	0°

3．反向运动学及实例

上面我们说明了正向求解问题，即给出关节变量 θ 和 d 求出手部位姿各矢量 $\boldsymbol{n}$、$\boldsymbol{o}$、$\boldsymbol{a}$ 和 $\boldsymbol{p}$，这种求解方法只需将关节变量代入运动学方程中即可得出。但在机器人控制中，问题往往相反，即在已知手部要到达的目标位姿的情况下如何求出关节变量，以驱动各关节的电动机，使手部的位姿得到满足，这就是反向运动学问题，也称为求运动学逆解。

现以斯坦福机器人为例来介绍反向求解的一种方法。为了书写简便，假设 $H=0$，即坐标系$\{6\}$与坐标系$\{5\}$原点相重合。已知斯坦福机器人的运动学方程为

$$\boldsymbol{T}_6=\boldsymbol{A}_1\boldsymbol{A}_2\boldsymbol{A}_3\boldsymbol{A}_4\boldsymbol{A}_5\boldsymbol{A}_6$$

现在给出 $\boldsymbol{T}_6$ 矩阵及各杆的参数 $\boldsymbol{a}$、$\boldsymbol{\alpha}$、$\boldsymbol{d}$，求关节变量 θ_1~θ_6，其中以 $\theta_3=d_3$。

（1）求 θ_1。

其中，$\boldsymbol{A}_1$ 为坐标系{1}，相当于固定坐标系{0}的 Z_0 轴旋转 θ_1，然后绕自身坐标系 X_1 轴做 α_1 的旋转变换，α_1=−90°，因此

$$\boldsymbol{A}_1=\mathrm{Rot}(z_0,\theta_1)\mathrm{Rot}(x_1,\alpha_1)=\begin{bmatrix}\cos\theta_1 & 0 & -\sin\theta_1 & 0\\ \sin\theta_1 & 0 & \cos\theta_1 & 0\\ 0 & -1 & 1 & 0\\ 0 & 0 & 0 & 1\end{bmatrix}$$

用 $\boldsymbol{A}_1^{-1}$ 左乘式（3-29），得

$${}^1\boldsymbol{T}_6=\boldsymbol{A}_1^{-1}\boldsymbol{T}_6=\boldsymbol{A}_2\boldsymbol{A}_3\boldsymbol{A}_4\boldsymbol{A}_5\boldsymbol{A}_6$$

将上式左、右展开得

$$\begin{bmatrix}n_xc_1+n_ys_1 & o_xc_1+o_ys_1 & a_xc_1+a_ys_1 & p_xc_1+p_ys_1\\ -n_z & -o_x & -a_z & -p_z\\ -n_xs_1+n_yc_1 & -o_xs_1+o_yc_1 & -a_xs_1+a_yc_1 & -p_xs_1+p_yc_1\\ 0 & 0 & 0 & 1\end{bmatrix}$$

$$=\begin{bmatrix}c_2(c_4c_5c_6-s_4s_6)-s_2s_5c_6 & -c_2(c_4c_5s_6+s_4c_6)+s_2s_5s_6 & c_2c_4s_5+s_2c_5 & s_2d_3\\ s_2(c_4c_5c_6-s_4s_6)+c_2s_5c_6 & -s_2(c_4c_5s_6+s_4c_6)-c_2s_5s_6 & s_2c_4s_5-c_2c_5 & -c_2d_3\\ s_4c_5c_6+c_4s_6 & -s_4c_5s_6+c_4c_6 & s_4s_5 & d_2\\ 0 & 0 & 0 & 1\end{bmatrix} \tag{3-30}$$

设式（3-30）等式左、右两边之第三行第四列相等，即

$$-p_x s_1 + p_y c_1 = d_2 \tag{3-31}$$

因此

$$\theta_1 = \arctan\frac{p_x}{p_y} - \arctan\frac{d_2}{\pm\sqrt{r^2 - d_2^2}} \tag{3-32}$$

（2）求 θ_2。

设式（3-30）左、右两边第一行第四列相等和第二行第四列相等，即

$$\left.\begin{aligned} p_x c_1 + p_y s_1 = s_2 d_3 \\ -p_z = -c_2 d_3 \end{aligned}\right\} \tag{3-33}$$

故

$$\theta_2 = \arctan\frac{p_x c_1 + p_y s_1}{p_z} \tag{3-34}$$

（3）求 θ_3。

在斯坦福机器人中 $\theta_3 = d_3$，由式（3-33）可解得

$$d_3 = s_2(p_x c_1 + p_y s_1) + c_2 p_z \tag{3-35}$$

（4）求 θ_4。

由于 ${}^3\boldsymbol{T}_6 = \boldsymbol{A}_4\boldsymbol{A}_5\boldsymbol{A}_6$，因此

$$\boldsymbol{A}_4^{-1}{}^3\boldsymbol{T}_6 = \boldsymbol{A}_5\boldsymbol{A}_6 \tag{3-36}$$

将式（3-36）左、右两边展开后设其左、右两边第三行第三列相等，得

$$-s_4\left[c_2\left(c_1a_x + s_1a_y\right) - s_2a_z\right] + c_4\left(-s_1a_x + c_1a_y\right) = 0$$

因此

$$\theta_4 = \arctan\frac{-s_1a_x + c_1a_y}{c_2\left(c_1a_x + s_1a_y\right) - s_2a_z} \tag{3-37}$$

及

$$\theta_4 = \theta_4 + 180^\circ$$

（5）求 θ_5。

设式（3-36）展开后左、右两边第一行第三列相等及第二行第三列相等，得

$$\theta_5 = \arctan\frac{c_4\left[c_2\left(c_1a_x + s_1a_y\right) - s_2a_z + s_4\left(-s_1a_x + c_1a_y\right)\right]}{s_2\left(c_1a_x + s_1a_y\right) - c_2a_z} \tag{3-38}$$

（6）求 θ_6。

采用下列方程：

$$\boldsymbol{A}_5^{-1}\ {}^4\boldsymbol{T}_6 = \boldsymbol{A}_6 \tag{3-39}$$

展开并设左、右两边第一行第二列相等及第二行第二列相等，得

$$\theta_6 = \arctan\frac{s_6}{c_6}$$

式中，$c\theta = \cos\theta$，$s\theta = \sin\theta$。

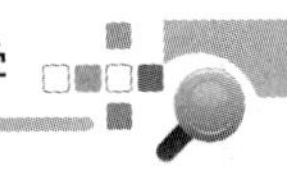

至此，θ_1、θ_2、θ_3、θ_4、θ_5、θ_6 全部求出。从以上解的过程看出，这种方法就是将一个未知数由矩阵方程的右边移向左边，使其与其他未知数分开，解出这个未知数，再把下一个未知数移到左边，重复进行，直至解出所有未知数。因此，这种方法也称为分离变量法。这是代数法的一种，它的特点是首先利用运动方程的不同形式，找出矩阵中简单表达某个未知数的元素，力求得到未知数较少的方程，然后求解。

还应注意到机器人运动学逆解问题的求解存在如下三个问题：

（1）解可能不存在。机器人具有一定的工作域，假如给定手部位置在工作域之外，则解不存在。图 3-20 所示二自由度平面关节机械手，假如给定手部位置矢量(x, y)位于外半径为l_1+l_2与内半径为$|l_1-l_2|$的圆环之外，则无法求出逆解θ_1及θ_2，即该逆解不存在。

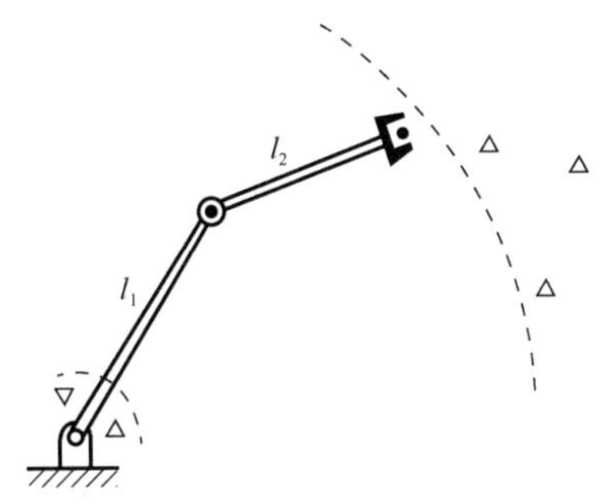

图 3-20　工作域外逆解不存在

（2）解的多重性。机器人的逆运动学问题可能出现多解。图 3-21（a）表示一个二自由度平面关节机械手出现两个逆解的情况。对于给定的在机器人工作域内的手部位置 A（z，y）可以得到两个逆解：θ_1、θ_2及θ'_1、θ'_2。从图（a）可知手部是不能以任意方向到达目标点 A 的。增加一个手腕关节自由度，如图（b）所示三自由度平面关节机械手即可实现手部以任意方向到达目标点 A。

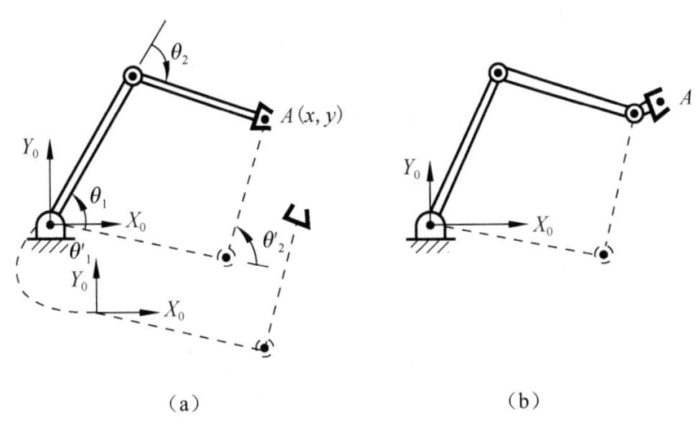

图 3-21　逆解的多重性

在多解情况下，一定有一个最接近解，即最接近起始点的解。图 3-22（a）表示 3R 机械手的手部从起始点 A 运动到目标点 B，完成实线所表示的解为最接近解，是一个“最短行程”的优化解。但是，如图 3-22（b）所示，在有障碍存在的情况下，上述的最接近解会引起碰撞，

只能采用另一解，如图 3-22（b）中实线所示。尽管大臂、小臂将经过“遥远”的行程，为了避免碰撞也只能用这个解，这就是解的多重性带来可供选择的好处。

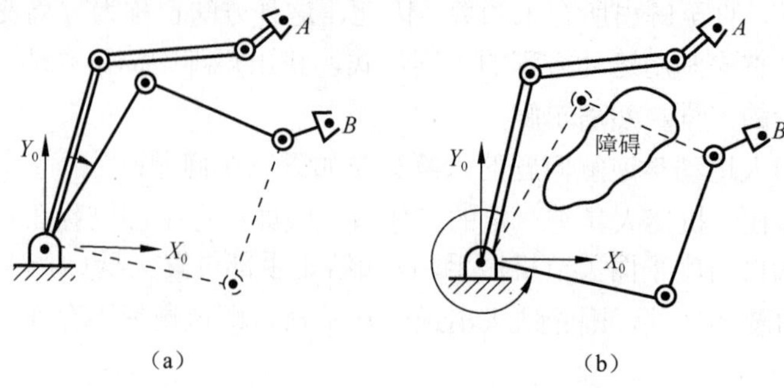

图 3-22　避免碰撞的一个可能实现的解

关于解的多重性的另一实例如图 3-23 所示。PUMA560 机器人实现同一目标位置和姿态有四种形位，即四种解。另外，腕部的“翻转”又可能得出两种解，其排列组合共可能有 8 种解。

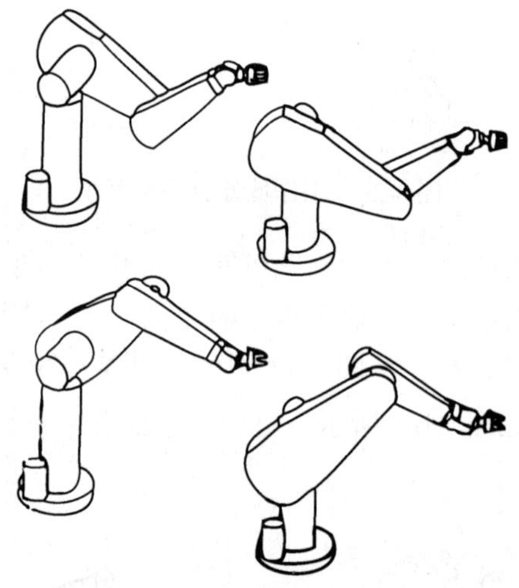

图 3-23　PUMA560 机器人的四个逆解

（3）求解方法的多样性。机器人逆运动学求解有多种方法，一般分为两类：封闭解和数值解。不同学者对同一机器人的运动学逆解也提出不同的解法。应该从计算方法的计算效率、计算精度等要求出发，选择较好的解法。

3.2　工业机器人动力学

3.2.1　工业机器人速度分析

前节我们对工业机器人运动学方程还只局限于静态位置问题的讨论，还未涉及力、速度、加速度。本章将首先讨论与机器人速度和静力有关的雅可比矩阵，然后介绍工业机器人的静力

学问题和动力学问题。机器人是一个多刚体系统，像刚体静力平衡一样，整个机器人系统在外载荷和驱动力矩（驱动力）作用下将取得静力平衡；也像刚体在外力作用下发生运动变化一样，整个机器人系统在关节驱动力矩（驱动力）作用下将发生运动变化。在本节中，我们不涉及较深的理论，将通过对工业机器人在实际作业中遇到的静力学问题和运动学问题进行深入浅出的介绍。

1．工业机器人速度雅可比

数学上雅可比矩阵（Jacobian matrix）是一个多元函数的偏导矩阵。例如，假设有 6 个函数，每个函数有 6 个独立的变量，即

$$\left.\begin{aligned} y_1 &= f_1(x_1,x_2,x_3,x_4,x_5,x_6) \\ y_2 &= f_2(x_1,x_2,x_3,x_4,x_5,x_6) \\ &\vdots \\ y_6 &= f_6(x_1,x_2,x_3,x_4,x_5,x_6) \end{aligned}\right\} \tag{3-40}$$

也可以用矢量符号表示这些等式：

$$Y = F(X) \tag{3-41}$$

将其微分，得

$$\left.\begin{aligned} \mathrm{d}y_1 &= \frac{\partial f_1}{\partial x_1}\mathrm{d}x_1 + \frac{\partial f_1}{\partial x_2}\mathrm{d}x_2 + \cdots \frac{\partial f_1}{\partial x_6}\mathrm{d}x_6 \\ \mathrm{d}y_2 &= \frac{\partial f_2}{\partial x_1}\mathrm{d}x_1 + \frac{\partial f_2}{\partial x_2}\mathrm{d}x_2 + \cdots \frac{\partial f_2}{\partial x_6}\mathrm{d}x_6 \\ &\vdots \\ \mathrm{d}y_6 &= \frac{\partial f_6}{\partial x_1}\mathrm{d}x_1 + \frac{\partial f_6}{\partial x_2}\mathrm{d}x_2 + \cdots \frac{\partial f_6}{\partial x_6}\mathrm{d}x_6 \end{aligned}\right\} \tag{3-42}$$

也可以将上述式子写成更为简单的矢量表达式：

$$\mathrm{d}Y = \frac{\partial F}{\partial X}\mathrm{d}x \tag{3-43}$$

式（3-43）中（6×6）矩阵 $\frac{\partial F}{\partial X}$ 称为雅可比矩阵。

在工业机器人速度分析和以后的静力分析中部将遇到类似的矩阵，我们称之为机器人雅可比矩阵，或简称雅可比。

图 3-24 为二自由度平面关节机器人。端点位置 x，y 与关节 θ_1、θ_2 的关系为

$$\left.\begin{aligned} x &= l_1c_1 + l_2c_{12} \\ y &= l_1s_1 + l_2s_{12} \end{aligned}\right\} \tag{3-44}$$

即

$$\left.\begin{aligned} x &= x(\theta_1,\theta_2) \\ y &= y(\theta_1,\theta_2) \end{aligned}\right\} \tag{3-45}$$

将其微分，得

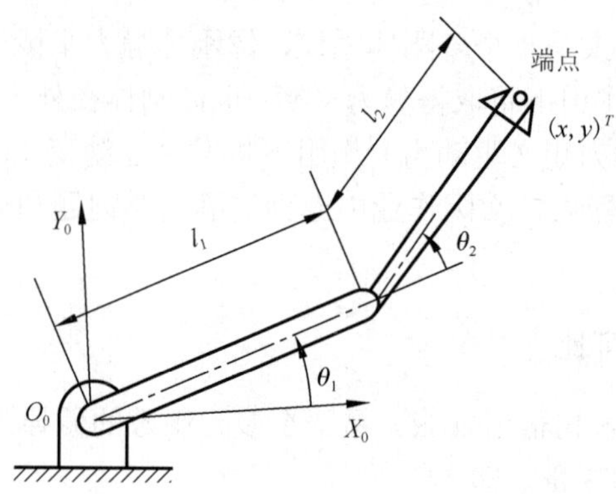

图 3-24　二自由度平面关节机器人

$$\left.\begin{aligned}\mathrm{d}x=\frac{\partial x}{\partial\theta_1}\mathrm{d}\theta_1+\frac{\partial x}{\partial\theta_2}\mathrm{d}\theta_2\\\mathrm{d}y=\frac{\partial y}{\partial\theta_1}\mathrm{d}\theta_1+\frac{\partial y}{\partial\theta_2}\mathrm{d}\theta_2\end{aligned}\right\}$$

将其写成矩阵形式为

$$\begin{bmatrix}\mathrm{d}x\\\mathrm{d}y\end{bmatrix}=\begin{bmatrix}\dfrac{\partial x}{\partial\theta_1}&\dfrac{\partial x}{\partial\theta_2}\\\dfrac{\partial y}{\partial\theta_1}&\dfrac{\partial y}{\partial\theta_2}\end{bmatrix}\begin{bmatrix}\mathrm{d}\theta_1\\\mathrm{d}\theta_2\end{bmatrix}\tag{3-46}$$

令

$$\boldsymbol{J}=\begin{bmatrix}\dfrac{\partial x}{\partial\theta_1}&\dfrac{\partial x}{\partial\theta_2}\\\dfrac{\partial y}{\partial\theta_1}&\dfrac{\partial y}{\partial\theta_2}\end{bmatrix}\tag{3-47}$$

式（3-46）可简写成

$$\mathrm{d}\boldsymbol{X}=\boldsymbol{J}\mathrm{d}\theta\tag{3-48}$$

式中：$\mathrm{d}\boldsymbol{X}=\begin{bmatrix}\mathrm{d}x\\\mathrm{d}y\end{bmatrix}$；$\mathrm{d}\theta=\begin{bmatrix}\mathrm{d}\theta_1\\\mathrm{d}\theta_2\end{bmatrix}$。

我们将 $\boldsymbol{J}$ 称为图 3-24 所示二自由度平面关节机器人的速度雅可比，它反映了关节空间微小运动 $\mathrm{d}\theta$ 与手部作业空间微小位移 $\mathrm{d}\boldsymbol{X}$ 的关系。

若对式（3-47）进行运算，则 2R 机器人的雅可比写为

$$\boldsymbol{J}=\begin{bmatrix}-l_1s_1-l_2s_{12}&-l_2s_{12}\\l_1c_1+l_2c_{12}&l_2c_{12}\end{bmatrix}\tag{3-49}$$

从 $\boldsymbol{J}$ 中元素的组成可见，$\boldsymbol{J}$ 阵的值是 θ_1 及 θ_2 的函数。对于 n 自由度机器人的情况，关节变量可用广义关节变量 $\boldsymbol{q}$ 表示，$\boldsymbol{q}=\left[q_1\ q_2\cdots q_n\right]^{\mathrm{T}}$，当关节为转动关节时，$q_i=\theta_i$，当关节为移动关节时，$q_i=d_i$，$\mathrm{d}\boldsymbol{q}=\left[\mathrm{d}q_1\ \mathrm{d}q_2\cdots\mathrm{d}q_n\right]^{\mathrm{T}}$ 反映了关节空间的微小运动；机器人末端在操作空间的位置和方位可用末端手爪的位姿 $\boldsymbol{X}$ 表示，它是关节变量的函数，$\boldsymbol{X}=\boldsymbol{X}(\boldsymbol{q})$，并且是一个 6 维

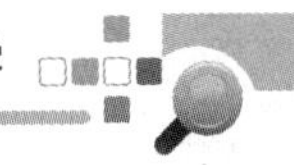

列矢量，$\mathrm{d}\boldsymbol{X}=\left[\mathrm{d}x\ \mathrm{d}y\ \mathrm{d}z\ \delta\phi_x\ \delta\phi_y\ \delta\phi_z\right]^{\mathrm{T}}$ 反映了操作空间的微小运动，它由机器人末端微小线位移和微小角位移（微小转动）组成。因此，式（3-48）可写为

$$\mathrm{d}\boldsymbol{X}=\boldsymbol{J}(\boldsymbol{q})\mathrm{d}\boldsymbol{q} \tag{3-50}$$

式中，$\boldsymbol{J}(\boldsymbol{q})$ 是 $6\times n$ 的偏导数矩阵，称为 n 自由度机器人速度雅可比矩阵。它的第 i 行第 j 列元素为

$$\boldsymbol{J}_{ij}(\boldsymbol{q})=\frac{\partial \mathrm{x}_i(q)}{\partial q_j},\quad i=1,2,\cdots,n \tag{3-51}$$

2．工业机器人速度分析

对式（3-50）左、右两边各除以 $\mathrm{d}t$，得

$$\frac{\mathrm{d}\boldsymbol{X}}{\mathrm{d}t}=\boldsymbol{J}(\boldsymbol{q})\frac{\mathrm{d}\boldsymbol{q}}{\mathrm{d}t} \tag{3-52}$$

或

$$\boldsymbol{V}=\boldsymbol{J}(\boldsymbol{q})\dot{\boldsymbol{q}} \tag{3-53}$$

式中，$\boldsymbol{V}$——机器人末端在操作空间中的广义速度，$\boldsymbol{V}=\dot{\boldsymbol{X}}$；

$\dot{\boldsymbol{q}}$——机器人关节在关节空中的关节速度；

$\boldsymbol{J}(\boldsymbol{q})$——确定关节空间速度 $\dot{\boldsymbol{q}}$ 与操作空间速度 $\boldsymbol{V}$ 之间关系的雅可比矩阵。

对于图 3-24 所示 2R 机器人来说，$\boldsymbol{J}(\boldsymbol{q})$ 是式（3-49）所示的（2×2）矩阵。若令 $\boldsymbol{J}_1$、$\boldsymbol{J}_2$ 分别为式（3-49）所示雅可比的第一列矢量和第二列矢量，则式（3-53）可写成

$$\boldsymbol{V}=\boldsymbol{J}_1\dot{\theta}_1+\boldsymbol{J}_2\dot{\theta}_2$$

式中，右边第一项表示仅由第一个关节运动引起的端点速度；右边第二项表示仅由第二个关节运动引起的端点速度；总的端点速度为这两个速度矢量的合成。因此，机器人速度雅可比的每一列表示其他关节不动而某一关节运动产生的端点速度。

图 3-24 所示二自由度机器人手部速度为

$$\boldsymbol{V}=\begin{bmatrix} v_x \\ v_y \end{bmatrix}=\begin{bmatrix} -l_1s_1-l_2s_{12} & -l_2s_{12} \\ l_1c_1+l_2c_{12} & l_2c_{12} \end{bmatrix}\begin{bmatrix} \dot{\theta}_1 \\ \dot{\theta}_2 \end{bmatrix}=\begin{bmatrix} -(l_1s_1+l_2s_{12})\dot{\theta}_1-l_2s_{12}\dot{\theta}_2 \\ (l_1c_1+l_2c_{12})\dot{\theta}_1+l_2c_{12}\dot{\theta}_2 \end{bmatrix}$$

假如已知关节上 $\dot{\theta}_1$ 及 $\dot{\theta}_2$ 是时间的函数，$\dot{\theta}_1=f_1(t)$，$\dot{\theta}_2=f_2(t)$，则可求出该机器人手部在某一时刻的速度 $\boldsymbol{V}=f(t)$，即手部瞬时速度。

反之，假如给定机器人手部速度，可由式（3-53）解出相应的关节速度：

$$\dot{\boldsymbol{q}}=\boldsymbol{J}^{-1}\boldsymbol{V} \tag{3-54}$$

式中，$\boldsymbol{J}^{-1}$ 称为机器人逆速度雅可比。

式（3-54）是一个很重要的关系式。例如，我们希望工业机器人手部在空间按规定的速度进行作业，那么用式（3-54）可以计算出沿路径上每一瞬时相应的关节速度。但是，一般来说，求逆速度雅可比 $\boldsymbol{J}^{-1}$ 是比较困难的，有时还会出现奇异解，就无法解算关节速度。

通常可以看到机器人逆速度雅可比 $\boldsymbol{J}^{-1}$ 出现奇异解的两种情况：

（1）工作域边界上奇异。当机器人臂全部伸展开或全部折回而使手部处于机器人工作域的

边界上或边界附近时，出现逆雅可比奇异，这时机器人相应的形位称为奇异形位。

（2）工作域内部奇异。奇异并不一定发生在工作域边界上，也可以是由两个或更多个关节轴线重合所引起的。

当机器人处在奇异形位时，就会产生退化现象，丧失一个或更多的自由度。这意味着在空间某个方向（或子域）上，不管机器人关节速度怎样选择手部也不可能实现移动。

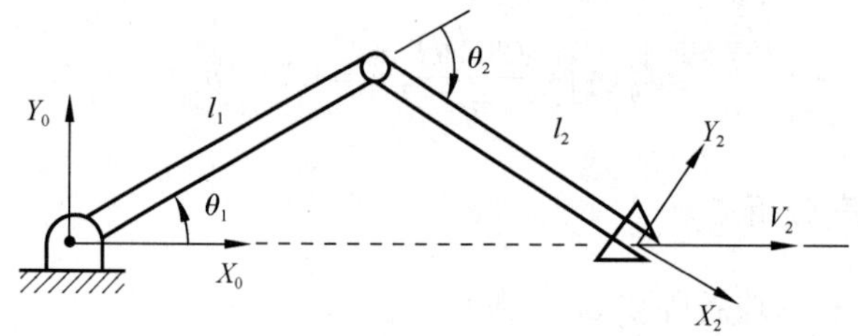

图 3-25　二自由度机械手手爪沿 X_0 方向运动

【例 3-5】 如图 3-25 所示二自由度机械手，手部沿固定坐标系 $\boldsymbol{X}_0$ 轴正向以 1.0m/s 速度移动，杆长为 $l_1 = l_2 = 0.5\text{m}$。设在某瞬时 $\theta_1 = 30°$，$\theta_2 = -60°$，求相应瞬时的关节速度。

解：由式（3-49）知，二自由度机械手速度雅可比为

$$\boldsymbol{J} = \begin{bmatrix} -l_1 s_1 - l_2 s_{12} & -l_2 s_{12} \\ l_1 c_1 + l_2 c_{12} & l_2 c_{12} \end{bmatrix}$$

因此，逆雅可比为

$$\boldsymbol{J}^{-1} = \frac{1}{l_1 l_2 s_2} \begin{bmatrix} l_2 c_{12} & l_2 s_{12} \\ -l_1 c_1 - l_2 c_{12} & -l_1 s_1 - l_2 s_{12} \end{bmatrix} \tag{3-55}$$

由式（3-54）可知，$\dot{\theta} = \boldsymbol{J}^{-1}\boldsymbol{V}$，且 $\boldsymbol{V} = \begin{bmatrix} 1 \\ 0 \end{bmatrix}$，即 $v_x = 1\text{m/s}$，$v_y = 0\text{m/s}$，因此

$$\begin{bmatrix} \dot{\theta}_1 \\ \dot{\theta}_2 \end{bmatrix} = \frac{1}{l_1 l_2 s_2} \begin{bmatrix} l_2 c_{12} & l_2 s_{12} \\ -l_1 c_1 - l_2 c_{12} & -l_1 s_1 - l_2 s_{12} \end{bmatrix} \begin{bmatrix} 1 \\ 0 \end{bmatrix}$$

$$\dot{\theta}_1 = \frac{c_{12}}{l_1 s_2} = -\frac{1}{0.5}\text{rad/s}$$

$$\dot{\theta}_2 = -\frac{c_1}{l_2 s_2} - \frac{c_{12}}{l_1 s_2} = 4\text{rad/s}$$

从上可知在该瞬时，两关节的位置和速度分别为 $\theta_1 = 30°$，$\theta_2 = -60°$，$\dot{\theta}_1 = -2\ \text{rad/s}$，$\dot{\theta}_2 = 4\ \text{rad/s}$，手部瞬时速度为 1m/s。

奇异讨论：从式（3-55）知，当 $l_1 l_2 s_2 = 0$ 时，式（3-55）无解。当 $l_1 \neq 0$，$l_2 \neq 0$，即 θ_2=0 或 θ_2=180° 时；二自由度机器人逆速度雅可比 $\boldsymbol{J}^{-1}$ 奇异。这时，该机器人的两臂完全伸直，或完全折回，机器人处于奇异形位。在这种奇异形位下，手部正好处在工作域的边界上，手部只能沿着一个方向（即与臂垂直的方向）运动，不能沿其他方向运动，退化了一个自由度。

对于在三维空间中作业的一般六自由度工业机器人的情况，机器人速度雅可比 $\boldsymbol{J}$ 是一个（6×6）矩阵，$\dot{\boldsymbol{q}}$ 和 $\boldsymbol{V}$ 分别是（6×1）列阵，即 $\boldsymbol{V}_{(6\times1)} = \boldsymbol{J}(\boldsymbol{q})_{(6\times6)}\dot{\boldsymbol{q}}_{(6\times1)}$。手部速度矢量 $\boldsymbol{V}$ 是由（3×1）线速度矢量和（3×1）角速度矢量组合而成的 6 维列矢量。关节速度矢量 $\dot{\boldsymbol{q}}$ 是由 6 个关节速度

组合而成的 6 维列矢量。雅可比矩阵 $\boldsymbol{J}$ 的前三行代表手部线速度与关节速度的传递比；后三行代表手部角速度与关节速度的传递比。而雅可比矩阵 $\boldsymbol{J}^{-1}$ 的每一列则代表相应关节速度 $\dot{q}_i$ 对手部线速度和角速度的传递比。

3.2.2　工业机器人静力分析

机器人作业时与外界环境的接触会在机器人与环境之间引起相互的作用力和力矩。机器人各关节的驱动装置提供关节力矩（或力），通过连杆传递到末端操作器，克服外界作用力和力矩。各关节的驱动力矩（或力）与末端操作器施加的力（广义上的力包括力和力矩）之间的关系是机器人操作臂力控制的基础。本节讨论操作臂在静止状态下力的平衡关系。我们假定各关节“锁住”，机器人成为一个机构。这种“锁定用”的关节力矩与手部所支持的载荷或受到外界环境作用的力取得静力平衡。求解这种“锁定用”的关节力矩，或求解在已知驱动力矩作用下，手部的输出力就是对机器人操作臂的静力计算。

1. 操作臂中的静力

这里以操作臂中单个杆件为例分析受力情况，如图 3-26 所示，杆件 i 通过关节 i 和 i+1 分别与杆件 i-1 和 i+1 相连接，两个坐标系{i-1}和{i}如图 3-26 所示。

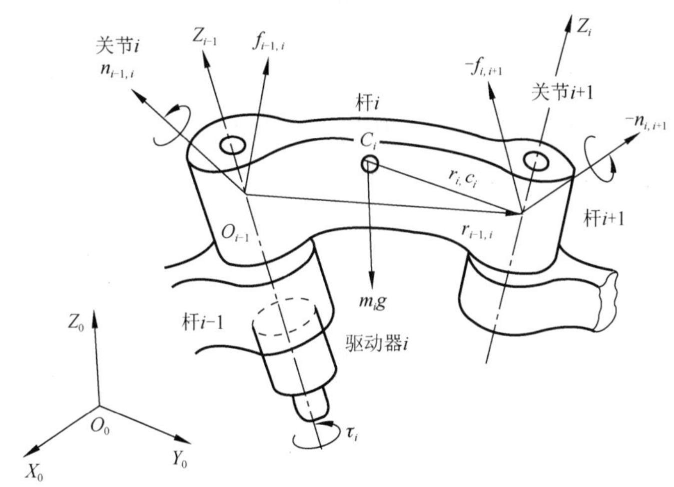

图 3-26　杆 i 上的力和力矩

令：

$\boldsymbol{f}_{i-1,i}$ 及 $\boldsymbol{n}_{i-1,i}$ ——i-1 杆通过关节 i 作用在 i 杆上的力和力矩；

$\boldsymbol{f}_{i,i+1}$ 及 $\boldsymbol{n}_{i,i+1}$ ——i 杆通过关节 i+1 作用在 i+1 杆上的力和力矩；

$-\boldsymbol{f}_{i,i+1}$ 及 $-\boldsymbol{n}_{i,i+1}$ ——i+1 杆通过关节 i+1 作用在 i 杆上的反作用力和反作用力矩；

$\boldsymbol{f}_{n,n+1}$ 及 $\boldsymbol{n}_{n,n+1}$ ——机器人最末杆对外界环境的作用力和力矩；

$-\boldsymbol{f}_{n,n+1}$ 及 $-\boldsymbol{n}_{n,n+1}$ ——外界环境对机器人最末杆的作用力和力矩；

$\boldsymbol{f}_{0,1}$ 及 $\boldsymbol{n}_{0,1}$ ——机器人底座对杆 1 的作用力和力矩；

$m_i\boldsymbol{g}$ ——连杆 i 的重量，作用在质心 C_i 上。

连杆 i 的静力平衡条件为其上所受的合力和合力矩为零，因此力和力矩平衡方程式为

$$\boldsymbol{f}_{i-1,i}+\left(-\boldsymbol{f}_{i,i+1}\right)+m_i\boldsymbol{g}=0 \tag{3-56}$$

$$\boldsymbol{n}_{i-1,i}+\left(-\boldsymbol{n}_{i,i+1}\right)+\left(\boldsymbol{r}_{i-1,i}+\boldsymbol{r}_{i,c_i}\right)\times\boldsymbol{f}_{i-1,i}+\left(\boldsymbol{r}_{i,c_i}\right)\times\left(-\boldsymbol{f}_{i,i+1}\right)=0 \tag{3-57}$$

式中，$\boldsymbol{r}_{i-1,i}$——坐标系{i}的原点相对于坐标系{i-1}的位置矢量；

$\boldsymbol{r}_{i,c_i}$——质心相对于坐标系{ i }的位置矢量。

假如已知外界环境对机器人最末杆的作用力和力矩，那么可以由最后一个连杆向零连杆（机座）依次递推，从而计算出每个连杆上的受力情况。

为了便于表示机器人手部端点的力和力矩（简称为端点力 F），可将 $\boldsymbol{f}_{n,n+1}$ 和 $\boldsymbol{n}_{n,n+1}$ 合并写成一个 6 维矢量：

$$\boldsymbol{F}=\begin{bmatrix}\boldsymbol{f}_{n,n+1}\\ \boldsymbol{n}_{n,n+1}\end{bmatrix} \tag{3-58}$$

各关节驱动器的驱动力或力矩可写成一个 n 维矢量的形式，即

$$\boldsymbol{\tau}=\begin{bmatrix}\tau_1\\ \tau_2\\ \vdots\\ \tau_n\end{bmatrix} \tag{3-59}$$

式中，n——关节的个数

$\boldsymbol{\tau}$——关节力矩（或关节力）矢量，简称广义关节力矩，对于转动关节，τ_i 表示关节驱动力矩；对于移动关节，τ_i 表示关节驱动力。

2．机器人力雅可比

假定关节无摩擦，并忽略各杆件的重力，则广义关节力矩 τ 与机器人手部端点力 $\boldsymbol{F}$ 的关系可用下式描述：

$$\boldsymbol{\tau}=\boldsymbol{J}^{\mathrm{T}}\boldsymbol{F} \tag{3-60}$$

式中，$\boldsymbol{J}^T$ 为 n×6 阶机器人力雅可比矩阵或力雅可比。

上式可用下述虚功原理证明：

证明 考虑各个关节的虚位移为 δ_{q_i}，末端操作器的虚位移为 $\delta\boldsymbol{X}$，如图 3-27 所示。

$$\delta\boldsymbol{X}=\begin{bmatrix}\boldsymbol{d}\\ \delta\end{bmatrix}\text{及}\delta\boldsymbol{q}=\begin{bmatrix}\delta q_1 & \delta q_2 & \cdots & \delta q_n\end{bmatrix}^{\mathrm{T}} \tag{3-61}$$

式中，$\boldsymbol{d}=\begin{bmatrix}d_x & d_y & d_z\end{bmatrix}^{\mathrm{T}}$ 和 $\delta=\begin{bmatrix}\delta_{\phi_x} & \delta_{\phi_y} & \delta_{\phi_z}\end{bmatrix}^{\mathrm{T}}$ 分别对应于末端操作器的线虚位移和角虚位移；$\delta\boldsymbol{q}$ 为由各关节虚位移 δq_i 组成的机器人关节虚位移矢量。

假设发生上述虚位移时，各关节力矩为 $\boldsymbol{\tau_i}$（i=1，2，…，n），环境作用在机器人手部端点上的力和力矩分别为-$\boldsymbol{f}_{n,n+1}$ 和-$\boldsymbol{n}_{n,n+1}$。由上述力和力矩所做的虚功可以由下式求出：

$$\delta\boldsymbol{W}=\boldsymbol{\tau}_1\delta q_1+\boldsymbol{\tau}_2\delta q_2+\cdots+\boldsymbol{\tau}_{\mathrm{n}}\delta q_n-\boldsymbol{f}_{n,n+1}\boldsymbol{d}-\boldsymbol{n}_{n,n+1}\delta$$

或写成

$$\delta\boldsymbol{W}=\boldsymbol{\tau}^{\mathrm{T}}\delta\boldsymbol{q}-\boldsymbol{F}^{\mathrm{T}}\delta\boldsymbol{X} \tag{3-62}$$

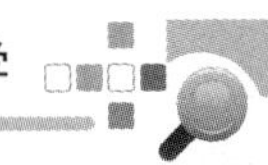

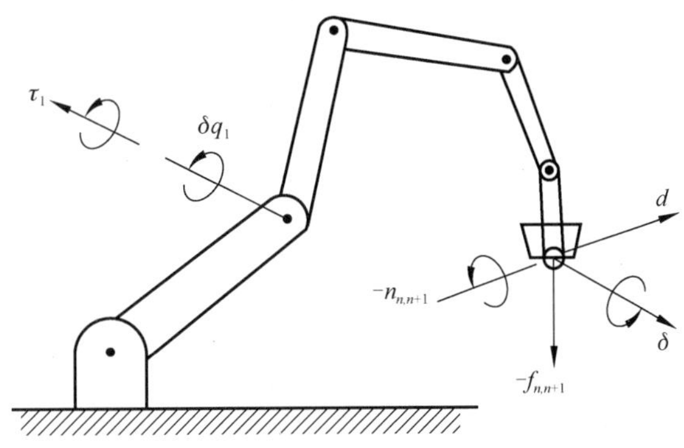

图 3-27　末端操作器及各关节的虚位移

根据虚位移原理，机器人处于平衡状态的充分必要条件是对任意的符合几何约束的虚位移，有

$$\delta \boldsymbol{W}=0$$

注意到虚位移 $\delta\boldsymbol{q}$ 和 $\delta\boldsymbol{X}$ 并不是独立的，是符合杆件的几何约束条件的。利用式（3-50），$\mathrm{d}\boldsymbol{X}=\boldsymbol{J}\mathrm{d}\boldsymbol{q}$，将式（3-62）改写成

$$\delta \boldsymbol{W}=\boldsymbol{\tau}^{\mathrm{T}}\delta\boldsymbol{q}-\boldsymbol{F}^{\mathrm{T}}\boldsymbol{J}\delta\boldsymbol{q}=\left(\boldsymbol{\tau}-\boldsymbol{J}^{\mathrm{T}}\boldsymbol{F}\right)^{\mathrm{T}}\delta\boldsymbol{q} \tag{3-63}$$

式中的 $\delta\boldsymbol{q}$ 表示几何上允许位移的关节独立变量，对任意的 $\delta\boldsymbol{q}$，欲使 $\delta\boldsymbol{W}=0$ 成立，必有

$$\boldsymbol{\tau}=\boldsymbol{J}^{\mathrm{T}}\boldsymbol{F}$$

证毕。

式（3-60）表示在静态平衡状态下，手部端点力 $\boldsymbol{F}$ 向广义关节力矩 $\boldsymbol{\tau}$ 映射的线性关系。式中 $\boldsymbol{J}^{\mathrm{T}}$ 与手部端点力 $\boldsymbol{F}$ 和广义关节力矩 $\boldsymbol{\tau}$ 之间的力传递有关，故称为机器人力雅可比。很明显，力雅可比 $\boldsymbol{J}^{\mathrm{T}}$ 正好是机器人速度雅可比 $\boldsymbol{J}$ 的转置。

3. 机器人静力计算的两类问题

从操作臂手部端点力 $\boldsymbol{F}$ 与广义关节力矩 $\boldsymbol{\tau}$ 之间的关系式 $\boldsymbol{\tau}=\boldsymbol{J}^{\mathrm{T}}\boldsymbol{F}$ 可知，操作臂静力计算可分为两类问题：

第一类，已知外界环境对机器人手部作用力 $\boldsymbol{F}'$（手部端点力 $\boldsymbol{F}=-\boldsymbol{F}'$），求相应的满足静力平衡条件的关节驱动力矩 $\boldsymbol{\tau}$。

第二类，已知关节驱动力矩 $\boldsymbol{\tau}$，确定机器人手部对外界环境的作用力 $\boldsymbol{F}$ 或负荷的质量。这类问题是第一类问题的逆解。这时

$$\boldsymbol{F}=\left(\boldsymbol{J}^{\mathrm{T}}\right)^{-1}\boldsymbol{\tau}$$

但是，由于机器人的自由度可能不是 6，例如 $n>6$，力雅可比矩阵就有可能不是一个方阵，则 $\boldsymbol{J}^{\mathrm{T}}$ 就没有逆解。因此，对这类问题的求解就困难得多，在一般情况下不一定能得到唯一的解。若 $\boldsymbol{F}$ 的维数比 $\boldsymbol{\tau}$ 的维数低，且 $\boldsymbol{J}$ 是满秩的话，则可利用最小二乘法求得 $\boldsymbol{F}$ 的估值。

【例 3-6】 由图 3-28 所示的一个二自由度平面关节机械手，已知手部端点力 $\boldsymbol{F}=\left[F_x,\ F_y\right]^{\mathrm{T}}$，求相应于端点力 $\boldsymbol{F}$ 的关节力矩（不考虑摩擦）。

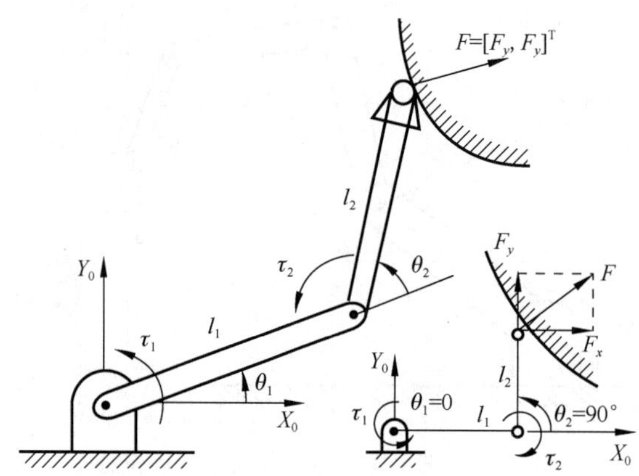

图 3-28 手部端点力 F 与关节力矩 τ

解：已知该机械手的速度雅可比为

$$\boldsymbol{J}=\begin{bmatrix}-l_1s_1-l_2s_{12} & -l_2s_{12}\\ l_1c_1+l_2c_{12} & l_2c_{12}\end{bmatrix}$$

则该机械手的力雅可比为

$$\boldsymbol{J}^{\mathrm{T}}=\begin{bmatrix}-l_1s_1-l_2s_{12} & l_1c_1+l_2c_{12}\\ -l_2s_{12} & l_2c_{12}\end{bmatrix}$$

根据 $\boldsymbol{\tau}=\boldsymbol{J}^{\mathrm{T}}\boldsymbol{F}$，得

$$\boldsymbol{\tau}=\begin{bmatrix}\tau_1\\ \tau_2\end{bmatrix}=\begin{bmatrix}-l_1s_1-l_2s_{12} & l_1c_1+l_2c_{12}\\ -l_2s_{12} & l_2c_{12}\end{bmatrix}\begin{bmatrix}F_x\\ F_y\end{bmatrix}$$

因此

$$\tau_1=-\left(l_1s_1+l_2s_{12}\right)F_x+\left(l_1c_1+l_2c_{12}\right)F_y$$

$$\tau_2=-l_2s_{12}F_x+l_2c_{12}F_y$$

如图 3-28（b）所示，若在某瞬时，$\theta_1=0$，$\theta_2=90°$，则在该瞬时与手部端点力相对应的关节力矩为

$$\tau_1=-l_2F_x+l_1F_y$$

$$\tau_2=-l_2F_x$$

3.2.3 工业机器人动力学分析

随着工业机器人向重载、高速、高精度以及智能化方向的发展，对工业机器人设计和控制都提出了新的要求。特别是在控制方面，机器人的动态实时控制是机器人发展的必然要求。因此，需要对机器人的动力学进行分析。机器人是一个非线性的复杂的动力学系统。动力学问题的求解比较困难，而且需要较长的运算时间。因此，简化解的过程，最大限度地减少工业机器人动力学在线计算的时间是一个受到关注的研究课题。

动力学研究物体的运动和作用力之间的关系。机器人动力学问题有两类：

第一类是给出已知的轨迹点上的 θ、$\dot{\theta}$ 及 $\ddot{\theta}$，即机器人关节位置、速度和加速度，求相应的关节力矩向量 $\boldsymbol{\tau}$。这对实现机器人动态控制是相当有用的。

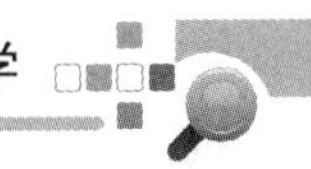

第二类是已知关节驱动力矩，求机器人系统相应的各瞬时的运动。也就是说，给出关节力矩向量 $\boldsymbol{\tau}$ ，求机器人所产生的运动 θ 、 $\dot{\theta}$ 及 $\ddot{\theta}$ 。这对模拟机器人的运动是非常有用的。

分析研究机器人动力学特性的方法很多，有拉格朗日(Lagrange)方法、牛顿-欧拉(Newton-Euler)方法、高斯(Gauss)方法及凯恩(Kane)方法等。拉格朗日方法不仅能以最简单的形式求得非常复杂的系统动力学方程，而且具有显式结构，物理意义比较明确，对理解机器人动力学比较方便。因此，本节只介绍拉格朗日方法，并且用简单实例进行分析。

1. 拉格朗日方程

1）拉格朗日函数

拉格朗日函数 L 的定义是一个机械系统的动能 E_k 和势能 E_p 之差，即

$$L = E_k - E_p \tag{3-64}$$

令 q_i（i=1，2，…，n）是使系统具有完全确定位置的广义关节变量， $\dot{q}_i$ 是相应的广义关节速度。由于系统动能 E_k 是 q_i 和 $\dot{q}_i$ 的函数，系统势能 E_p 是 q_i 的函数，因此拉格朗日函数也 q_i 和 $\dot{q}_i$ 的函数。

2）拉格朗日方程

系统的拉格朗日方程为

$$F_i = \frac{\mathrm{d}}{\mathrm{d}t}\frac{\partial L}{\partial \dot{q}_i} - \frac{\partial L}{\partial q_i}, i=1，2，\cdots，n \tag{3-65}$$

式中， F_i 称为关节广义驱动力。若是移动关节，则 F_i 为驱动力；若是转动关节，则 F_i 为驱动力矩。

3）用拉格朗日法建立机器人动力学方程的步骤：

首先，选取坐标系，选定完全而且独立的广义关节变量， q_i ， i=1，2，…，n。其次，选定相应的关节上的广义力 F_i ，当 q_i 是位移变量时，则 F_i 为力；当 q_i 是角度变量时，则 F_i 为力矩。再次，求出机器人各构件的动能和势能，构造拉格朗日函数。最后，代入拉格朗日方程求得机器人系统的动力学方程。

2. 二自由度平面关节机器人动力学方程

1）广义关节变量及广义力的选定

如图 3-29 所示，选取笛卡儿坐标系。连杆 1 和连杆 2 的关节变量分别为转角 θ_1 和 θ_2 ，相应的关节 1 和关节 2 的力矩是 τ_1 和 τ_2 。连杆 1 和连杆 2 的质量分别是 m_1 和 m_2 ，杆长分别为 l_1 和 l_2 ，质心分别在 k_1 和 k_2 处，离关节中心的距离分别为 p_1 和 p_2 。因此，杆 1 质心 k_1 的位置坐标为

$$x_1 = p_1 s_1$$
$$y_1 = -p_1 c_1$$

杆 1 质心 k_1 的速度平方为

$$\dot{x}_1^2 + \dot{y}_1^2 = \left(p_1 \dot{\theta}_1\right)^2$$

杆 2 质心 k_2 的位置坐标为

$$x_2 = l_1 s_1 + p_2 s_{12}$$
$$y_2 = -l_1 c_1 - p_2 c_{12}$$

杆 2 质心 k_2 的速度平方为

$$\dot{x}_2 = l_1 c_1 \dot{\theta}_1 + p_2 c_{12} \left(\dot{\theta}_1 + \dot{\theta}_2\right)$$
$$\dot{y}_2 = l_1 s_1 \dot{\theta}_1 + p_2 s_{12} \left(\dot{\theta}_1 + \dot{\theta}_2\right)$$
$$\dot{x}_2^2 + \dot{y}_2^2 = l_1^2 \dot{\theta}_1^2 + p_2^2 \left(\dot{\theta}_1 + \dot{\theta}_2\right)^2 + 2 l_1 p_2 \left(\dot{\theta}_1^2 + \dot{\theta}_1 \dot{\theta}_2\right) c_2$$

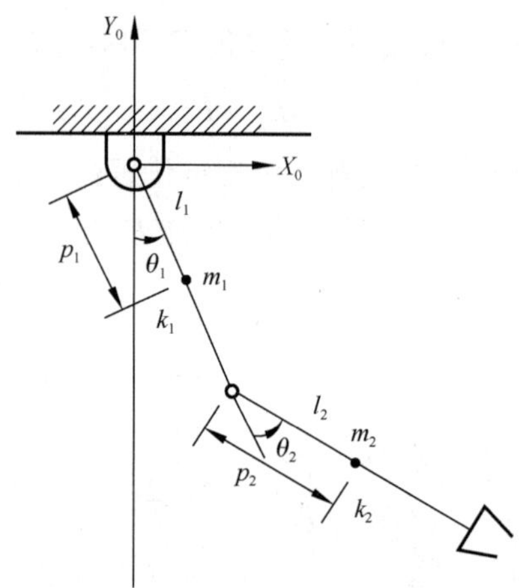

图 3-29　二自由度机器人动力学方程的建立

2）系统动能

$$E_k = \sum E_{ki} \qquad i=1,\ 2$$
$$E_{k1} = \frac{1}{2} m_1 p_1^2 \dot{\theta}_1^2$$
$$E_{k2} = \frac{1}{2} m_2 l_1^2 \dot{\theta}_1^2 + \frac{1}{2} m_2 p_2^2 \left(\dot{\theta}_1 + \dot{\theta}_2\right)^2 + m_2 l_1 p_2 \left(\dot{\theta}_1^2 + \dot{\theta}_1 \dot{\theta}_2\right) c_2$$

3）系统势能

$$E_p = \sum E_{pi} \qquad i=1,\ 2$$
$$E_{p1} = m_1 g p_1 \left(1 - c_1\right)$$
$$E_{p2} = m_2 g l_1 \left(1 - c_1\right) + m_2 g p_2 \left(1 - c_{12}\right)$$

4）拉格朗日函数

$$L = E_k - E_p = \frac{1}{2}\left(m_1 p_1^2 + m_2 l_1^2\right) \dot{\theta}_1^2 + m_2 l_1 p_2 \left(\dot{\theta}_1^2 + \dot{\theta}_1 \dot{\theta}_2\right) c_2 + \frac{1}{2} m_2 p_2^2 \left(\dot{\theta}_1 + \dot{\theta}_2\right)^2 -$$
$$\left(m_1 p_1 + m_2 l_1\right) g \left(1 - c_1\right) - m_2 g p_2 \left(1 - c_{12}\right)$$

5）系统动力学方程

根据拉格朗日方程

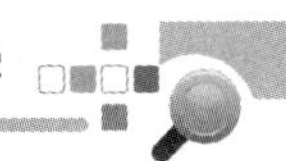

$$F_i = \frac{\mathrm{d}}{\mathrm{d}t}\frac{\partial L}{\partial \dot{q}_i} - \frac{\partial L}{\partial q_i}, \quad i=1, 2, \cdots, n$$

可计算各关节上的力矩，得到系统动力学方程。

关节 1 上的力矩 τ_1：

$$\frac{\partial L}{\partial \dot{\theta}_1} = \left(m_1 p_1^2 + m_2 l_1^2\right)\dot{\theta}_1 + m_2 l_1 p_2 \left(2\dot{\theta}_1 + \dot{\theta}_2\right) c_2 + m_2 p_2^2 \left(\dot{\theta}_1 + \dot{\theta}_2\right)$$

$$\frac{\partial L}{\partial \theta_1} = -\left(m_1 p_1 + m_2 l_1\right) g s_1 - m_2 g p_2 s_{12}$$

所以

$$\begin{aligned}\tau_1 &= \frac{\mathrm{d}}{\mathrm{d}t}\frac{\partial L}{\partial \dot{\theta}_1} - \frac{\partial L}{\partial \theta_1} \\ &= \left(m_1 p_1^2 + m_2 p_2^2 + m_2 l_1^2 + 2m_2 l_1 p_2 c_2\right)\ddot{\theta}_1 + \left(m_2 p_2^2 + m_2 l_1 p_2 c_2\right)\ddot{\theta}_2 \\ &\quad + \left(-2m_2 l_1 p_2 s_2\right)\dot{\theta}_1\dot{\theta}_2 + \left(-m_2 l_1 p_2 s_2\right)\dot{\theta}_2^2 + \left(m_1 p_1 + m_2 l_1\right) g s_1 + m_2 p_2 g s_{12}\end{aligned}$$

上式可简写为

$$\tau_1 = D_{11}\ddot{\theta}_1 + D_{12}\ddot{\theta}_2 + D_{112}\dot{\theta}_1\dot{\theta}_2 + D_{122}\dot{\theta}_2^2 + D_1 \tag{3-66}$$

由此可得

$$\left.\begin{aligned} D_{11} &= m_1 p_1^2 + m_2 p_2^2 + m_2 l_1^2 + 2m_2 l_1 p_2 c_2 \\ D_{12} &= m_2 p_2^2 + m_2 l_1 p_2 c_2 \\ D_{112} &= -2m_2 l_1 p_2 s_2 \\ D_{122} &= -m_2 l_1 p_2 s_2 \\ D_1 &= \left(m_1 p_1 + m_2 l_1\right) g s_1 + m_2 p_2 g s_{12} \end{aligned}\right\} \tag{3-67}$$

关节 2 上的力矩 τ_2：

$$\frac{\partial L}{\partial \dot{\theta}_2} = m_2 p_2^2 \left(\dot{\theta}_1 + \dot{\theta}_2\right) + m_2 l_1 p_2 \dot{\theta}_1 c_2$$

$$\frac{\partial L}{\partial \theta_2} = -m_2 l_1 p_2 \left(\dot{\theta}_1^2 + \dot{\theta}_1\dot{\theta}_2\right) s_2 - m_2 g p_2 s_{12}$$

所以

$$\begin{aligned}\tau_2 &= \frac{\mathrm{d}}{\mathrm{d}t}\frac{\partial L}{\partial \dot{\theta}_2} - \frac{\partial L}{\partial \theta_2} \\ &= \left(m_2 p_2^2 + m_2 l_1 p_2 c_2\right)\ddot{\theta}_1 + m_2 p_2^2 \ddot{\theta}_2 + \left(-m_2 l_1 p_2 s_2 + m_2 l_1 p_2 s_2\right)\dot{\theta}_1\dot{\theta}_2 \\ &\quad + \left(m_2 l_1 p_2 s_2\right)\dot{\theta}_1^2 + m_2 g p_2 s_{12}\end{aligned}$$

上式可简写为

$$\tau_2 = D_{21}\ddot{\theta}_1 + D_{22}\ddot{\theta}_2 + D_{212}\dot{\theta}_1\dot{\theta}_1 + D_{211}\dot{\theta}_1^2 + D_2 \tag{3-68}$$

由此可得

$$\left.\begin{aligned}D_{21}&=m_2p_2^2+m_2l_1p_2c_2\\D_{22}&=m_2p_2^2\\D_{212}&=-m_2l_1p_2s_2+m_2l_1p_2s_2=0\\D_{211}&=m_2l_1p_2s_2\\D_2&=m_2gp_2s_{12}\end{aligned}\right\}\tag{3-69}$$

式（3-66）、式（3-67）、式（3-68）及式（3-69）分别表示了关节驱动力矩与关节位移、速度、加速度之间的关系，即力和运动之间的关系，称为图 3-29 所示二自由度机器人的动力学方程。对其进行分析可知：

（1）含有 $\ddot{\theta}_1$ 或 $\ddot{\theta}_2$ 的项表示由于加速度引起的关节力矩项，其中：

含有 D_{11} 和 D_{22} 的项分别表示由于关节 1 加速度和关节 2 加速度引起的惯性力矩项；

含有 D_{12} 的项表示关节 2 的加速度对关节 1 的耦合惯性力矩项；

含有 D_{21} 的项表示关节 1 的加速度对关节 2 的耦合惯性力矩项。

（2）含有 $\dot{\theta}_1^2$ 和 $\dot{\theta}_2^2$ 的项表示由于向心力引起的关节力矩项，其中：

含有 D_{122} 的项表示关节 2 速度引起的向心力对关节 1 的耦合力矩项；

含有 D_{211} 的项表示关节 1 速度引起的向心力对关节 2 的耦合力矩项。

（3）含有 $\dot{\theta}_1\dot{\theta}_2$ 的项表示由于哥氏力引起的关节力矩项，其中：

含有 D_{112} 的项表示哥氏力对关节 1 的耦合力矩项；

含有 D_{212} 的项表示哥氏力对关节 2 的耦合力矩项。

（4）只含关节变量 θ_1、θ_2 的项表示重力引起的关节力矩项。其中：

含有 D_1 的项表示连杆 1、连杆 2 的质量对关节 1 引起的重力矩项；

含有 D_2 的项表示连杆 2 的质量对关节 2 引起的重力矩项。

从上面推导可以看出，很简单的二自由度平面关节机器人其动力学方程已经很复杂了，包含很多因素，这些因素都在影响机器人的动力学特性。对于复杂一些的多自由度机器人，动力学方程更庞杂了，推导过程也更为复杂。不仅如此，对机器人实时控制也带来不小的麻烦。通常，有一些简化问题的方法：

（1）当杆件质量不很大且重量很轻时，动力学方程中的重力矩项可以省略。

（2）当关节速度不很大且机器人不是高速机器人时，含有 $\dot{\theta}_1^2$、$\dot{\theta}_2^2$、$\dot{\theta}_1\dot{\theta}_2$ 等项可以省略。

（3）当关节加速度不很大，也就是关节电机的升降速不是很突然时，那么含 $\ddot{\theta}_1$、$\ddot{\theta}_2$ 的项有可能给予省略。当然，关节加速度的减少，会引起速度升降的时间增加，延长了机器人作业循环的时间。

3．关节空间和操作空间动力学

1）关节空间和操作空间

n 个自由度操作臂的末端位姿 $\boldsymbol{X}$ 由 n 个关节变量所决定，这 n 个关节变量也叫做 n 维关节矢量 $\boldsymbol{q}$，所有关节矢量 $\boldsymbol{q}$ 构成了关节空间。而末端操作器的作业是在直角坐标空间中进行的，且操作臂末端位姿 $\boldsymbol{X}$ 是在直角坐标空间中描述的，因此把这个空间称为操作空间。运动学方程 $\boldsymbol{X}=\boldsymbol{X}(\boldsymbol{q})$ 就是关节空间向操作空间的映射；而运动学逆解则是由映射求其在关节空间中的原

像。在关节空间和操作空间中操作臂动力学方程有不同的表示形式，并且两者之间存在着一定的对应关系。

2）关节空间动力学方程

将式（3-66）、式（3-67）、式（3-68）及式（3-69）写成矩阵形式，则

$$\boldsymbol{\tau}=\boldsymbol{D}(\boldsymbol{q})\ddot{\boldsymbol{q}}+\boldsymbol{H}(\boldsymbol{q},\dot{\boldsymbol{q}})+\boldsymbol{G}(\boldsymbol{q}) \tag{3-70}$$

式中：

$$\boldsymbol{\tau}=\begin{bmatrix}\tau_1\\ \tau_2\end{bmatrix},\ \boldsymbol{q}=\begin{bmatrix}\theta_1\\ \theta_2\end{bmatrix},\ \dot{\boldsymbol{q}}=\begin{bmatrix}\dot{\theta}_1\\ \dot{\theta}_2\end{bmatrix},\ \ddot{\boldsymbol{q}}=\begin{bmatrix}\ddot{\theta}_1\\ \ddot{\theta}_2\end{bmatrix}$$

所以

$$\boldsymbol{D}(\boldsymbol{q})=\begin{bmatrix}m_1p_1^2+m_2\left(l_1^2+p_2^2+2l_1p_2c_2\right) & m_2\left(p_2^2+l_1p_2c_2\right)\\ m_2\left(p_2^2+l_1p_2c_2\right) & m_2p_2^2\end{bmatrix} \tag{3-71}$$

$$\boldsymbol{H}(\boldsymbol{q},\dot{\boldsymbol{q}})=\begin{bmatrix}-m_2l_1p_2s_2\dot{\theta}_2^2-2m_2l_1p_2s_2\dot{\theta}_1\dot{\theta}_2\\ m_2l_1p_2s_2\dot{\theta}_1^2\end{bmatrix} \tag{3-72}$$

$$\boldsymbol{G}(\boldsymbol{q})=\begin{bmatrix}\left(m_1p_1+m_2l_1\right)gs_1+m_2p_2gs_{12}\\ m_2p_2gs_{12}\end{bmatrix} \tag{3-73}$$

式（3-70）就是操作臂在关节空间中的动力学方程的一般结构形式，它反映了关节力矩与关节变量、速度、加速度之间的函数关系。对于 n 个关节的操作臂，$\boldsymbol{D}(\boldsymbol{q})$ 是以 $n\times n$ 行的正定对称矩阵，是 $\boldsymbol{q}$ 的函数，称为操作臂的惯性矩阵；$\boldsymbol{H}(\boldsymbol{q},\dot{\boldsymbol{q}})$ 是 $n\times1$ 的离心力和哥氏力矢量；$\boldsymbol{G}(\boldsymbol{q})$ 是 $n\times1$ 的重力矢量，与操作臂的形位 $\boldsymbol{q}$ 有关。

3）操作空间动力学方程

与关节空间动力学方程相对应，在笛卡儿操作空间中，可以用直角坐标变量即末端操作器位姿的矢量 $\boldsymbol{X}$ 来表示机器人动力学方程。因此，操作力 $\boldsymbol{F}$ 与末端加速度 $\ddot{\boldsymbol{X}}$ 之间的关系可表示为

$$\boldsymbol{F}=\boldsymbol{M}_x(\boldsymbol{q})\ddot{\boldsymbol{X}}+\boldsymbol{U}_x(\boldsymbol{q},\dot{\boldsymbol{q}})+\boldsymbol{G}_x(\boldsymbol{q}) \tag{3-74}$$

式中，$\boldsymbol{M}_x(\boldsymbol{q})$、$\boldsymbol{U}_x(\boldsymbol{q},\dot{\boldsymbol{q}})$ 和 $\boldsymbol{G}_x(\boldsymbol{q})$ 分别为操作空间中的惯性矩阵、离心力和哥氏力矢量、重力矢量，它们都是在操作空间中表示的；$\boldsymbol{F}$ 是广义操作力矢量。

关节空间动力学方程和操作空间动力学方程之间的对应关系可以通过广义操作力 $\boldsymbol{F}$ 与广义关节力 $\boldsymbol{\tau}$ 之间的关系

$$\boldsymbol{\tau}=\boldsymbol{J}^T(\boldsymbol{q})\boldsymbol{F} \tag{3-75}$$

和操作空间与关节空间之间的速度、加速度的关系

$$\left.\begin{aligned}\dot{\boldsymbol{X}}&=\boldsymbol{J}(\boldsymbol{q})\dot{\boldsymbol{q}};\\ \ddot{\boldsymbol{X}}&=\boldsymbol{J}(\boldsymbol{q})\ddot{\boldsymbol{q}}+\dot{\boldsymbol{J}}(\boldsymbol{q})\dot{\boldsymbol{q}}\end{aligned}\right\} \tag{3-76}$$

求出。

本 章 小 结

本章讨论了用矩阵表示点、向量、坐标系及变换的方法，并利用矩阵讨论了工业机器人的正逆向运动方程，以及工业机器人动力学中的速度分析及静力分析等内容。然而，本章的主旨是学习如何表示多自由度机器人在空间的运动，及如何推导动力学方程，这些方程可以用来估计以一定速度和加速度驱动机器人时各个关节所需的动力，也可以用来为机器人选择合适的驱动器。

思考与练习

3-1　点矢量 $\boldsymbol{v}=\begin{bmatrix}10.00 & 20.00 & 30.00\end{bmatrix}^{\mathrm{T}}$，相对参考系作如下齐次坐标变换：

$$\boldsymbol{A}=\begin{bmatrix}0.866 & -0.500 & 0 & 11\\ 0.500 & 0.866 & 0 & -3\\ 0 & 0 & 1 & 9\\ 0 & 0 & 0 & 1\end{bmatrix}$$

写出变换后点矢量 $\boldsymbol{v}$ 的表达式，并说明是什么性质的变换，写出旋转算子 Rot 及平移算子 Trans 。

3-2　有一旋转变换，先绕固定坐标系 Z_0 轴转 45°，再绕其 X_0 轴转 30°，最后绕 Y_0 轴转 60°，试求该齐次坐标变换矩阵。

3-3　一个具有三个旋转关节的 3R 机械手如图 3-30 所示，试求末端机械手在基坐标系 $\{x_0，y_0\}$ 下的运动学方程。

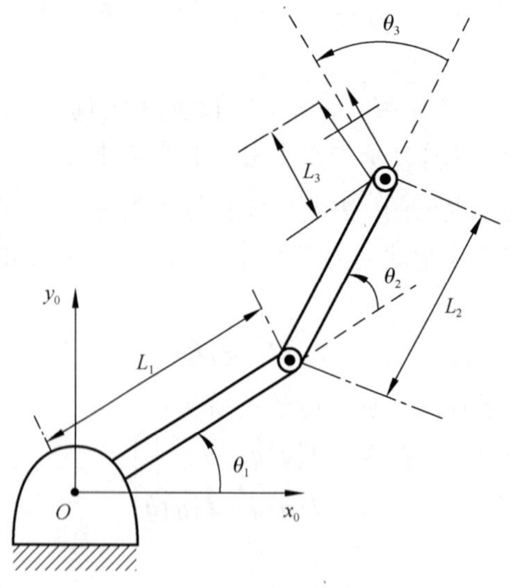

图 3-30　3R 机械手

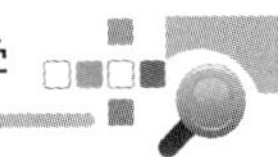

3-4　如图 3-31 所示，一个二自由度机械手在如图位置时（$\theta_1 = 0$，$\theta_2 = \frac{\pi}{2}$），生成手爪力 $\boldsymbol{F}_A = [f_x, 0]^{\mathrm{T}}$ 或 $\boldsymbol{F}_B = [0,\ f_y]^{\mathrm{T}}$，试求对应的驱动力 $\boldsymbol{\tau}_A$ 和 $\boldsymbol{\tau}_B$。

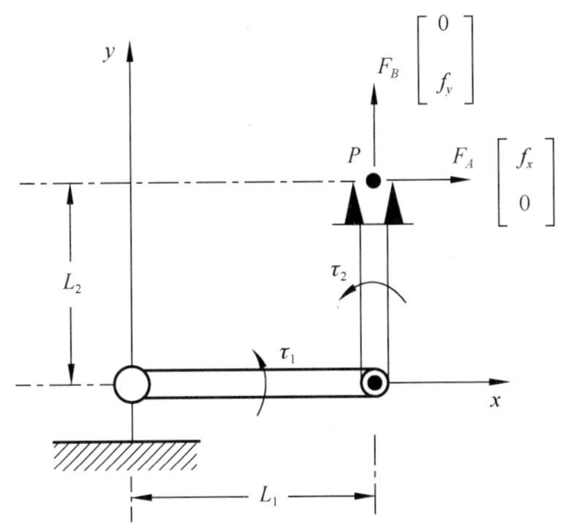

图 3-31　二自由度机械手

第4章 工业机器人控制系统

教学要求

通过本章学习，了解工业机器人控制系统的控制装置、工业机器人驱动装置及检测装置等内容。

随着机器人控制技术的迅猛发展，各类机器人已广泛应用于工业、农业、国防、科研、教育以及人们的日常生活等诸多领域。工业机器人运行稳定、速度快、精度高、适应环境能力强，市场前景十分广阔，也是目前技术成熟，应用广的一类机器人。机器人控制系统是机器人系统中的指挥中枢，因此机器人控制系统必须可靠性高、功能全面、响应速度快。

控制系统是工业机器人的主要组成部分，在一定程度上制约着机器人技术的发展，其关键技术直接影响到机器人的速度、控制精度与可靠性，它的主要任务是控制机器人在工作空间中的运动位置、姿态和轨迹、操作顺序及动作的时间等。工业机器人若要达到相应的性能要求，并与外围设备协调动作，共同完成作业任务，就必须具备一个功能完善、灵敏可靠的控制系统。

4.1 工业机器人控制装置

4.1.1 工业机器人控制装置组成和功能

1. 工业机器人控制装置组成

为了满足工业机器人的控制要求，工业机器人的控制需要有相应的硬件和软件。

1）硬件

硬件主要由以下几部分组成：

（1）传感部分。主要用以检测工业机器人各关节的位置、速度和加速度等，即感知其本身的状态，可称为内部传感器；而外部传感器就是所谓的视觉、力觉、触觉、听觉、滑觉等传感器，它们可使工业机器人感知工作环境和工作对象的状态。

（2）控制部分。用于处理各种感觉信息，执行控制软件，产生控制指令。一般由一台微型或小型计算机及相应的接口组成。

（3）关节伺服驱动部分。这部分主要是根据控制装置的指令，按作业任务的要求驱动各关节运动。

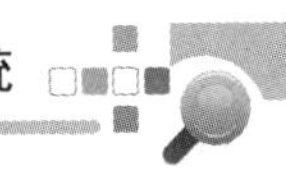

2）软件

软件主要指控制软件，它包括运动轨迹规划算法和关节伺服控制算法与相应的动作程序。控制软件可以用任何语言来编制，但由通用语言模块化而编制形成的专用工业语言越来越成为工业机器人控制软件的主流。图 4-1 为工业机器人控制系统构成。

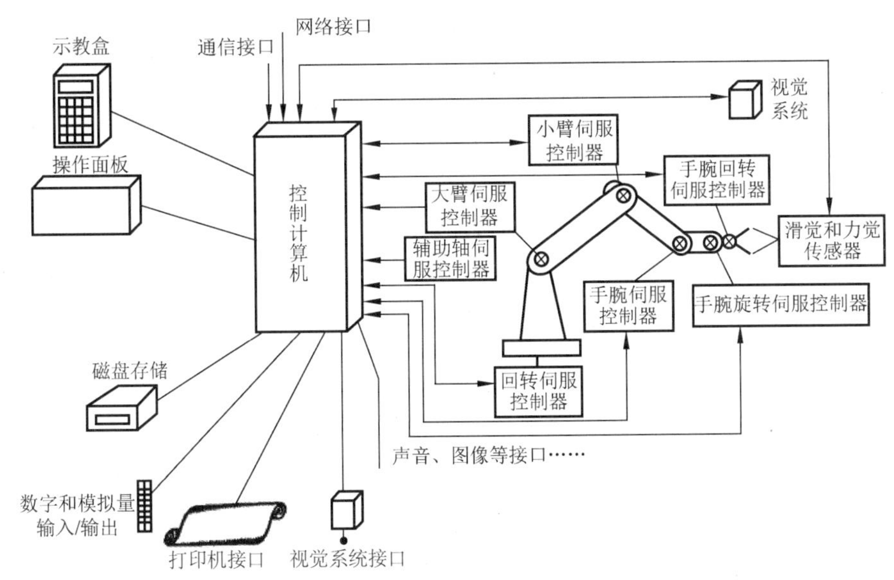

图 4-1　工业机器人控制系统构成

工业机器人主要由以下部分组成。

（1）控制计算机：控制系统的调度指挥机构。一般为微型机、微处理器，有 32 位、64 位等，如酷睿系列 CPU 以及其他类型 CPU。

（2）示教盒：示教机器人的工作轨迹和参数设定，以及所有人机交互操作，拥有自己独立的 CPU 以及存储单元，与主计算机之间以串行通信方式实现信息交互。

（3）操作面板：由各种操作按键、状态指示灯构成，只完成基本功能的操作。

（4）硬盘和软盘存储器：是机器人工作程序的外围存储器。

（5）数字和模拟量输入/输出：实现各种状态和控制命令的输入或输出。

（6）打印机接口：记录需要输出的各种信息。

（7）传感器接口：用于信息的自动检测，实现机器人柔顺控制，一般为力觉、触觉和视觉传感器。

（8）轴控制器：完成机器人各关节位置、速度和加速度控制。

（9）辅助设备控制：用于和机器人配合的辅助设备控制，如手爪变位器等。

（10）通信接口：实现机器人和其他设备的信息交换，一般有串行接口、并行接口等。

（11）网络接口：包括 Ethernet 接口和 Fieldbus 接口。

Ethernet 接口：可通过以太网实现数台或单台机器人的直接 PC 通信，数据传输速率高达 10 Mb/s，可直接在 PC 上用 Windows 95 或 Windows NT 库函数进行应用程序编程，支持 TCP/IP 通信协议，通过 Ethernet 接口将数据及程序装入各个机器人控制器中。

Fieldbus 接口：支持多种流行的现场总线规格，如 Device net、AB Remote I/O、Interbus-s、profibus-DP、M-NET 等。

2．工业机器人控制装置功能

1）工业机器人控制装置特点

工业机器人是一种模拟人手臂、手腕和手功能的机电一体化装置，可对物体运动的位置、速度和加速度进行精确控制，从而完成某一工业生产的作业要求。工业机器人为了实现末端点的运动轨迹，需要各个独立关节的运动协调，因此，其控制装置与普通的控制装置相比要复杂得多，其主要内容如下：

（1）普通的机器人至少要有 3～6 个自由度，复杂的机器人至少有十个以上的自由度。每个自由度一般包含一个伺服机构，通过相互协调组成一个多自由度的控制，从而完成某种任务。任务是通过计算机进行分析，来完成机器人所要完成的任务。因此，机器人控制系统必须是一个计算机控制系统。

（2）机器人的控制与机构运动学及动力学密切相关。机器人末端位置由坐标描述，根据需要选择不同的参考坐标系，并做适当的坐标变换。因此需要正向运动学和反向运动学相关知识，除此之外还要考虑惯性力、外力（包括重力）及向心力的影响。

（3）机器人的完成动作可以通过不同的方式和路径来完成。通常高级的机器人用计算机建立起庞大的信息库，借助信息库进行控制、决策、管理和操作，从而找出最优路径来完成任务。除此之外，机器人可根据传感器和模式识别的方法获得对象及环境的工况，按照给定的指标要求，自动地选择最佳的控制路径。

机器人控制系统是决定机器人功能和性能的主要因素，在一定程度上制约着机器人技术的发展，它的主要任务就是控制机器人在工作空间中的运动位置、姿态和轨迹、操作顺序及动作的时间等。模块化、层次化的控制器软件系统、网络化机器人控制器技术等关键技术直接影响到机器人的速度、控制精度与可靠性。目前，机器人控制系统将向着基于 PC（个人计算机）的开放型控制器方向发展，便于标准化、网络化，伺服驱动技术的数字化和分散化。

2）工业机器人控制装置的主要功能

机器人控制系统是机器人的重要组成部分，主要任务是控制工业机器人在工作空间中的运动位置、姿态和轨迹、操作顺序及动作的时间等项目，以完成特定的工作任务，其基本功能如下。

（1）示教功能：离线编程，在线示教，间接示教。在线示教包括示教盒和导引示教两种。

（2）记忆功能：能存储作业顺序、运动路径、运动方式、速度和生产工艺有关的信息。

（3）与外围设备联系功能：输入和输出接口、通信接口、网络接口等。

（4）坐标设置功能：有关节、绝对、工具、用户自定义四种坐标系。

（5）人机接口：示教盒、操作面板、显示屏。

（6）传感器接口：位置检测、视觉、触觉、力觉等。

（7）位置伺服功能：机器人多轴联动、运动控制、速度和加速度控制、动态补偿等。

（8）故障诊断安全保护功能：运行时系统状态监视、故障状态下安全保护和故障自诊断。

工业机器人控制系统的主要功能如下。

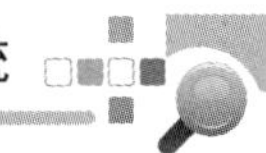

（1）示教再现功能。示教再现功能是指控制系统可以通过示教盒或手把手进行示教，将动作顺序、运动速度、位置等信息用一定的方法预先教给工业机器人，由工业机器人的记忆装置将所教的操作过程自动地记录在存储器中，当需要再现操作时，重放存储器中存储的内容即可。如需更改操作内容时，只需重新示教一遍。

示教的方式种类繁多，总的可分为集中示教方式和分离示教方式。

集中示教方式就是指同时对位置、速度、操作顺序等进行的示教方式。分离示教方式是指在示教位置之后，再一边动作，一边分别示教位置、速度、操作顺序等的示教方式。

当对 PTP（点位控制方式）控制的工业机器人示教时，可以分步编制程序，且能进行编辑、修改等工作。但是在作曲线运动而且位置精度要求较高时，示教点数一多，示教时间就会拉长，且在每一个示教点都要停止和启动，因而很难进行速度的控制。

对需要控制连续轨迹的喷漆、电弧焊等工业机器人进行连续轨迹控制的示教时，示教操作一旦开始，就不能中途停止，必须不中断地进行完为止，且在示教途中很难进行局部修正。

示教方式中经常会遇到一些数据的编辑问题，其编辑功能有如图 4-2 所示的几种方法。在图中，要连接 A 与 B 两点时，可以这样进行：按图（a）直接连接；按图（b）先在 A 与 B 之间指定一点 x，然后用圆弧连接；按图（c）用指定半径的圆弧连接；按图（d）用平行移动的方式连接。

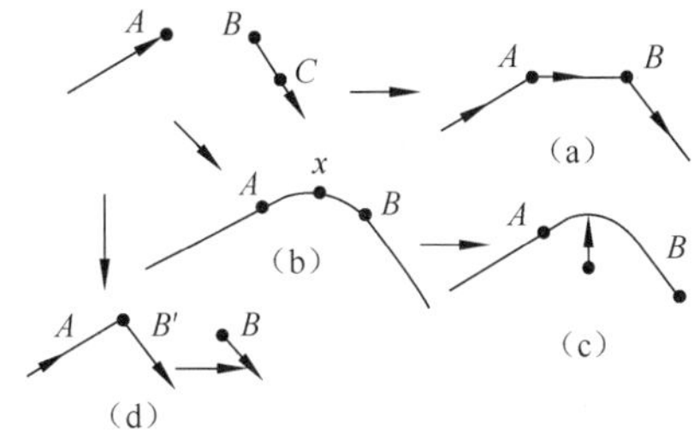

图 4-2　示教数据编辑功能

在 CP（连续轨迹控制方式）控制的示教中，由于 CP 控制的示教是多轴同时动作，因此与 PTP 控制不同，它几乎必须在点与点之间的连线上移动，故有如图 4-3 所示的两种方法。

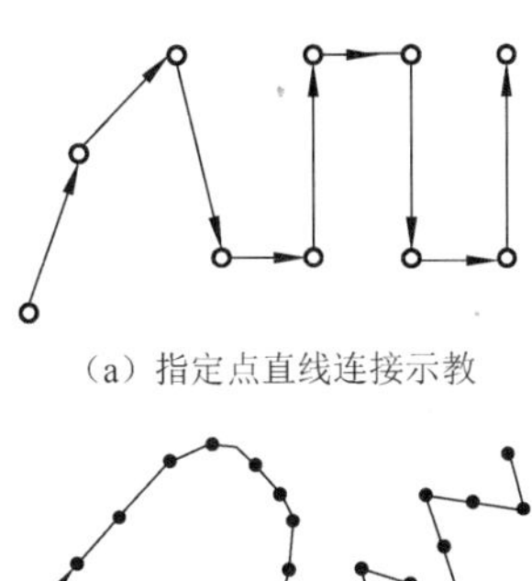

（a）指定点直线连接示教

（b）指定时间对每个点位置示教

图 4-3　CP 控制示教举例

工业机器人的记忆方式随着示教方式的不同而不同，又由于记忆内容的不同，故其所用的记忆装置也不完全相同。通常，工业机器人操作过程的复杂程序取决于记忆装置的容量。容量越大，其记忆的点数就越多，操作的动作就越多，工作任务就越复杂。

最初工业机器人使用的记忆装置大部分是磁鼓，随着科学技术的发展，慢慢地出现了磁线、磁芯等记忆装置。现在，计算机技术的发展使得半导体记忆装置出现，尤其是集成化程度高、容量大、高度可靠的随机存取存储器（RAM）和可编程只读存储器（EPROM）等半导体的出现，使工业机器人的记忆容量大大增加，特别适合于复杂程度高的操作过程的记忆，并且其记忆容量可达无限。

（2）运动控制功能。工业机器人的运动控制是指工业机器人的末端操作器从一点移动到另一点的过程中，对其位置、速度和加速度的控制。由于工业机器人末端操作器的位置和姿态是由各关节的运动引起的，因此，对其运动控制实际上是通过控制关节运动实现的。

工业机器人关节运动控制一般可分两步进行：第一步是关节运动伺服指令的生成，即指将末端操作器在工作空间的位置和姿态的运动转化为由关节变量表示的时间序列或表示为关节变量随时间变化的函数，这一步一般可离线完成；第二步是关节运动的伺服控制，即跟踪执行第一步所生成的关节变量伺服指令，这一步是在线完成的。

（3）示教编程功能。用机器人代替人进行作业时，必须预先对机器人发出指示，规定机器人进行应该完成的动作和作业的具体内容。这个过程就称为对机器人的示教或对机器人的编程。对机器人的示教有不同的方法，要想让机器人实现人们所期望的动作，必须赋予机器人各种信息。首先是机器人动作顺序的信息及外部设备的协调信息；其次是与机器人工作时的附加条件信息；最后是机器人的位置和姿态信息。前两个方面很大程度上是与机器人要完成的工作以及相关的工艺要求有关，位置和姿态的示教通常是机器人示教的重点。目前，大多数工业机器人都具有采用示教方式来编程的功能。示教编程一般可分为直接示教和离线示教，随着计算机虚拟现实技术的快速发展，还出现了虚拟示教编程系统。

① 直接示教。直接示教分为手把手示教编程和示教盒示教编程两种方式。

手把手示教是由人直接搬动机器人的手臂对机器人进行示教。在这种示教中，为了示教方便以及获取信息的快捷而准确，操作者可以选择在不同坐标系下示教。例如，可以选择在关节坐标系、直角坐标系及工具坐标系或用户坐标系下进行示教。

手把手示教编程方式主要用于喷漆、弧焊等要求实现连续轨迹控制的工业机器人的示教编程。具体的方法是人工利用示教手柄引导末端操作器经过所要求的位置，同时由传感器检测出工业机器人各关节处的坐标值，并由控制系统记录、存储这些数据信息。实际工作中，工业机器人的控制系统重复再现示教过的轨迹和操作技能。手把手示教编程也能实现点位控制，与CP 控制不同的是，它只记录各轨迹程序移动的两端点位置，轨迹的运动速度则按各轨迹程序段对应的功能数据输入。

示教盒示教编程方式是人工利用示教盒上所具有的各种功能的按钮来驱动工业机器人的各关节轴，按作业所需要的顺序单轴运动或多关节协调运动，从而完成位置和功能的示教编程的。示教盒通常是一个带有微处理器的、可随意移动的小键盘，内部 RAM 中固化有键盘扫描和分析程序，其功能键一般具有回零、示教方式、自动方式和参数方式等。

示教编程控制由于其编程方便、装置简单等优点，在工业机器人的初期得到较多的应用。

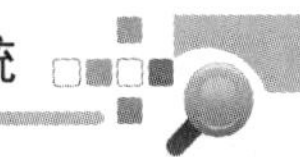

同时，又由于其编程精度不高、程序修改困难、示教人员要熟练等缺点的限制，促使人们又开发了许多新的控制方式和装置，以使工业机器人能更好更快地完成作业任务。

② 离线示教。离线示教与直接示教不同，操作者不对实际作业的机器人直接进行示教，而是脱离实际作业环境生成示教数据，间接地对机器人进行示教。在离线示教法（离线编程）中，通过使用计算机内存储的机器人模型（CAD 模型），不要求机器人实际产生运动，便能在示教结果的基础上对机器人的运动进行仿真，从而确定示教内容是否恰当及机器人是否按人们期望的方式运动。

③ 虚拟示教。直接示教面向作业环境，相对来说比较简单直接，适用于批量生产场合，而离线编程则充分利用计算机图形学的研究成果，建立机器人及其环境物模型，然后利用计算机可视化编程语言 Visual C++（或 Visual Basic）进行作业离线规划、仿真，但是它在作业描述上不能简单直接，对使用者来说要求较高。而虚拟示教编程充分利用了上述两种示教方法的优点，借助于虚拟现实系统中的人机交互装置（例如游戏操纵杆、力觉笔杆等）操作计算机屏幕上的虚拟机器人动作，利用应用程序界面记录示教点的位姿、动作指令并生成作业文件（.JBI），最后下载到机器人控制器后，完成机器人的示教。

3. 工业机器人的控制方式

工业机器人的控制方式多种多样，根据作业任务的不同，主要分为点位控制方式（PTP）、连续轨迹控制方式、力（力矩）控制方式和智能控制方式。

（1）点位控制方式。点位控制又称为 PTP（Point To Point）控制，这种方式只控制起始点和终止点的位姿，控制时只要求快速、准确地实现各点之间的运动，而对两点之间的运动轨迹不作任何规定。这种控制方式的主要技术指标是定位精度和运动所需的时间。由于其控制方式易于实现和走位精度要求不高的特点，因而常被应用在上下料、搬运、点焊和在电路板上安插元件等只要求目标点处保持末端操作器位姿准确的作业中。

（2）连续轨迹控制方式。连续轨迹控制又称为 CP（Continuous Path）控制，这种方式不仅要求机器人以一定的精度达到目标点，而且对移动轨迹形式有一定精度上的要求。

这种控制方式的特点是连续地控制工业机器人末端操作器在作业空间中的位姿，要求其严格按照预定的轨迹和速度在一定的精度范围内运动，而且速度可控，轨迹光滑，运动平稳，以完成作业任务。工业机器人各关节连续、同步地进行相应的运动，其末端操作器即可形成连续的轨迹。这种控制方式的主要技术指标是工业机器人末端操作器位姿的轨迹跟踪精度及平稳性。通常弧焊、喷漆、去毛边和检测作业机器人都采用这种控制方式。

图 4-4（a）、（b）分别为点位控制与连续轨迹控制。

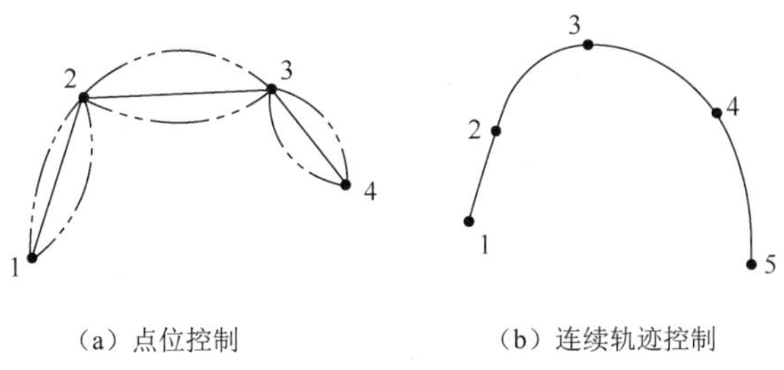

（a）点位控制　　（b）连续轨迹控制

图 4-4　点位控制与连续轨迹控制

（3）力（力矩）控制方式。在完成装配、抓放物体等工作时，除要准确定位之外，还要求使用适度的力或力矩进行工作，这时就要利用力（力矩）伺服方式。这种方式的控制原理与位置伺服控制原理基本相同，只不过输入量和反馈量不是位置信号，而是力（力矩）信号。因此，系统中必须有力（力矩）传感器，有时也利用接近、滑动等传感功能进行自适应式控制。

（4）智能控制方式。机器人的智能控制是通过传感器获得周围环境的知识，并根据自身内部的知识库做出相应的决策。采用智能控制技术，使机器人具有较强的环境适应性及自学习能力。智能控制技术的发展有赖于近年来人工神经网络、基因算法、遗传算法、专家系统等人工智能技术的迅速发展。

4.1.2 工业机器人控制器

1. 工业机器人控制器

（1）多任务功能。一台工业机器人可进行多个任务的操作。

（2）网络功能。工业机器人具有丰富的网络通信功能，如 RS-232、RS-485 及以太网通信功能，机器人动作与通信并行处理，无通信时间的浪费，生产效率更高。

（3）操作历史记录功能。可记录工业机器人的工作情况，以便于工业机器人管理和维护。

（4）海量存储。大容量存储器可存储更多的程序和更多的历史使用信息。

（5）用户接口丰富。具有鼠标、键盘、显示器和 USB 接口，控制器可作为一台计算机使用，方便用户操作。

2. 工业机器人常用的控制器

从世界上第一台遥控机械手诞生至今已有 50 年了，在这几十年里，伴随着计算机、自动控制理论的发展、工业生产的需要及相关技术的进步，工业机器人的发展共经历了三代：

（1）可编程的示教再现型机器人。

（2）基于传感器控制、具有一定自主能力的机器人。

（3）智能机器人。

作为机器人的核心部分，机器人控制器是影响机器人性能的关键部分之一。它从一定程度上影响着机器人的发展。人工智能、计算机科学、传感器技术及其他相关学科的长足进步，使得机器人的研究在高水平上进行，同时也为机器人控制器的性能提出了更高的要求。对于不同类型的机器人，如有腿的步行机器人与关节工业机器人，控制系统的综合方法有较大差别，控制器的设计方案也不一样。

机器人控制器是根据指令以及传感信息控制机器人完成一定的动作或作业任务的装置，它是机器人的心脏，决定了机器人性能的优劣。

从机器人控制算法的处理方式来看，可分为串行和并行两种结构类型。

1）串行处理结构

所谓的串行处理结构是指机器人的控制算法由串行机来处理，对于这种类型的控制器，从计算机结构、控制方式来划分，又可分为以下几种：

（1）单 CPU 结构、集中控制方式。用一台功能较强的计算机实现全部控制功能。在早期的机器人中，如 Hero-I 及 Robot-I 等就采用这种结构，但控制过程中需要许多计算（如坐标变

换），因此这种控制结构速度较慢。

（2）二级 CPU 结构、主从式控制方式。一级 CPU 为主机，担当系统管理、机器人语言编译和人机接口功能，同时也利用它的运算能力完成坐标变换、轨迹插补，并定时地把运算结果作为关节运动的增量送到公用内存，供二级 CPU 读取；二级 CPU 完成全部关节位置数字控制。

这类系统的两个 CPU 总线之间基本没有联系，仅通过公用内存交换数据，是一个松耦合的关系。因此，对采用增加 CPU 的形式来将本身的功能进行分散化非常困难。日本于 20 世纪 70 年代生产的 Motoman 机器人（5 个关节，采用直流电动机驱动）的计算机系统就属于主从式结构。

（3）多 CPU 结构、分散控制方式。目前，普遍采用这种上、下位机二级分布式结构，上位机负责整个系统管理以及运动学计算、轨迹规划等。下位机由多 CPU 组成，每个 CPU 控制一个关节运动，这些 CPU 和主控机之间的联系是通过总线形式的紧耦合实现的。这种结构的控制器工作速度和控制性能明显提高，但这些多 CPU 系统共有的特征都是针对具体问题而采用的功能分散结构，即每个处理器承担固定任务。日前世界上大多数商品化机器人控制器都是这种结构。

计算机控制系统中的位置控制部分几乎无一例外地采用数字式位置控制。

以上几种类型的控制器都是采用串行机来计算机器人的控制算法，它们存在一个共同的弱点：计算负担重、实时性差。因此，大多采用离线规划和前馈补偿解耦等方法来减轻实时控制中的计算负担。当机器人在运行中受到干扰时，其性能将受到影响，更难以保证高速运动中所要求的精度指标。

由于机器人控制算法的复杂性以及机器人控制性能亟待提高，许多学者从建模、算法等多方面进行了减少计算量的努力，但仍难以在串行结构控制器上满足实时计算的要求。因此，必须从控制器本身寻求解决办法。方法之一是选用高档次微机或小型机；另一种方法就是采用多处理器进行并行计算，提高控制器的计算能力。

2）并行处理结构

并行处理技术是提高计算速度的一个重要而有效的手段，能满足机器人控制的实时性要求。从文献来看，关于机器人控制器并行处理技术，人们研究较多的是机器人运动学和动力学的并行算法及其实现。1982 年，J.Y.S.Luh 首次提出机器人动力学并行处理问题，这是因为关节机器人的动力学方程是一组非线性强耦合的二阶微分方程，计算十分复杂。提高机器人动力学算法的计算速度．也为实现复杂的控制算法（如计算力矩法、非线性前馈法、自适应控制法等）打下基础。开发并行算法的途径之一就是改造串行算法，使之并行化，然后将算法映射到并行结构。一般有两种方式：一是考虑给定的并行处理器结构，根据处理器结构所支持的计算模型，开发算法的并行性；二是首先开发算法的并行性，然后设计支持该算法的并行处理器结构，以达到最佳并行效率。

构造并行处理结构的机器人控制器的计算机系统一般采用以下方式：

（1）开发机器人控制专用的超大规模集成电路（Very Large Scale Integration，VLSI）设计。专用 VLSI 能充分利用机器人控制算法的并行性，依靠芯片内的并行体系结构易于解决机器人控制算法中出现的大量计算问题，能大大提高运动学、动力学方程的计算速度。但由于芯片是根据具体的算法来设计的，当算法改变时，芯片则不能使用，因此采用这种方式构造的控制器不通用，更不利于系统的维护与开发。

可利用有并行处理能力的芯片式计算机（如 Transputer、DSP 等）构成并行处理网络。Transputer 是英国 Inmos 公司研制并生产的一种并行处理用的芯片式计算机。利用 Transputer 芯片的 4 对位串通信的 link 对，易于构造不同的拓扑结构，且 Transputer 具有极强的计算能力。利用 Transputer 并行处理器，人们构造了各种机器人并行处理器，如流水线形、树形等。利用 Transputer 网络实现逆运动学计算，并以实时控制为目的，分别实现了前馈补偿及计算力矩两种基于固定模型的控制方案。

随着数字信号芯片速度的不断提高，高速数字信号处理器（DSP）在信息处理的各个方面得到了广泛应用。DSP 以极快的数字运算速度见长，并易于构成并行处理网络。

（2）利用通用的微处理器构成并行处理结构，可实现复杂控制策略在线实时计算。

3）机器人控制器存在的问题

现代科学技术的飞速发展和社会的进步对机器人的性能提出更高的要求。智能机器人技术的研究已成为机器人领域的主要发展方向，如各种精密装配机器人、力/位置混合控制机器人、多肢体协调控制系统及先进制造系统中机器人的研究等。相应地，对机器人控制器的性能也提出了更高的要求。

但是，机器人自诞生以来，特别是工业机器人所采用的控制器基本上都是开发者基于自己的独立结构进行开发的，采用专用计算机、专用机器人语言、专用操作系统、专用微处理器。这样的机器人控制器已不能满足现代工业发展的要求。从前面提到的两类机器人控制器来看，串行处理结构控制器的结构封闭、功能单一，且计算能力差，难以保证实时控制的要求。因此，目前绝大多数商用机器人都是采用单轴 PID 控制，难以满足机器人控制的高速、高精度的要求。虽然分散结构在一定层次上是开放的，可以根据需要增加更多的处理器，以满足传感器处理和通信的需要，但是它只是在有限范围内开放。所采的所谓“专用计算机（如 PUMA 机器人利用 POP-ll 作为上层主控计算机）、专用机器人语言（如 VAL）、专用微处理器并将控制算法固定在 EPROM 中”的结构限制了它的可扩展性和灵活性，可以说它的结构是封闭的。

并行处理结构控制器虽然能从计算速度上有很大突破，保证实时控制的需要，但它还存在许多问题。目前的并行处理控制器研究一般集中于机器人运动学、动力学模型的并行处理方面，基于并行算法和多处理器结构的映射特征来设计，即通过分解给定任务，得到若干子任务，列出数据相关流图，实现各子任务在处理器上的并行处理。由于并行算法中通信、同步等内在特点，若程序设计不当，则易出现锁死与通信堵塞等现象。

综合来看，现有机器人控制器存在如下问题：

（1）开放性差。局限于“专用计算机、专用机器人语言、专用微处理器”的封闭式结构。封闭的控制器结构使其具有特定的功能，适应于特定的环境，不便于对系统进行扩展和改进。

（2）软件独立性差。软件结构及其逻辑结构依赖于处理器硬件，难以在不同的系统间移植。

（3）容错性差。由于并行计算中的数据相关性、通信及同步等内在特点，控制器的容错性变差，其中一个处理器出故障可能导致整个系统瘫痪。

（4）扩展性差。目前，机器人控制器的研究着重于从关节这一级来改善和提高系统的性能。由于结构的封闭性，难以根据需要对系统进行扩展，如增加传感器控制等功能模块。

（5）缺少网络功能。现在大部分的机器人控制器都没有网络功能。

总体来看，前面提到的无论是串行结构机器人控制器，还是并行结构的机器人控制器，都

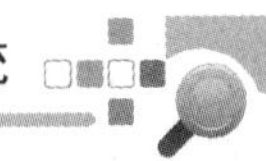

不是开放式结构，无论是软件还是硬件，都难以扩充和更改。

例如，商品化的 Motoman 机器人的控制器是小开放的，用户难以根据自己的需要对其进行修改、扩充。通常的做法是对其进行详细解剖分析，然后对其改造。

4）机器人控制器的展望

随着机器人控制技术的发展，针对结构封闭的机器人控制器的缺陷，开发“具有开放式结构的模块化、标准化机器人控制器”是当前机器人控制器的一个发展方向。近几年，日本、美国和欧洲一些国家都在开发具有开放式结构的机器人控制器，如日本安川公司基丁 PC 开发的具有开放式结构、网络功能的机器人控制器。我国“863 计划”智能机器人相关的研究也已经获得立项。

开放式结构机器人控制器是指控制器设计的各个层次对用户开放，用户可以方便地扩展和改进其性能。其主要思想如下：

（1）利用基于非封闭式计算机平台的开发系统，如 Sun、SGI、PC's，有效利用标准计算机平台的软、硬件资源为控制器扩展创造条件。

（2）利用标准的操作系统（如 UNIX、Vxworks）和标准的控制语言（如 C、C++），可以改变各种专用机器人语言并存却互不兼容的局面。

（3）采用标准总线结构，使得为扩展控制器性能而必需的硬件（如各种传感器、I/O 板、运动控制板）可以很容易地集成到原系统中。

（4）利用网络通信，实现资源共享或远程通信。目前，几乎所有的控制器都没有网络功能，利用网络通信功能可以提高系统变化的柔性。

可以根据上述思想设计具有开放式结构的机器人控制器，而且设计过程中要尽可能做到模块化。模块化是系统设计和构建的一种现代方法，按模块化方法设计，系统由多种功能模块组成，各模块完整而专一。这样建立起来的系统，不仅性能好，开发周期短，而且成本较低。模块化还使系统开放，易于修改、重构和添加配置功能。基于多自主体概念设计的新型控制器就是按模块化方法设计的，系统由数据库模块、通信模块、传感器信息模块、人机接口模块、调度模块、规划模块和伺服控制模块这七个模块构成。

新型的机器人控制器应有以下特色：

（1）开放式系统结构。采用开放式软件、硬件结构，可以根据需要方便地扩充功能，使其适用不同类型机器人或机器人化自动生产线。

（2）合理的模块化设计。对硬件来说，根据系统要求和电气特性，按模块化设计，这不仅方便安装和维护，而且提高系统的可靠性，系统结构也更为紧凑。

（3）有效的任务划分。不同的子任务由不同的功能模块实现，以利于修改、添加、配置功能。

（4）实时性和多任务。要求机器人控制器必须能在确定的时间内完成对外部中断的处理，并且可以使多个任务同时进行。

（5）网络通信功能。利用网络通信功能可以实现资源共享或多台机器人协同工作。

（6）运动控制板及运动控制器。运动控制板是机器人控制器中必不可少的。由于机器人性能的不同，对运动控制板的要求也不同。美国 Delta Tau 公司推出的 PMAC（Programmable Multi-axies Controller）是一种功能强大的运动控制器，它全面地开发了 DSP 技术的强大功能，为用户提供了很强的功能和很大的灵活性。借助于Motorola公司的DSP 56001数字信号处理器，PMAC可以同时操纵1～8轴，与其他运动控制板相比，有很多可取之处。

由于适用于机器人控制的软、硬件种类繁多和现代技术的飞速发展，开发一个结构完全开放的标准化机器人控制器存在一定困难，但应用现有技术，如工业PC良好的开放性、安全性和联网性，标准的实时多任务操作系统，标准的总线结构，标准接口等，打破现有机器人控制器结构封闭的局面，开发结构开放、功能模块化的标准化机器人控制器是完全可行的。

4.2 工业机器人驱动装置

工业机器人的驱动装置是驱使执行机构运动的装置，它将电能或流体能等转换成机械能，按照控制系统发出的指令信号，借助于动力元件使工业机器人完成指定的工作任务。它是使机器人运动的动力机构，是机器人的心脏。该系统输入的是电信号，输出的是线、角位移量。工业机器人的动力装置按动力源不同分为液压驱动、气动驱动和电动驱动三大类，也可根据需要由这三种基本类型组合成复合式的驱动装置。工业机器人以高精度和高效率为主要特征在各行各业广泛使用，采用电动机驱动最为普遍，但对于大型作业的机器人往往使用液压传动，较为简单的或要求防爆的机器人可采用气动执行机构。

4.2.1 驱动装置类型和组成

1. 驱动装置类型

工业机器人驱动装置按动力源不同可分为液压驱动装置、气动驱动装置和电动驱动装置三大类。

1）液压驱动装置

液压驱动装置是利用储存在液体内的势能驱动工业机器人运动的系统，主要包括直线位移或旋转式活塞、液压伺服系统。液压伺服系统是利用伺服阀改变液流截面，与控制信号成比例地调节流速的一种方式。液压驱动的特点是动力大，力或力矩惯量比大，响应快速，易于实现直接驱动等，故适于在承载能力大、惯量大、防爆环境条件下使用。但由于要进行电能转换为液压能的能量转换，速度控制多采用节流调速，效率比电动驱动要低，液压系统液体泄漏会对环境造成污染，工作噪声较高，一般中低负载的机器人动力驱动系统多采用电动系统。

2）气动驱动装置

气动驱动装置是利用气动压力驱动工业机器人运动的系统，一般由活塞和控制阀组成。其特点是速度快，系统结构简单，维修方便，价格低廉，适用中小负荷机器人使用。但实现伺服控制困难，多用于程序控制的机器人中，如上下料、冲压等。

3）电动驱动装置

电动驱动装置有步进电动机驱动、直流伺服电动机驱动和交流伺服电动机驱动等方式。近年来，低惯量、大转矩交直流伺服电动机及其配套的伺服驱动器广泛用于各类机器人中。其特点是：不需能量转换，使用方便，噪声较低，控制灵活。大多数电动机后面需安装精密的传动机构，直流有刷电动机不能用于要求防爆的环境中。近几年又开发了直接驱动电动机，使机器

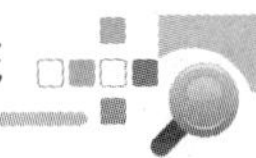

人能快速、高精度定位，已广泛用于装配机器人中。

表 4-1　工业机器人三种动力装置优缺点

驱动装置	优点	缺点	应用领域
液压	响应快速，结构易于标准化，节流效率较高，负载能力大	液压密封易出现问题，在一定条件下有火灾危险	常用于喷涂工业机器人和大负载工业机器人中
气动	响应快速，结构简单，易于标准化，安装要求不太高，成本低	高于 10 个大气压有爆炸的危险	多用于点位控制的搬运机器人中
电动	结构简单，控制灵活，精度高	直流有刷电动机防爆性能较差	应用于各类精度较高的弧焊、装配工业机器人中

2. 工业机器人驱动装置的组成

工业机器人的驱动装置包括动力装置和传动机构两大部分，动力机构是为工业机器人执行机构提供执行任务的动力来源，传动机构是把驱动装置的动力传递给执行机构的中间设备。

1）工业机器人的动力装置

（1）气动驱动装置。气动驱动装置如图 4-5 所示，其具体组成如下所示：

① 气源。气动驱动可直接使用压缩空气站的气源或自行设置气源，使用的气体压力约为 0.5～0.7MPa，流量为 200～500L/h。

② 控制调节元件。控制调节元件包括气动阀（常用的有电磁气阀、节流阀及减压阀）、快速排气阀、调压器、制动器、限位器等。

③ 辅助元件与装置。辅助元件与装置包括分水滤气器、油雾器、储气罐、压力表及管路等。通常把分水滤气器、油雾器和调压器做成组装式结构，称为气动三联件。

④ 动力机构。机器人中用的是直线汽缸和摆动汽缸。直线汽缸分单作用式和双作用式两种，多数用双作用式，也有的用单作用式，如手爪机构。摆动汽缸主要用于机器人的回转关节，如腕关节。

⑤ 制动器。由于汽缸活塞的速度较高，因此要求机器人准确定位时，需采用制动器制。制动方式有反压制动，常用的制动器有气动节流装置、液压阻尼或弹簧式阻尼机构。

⑥ 限位器。限位器包括接触式和非接触式限位开关、限位挡块式锁紧机构。

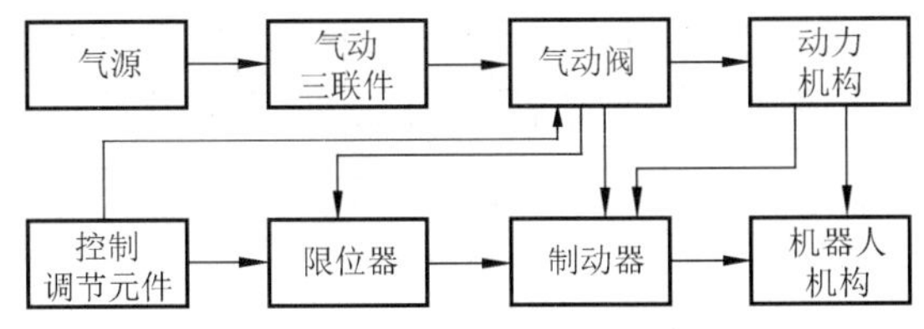

图4-5　气动驱动装置

2）液压驱动装置

液压驱动装置的具体组成如下：

① 油源。通常把由油箱、滤油器和压力表等构成的单元称为油源。通过电动机带动液压泵，把油箱中的低压油变为高压油，供给液压执行机构。机器人液压系统的油液工作压力一般

为 7～14MPa。

② 执行机构。液压系统的执行机构分为直线液压缸和回转液压缸。回转液压缸又称液压马达，其转角为 360° 或以上；转角小于 360° 的称为摆动液压缸。工业机器人运动部件的直线运动和回转运动，绝大多数都直接由直线液压缸和回转液压缸驱动产生，称为直接驱动方式；有时由于结构安排的需要，也可以用直线液压缸或同转液压缸经转换机构而产生回转或直线运动。

③ 控制调节元件。控制调节元件有控制整个液压系统压力的溢流阀，控制油液流同的电磁阀、单向阀，调节油液流量（速度）的单向节流阀、单向行程节流阀。

④ 辅助元件。辅助元件包括蓄能器、管路及管接头等。

液压动力系统中应用较多的动力装置是伺服控制驱动刑的。电液伺服驱动装置由电液伺服阀、液压缸及反馈部分构成，如图 4-6 所示。电液伺服驱动装置的作用是通过电气元件与液压元件组合在一起的电液伺服阀，把输入的微弱电控信号经电气机械转换器变换为力矩，经放大后驱动液压阀，进而达到控制液压缸的高压液流的流量和压力的目的。

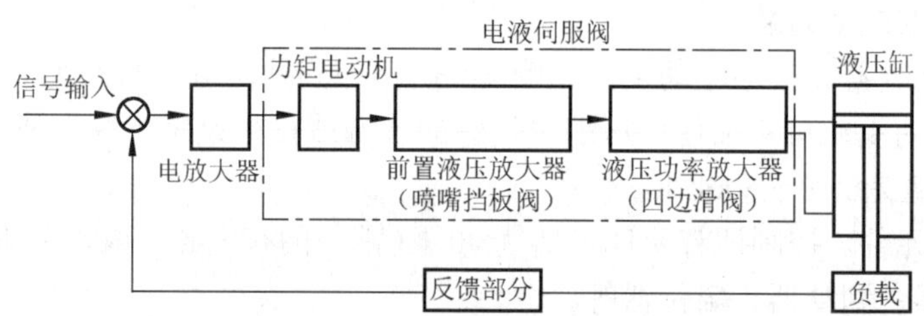

图4-6　工业机器人电液伺服驱动系统

3）电动驱动装置

图 4-7 所示为电动驱动装置主要组成部分：位置比较器、速度比较器、信号和功率放大器、驱动电动机、减速器以及构成闭环伺服驱动系统不可缺少的位置和速度检测元件。采用步进电动机的驱动装置没有反馈环节，这种构成是开环系统。

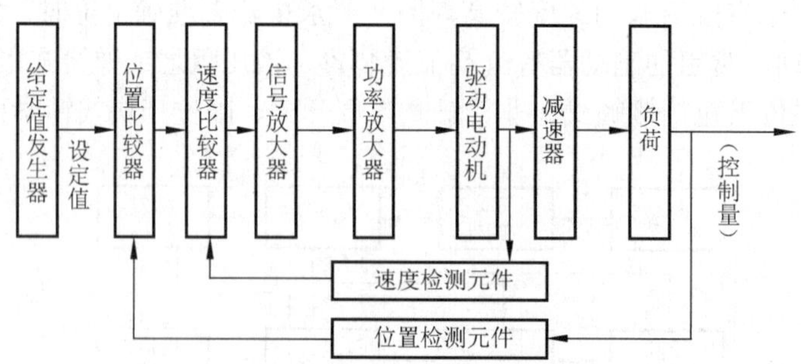

图 4-7　电动动力系统的动力装量

工业机器人常用的驱动电动机有直流伺服电动机、交流伺服电动机和步进电动机。直流伺服电动机的控制电路较简单，价格较低廉，但电动机电刷有磨损，需定时调整及更换，既麻烦又影响性能，电刷还能产生火花，易引爆可燃物质，有时不够安全。交流伺服电动机结构较简单，无电刷，运行安全可靠，但控制电路较复杂，价格较高。步进电动机是以电脉冲使其转子产生转角，控制电路较简单，也不需要检测反馈环节。因此，价格较低廉，但步进电动机的功

率不大，不适用于大负荷的工业机器人。

机器人的直流伺服电动机、步进电动机多数应用脉冲宽度调制 PWM（Pulse Width Modulation）伺服驱动器来控制机器人的动作，它的调速范围宽，低速性能好，响应快，效率高。直流伺服电动机的 PWM 伺服驱动器的电源电压固定不变，用大功率晶体管作为具有固定开关频率的开关元件，通过改变脉冲宽度来改变施加在电动机电枢端的电压值，以实现改变电动机转速的目的。

交流伺服电动机的交流 PWM 变频调速伺服驱动器中的速度调节器将给定速度信号与电动机的速度反馈信号进行比较，产生的给定电流信号同电动机的转子位置信号共同控制电流函数发生器，产生相电流给定值，经过电流调节器后送至大功率晶体管基极驱动电路，驱动晶体管产生相电流，以控制交流伺服电动机的转速。

4.2.2　交流伺服驱动装置

在工业机器人驱动装置中，电动驱动装置是应用最广泛的一种驱动类型。采用交流伺服电动机作为执行元件的伺服驱动称为交流伺服驱动装置。因为交流伺服电动机具备十分优良的低速性能，调速范围广，动态特性和效率都很高，所以已经成为伺服系统的主流之选，而异步伺服电动机虽然结构坚固、制造简单、价格低廉，但是在特性和效率上与交流伺服电动机存在差距，只在大功率场合得到重视，多用于机床主轴转速和其他调速系统。

1. 交流伺服系统分类

交流伺服驱动装置具有多种分类方式，但大多数情况下按照系统是否闭环分类，交流伺服系统分为开环伺服系统、半闭环伺服系统和全闭环伺服系统三种。

1）开环伺服系统

开环伺服系统是一种没有位置或速度反馈的控制系统，它的伺服机构按照指令装置发来的移动指令，驱动机械作相应的运动，系统的输出位移与输入指令脉冲个数成正比，所以在控制整个系统时，只要精确地控制输入脉冲的个数，就可以准确地控制系统的输出，但是这种系统精度比较低，运行不是很平稳。

2）半闭环伺服系统

半闭环伺服系统属于闭环系统，具有反馈环节，因此在原理上它具有闭环系统的一切特性和功能。它的检测元件与伺服电动机同轴相连，通过直接测出电动机轴旋转的角位移或角速度可推知执行机械的实际位移或速度，它对实际位置移动或运行速度采用的是间接测量的方法。因此，半闭环伺服系统存在测量转换误差，而且环外的节距误差和间隙误差也没有得到补偿。但是半闭环伺服系统在它的闭环中非线性因素少，容易整定，并且半闭环结构使它的执行机械与电气自动控制部分相对独立，系统的通用性增强。因此，这种结构是当前国内外伺服系统中最普遍采用的方案。

3）全闭环伺服系统

全闭环伺服系统是一种真正的闭环伺服系统。全闭环伺服系统在结构上与半闭环伺服系统是一样的，只是它的检测元件直接安装在系统的最终运动部件上，系统反馈的信号是整个系统真正的最终输出。

2. 交流伺服驱动装置组成

1）交流伺服电动机

（1）感应异步交流伺服电动机。感应异步交流伺服电动机的结构分为两大部分，即定子部分和转子部分。在定子铁心中安放着空间成 90° 的两相定子绕组：一相为励磁绕组，始终通以交流电压；另一相为控制绕组，输入同频率的控制电压，改变控制电压的幅值或相位可实现调速。转子的结构通常为笼型。

（2）永磁同步交流伺服电动机。永磁同步交流伺服电动机主要由转子和定子两大部分组成。在转子上装有特殊形状高性能的永磁体，用以产生恒定磁场，无需励磁绕组和励磁电流。在电动机的定子铁心上绕有三相电枢绕组，接在可控的变频电源上。为了使电动机产生稳定的转矩，电枢电流磁动势与磁极同步旋转，因此在结构上还必须装有永磁体的磁极位置检测器，随时检测出磁极的位置，并以此为依据使电枢电流实现正交控制。为了检测电动机的实际运行速度，或者进行位置控制，通常在电动机轴的非负载端安装速度传感器和位置传感器，如测速发动机、光电码盘等。

根据永磁体励磁磁场在定子绕组中感应出的电动势波形不同，交流永磁同步电动机分为两种：一种输入电流为方波，相感应电动势波形为梯形波，该类电动机称为无刷直流电动机（BLDCM）；另一种输入电流为正弦波，相感应电动势为正弦波，称为永磁同步电动机（PMSM）。和永磁同步电动机相比，无刷直流电动机本体结构更加简单，采用集中绕组后具有更高的功率密度。但是因为其电流波形为方波，反电动势波形为梯形波，导致电磁转矩脉动很大，使其运行特性不如正弦波永磁同步电动机。因此，要求高性能的伺服场合都采用正弦波永磁同步电动机，其结构如图 4-8 所示。

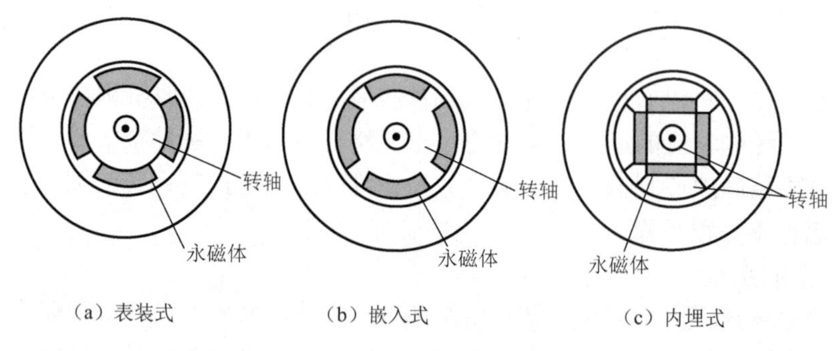

图 4-8　永磁同步电动机结构

2）交流永磁同步伺服驱动器

交流永磁同步伺服驱动器主要由功率驱动单元、伺服控制单元、通信接口单元、伺服电动机及相应的反馈检测器件组成，如图 4-9 所示。其中伺服控制单元包括位置控制器、速度控制器、转矩和电流控制器等。从强弱电角度看，伺服驱动器大体包含功率板和控制板两个模块。功率板是强电模块，其中包括两个单元：一是功率驱动单元，用于电动机的驱动；二是开关电源单元，为整个系统提供数字和模拟电源，控制板是弱电部分，是电动机的控制核心，也是伺服驱动器技术核心控制算法的运行载体，控制板通过相应的算法输出 PWM 信号，作为驱动电路的驱动信号来改逆变器的输出功率，以达到控制三相永磁式同步交流伺服电动机的目的。

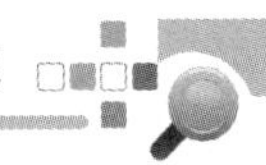

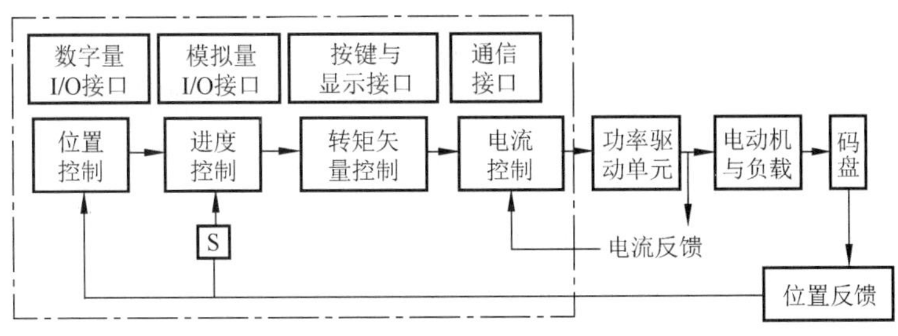

图 4-9 交流永磁同步伺服驱动器的组成

（1）功率驱动单元。功率驱动单元首先通过三相全桥整流电路对输入的三相电或者市电进行整流，得到相应的直流电。整流后的直流电再通过三相正弦 PWM 电压型逆变器逆变为所需频率的交流电来驱动三相永磁式同步交流伺服电动机。简言之，功率驱动单元的整个过程就是 AC—DC—AC 的过程。整流单元（AC—DC）主要的拓扑电路是三相全桥整流电路。

逆变部分（DC—AC）采用的功率器件是集驱动电路、保护电路和功率开关于一体的智能功率模块（IPM），主要拓扑结构采用了三相桥式电路，其原理示意如图 4-10 所示，利用了脉宽调制技术即 PWM，通过改变功率晶体管交替导通的时间来改变逆变器输出波形的频率，改变每半周期内晶体管的通断时间比。也就是说，通过改变脉冲宽度来改变逆变器输出电压幅值的大小，以达到调节功率的目的。

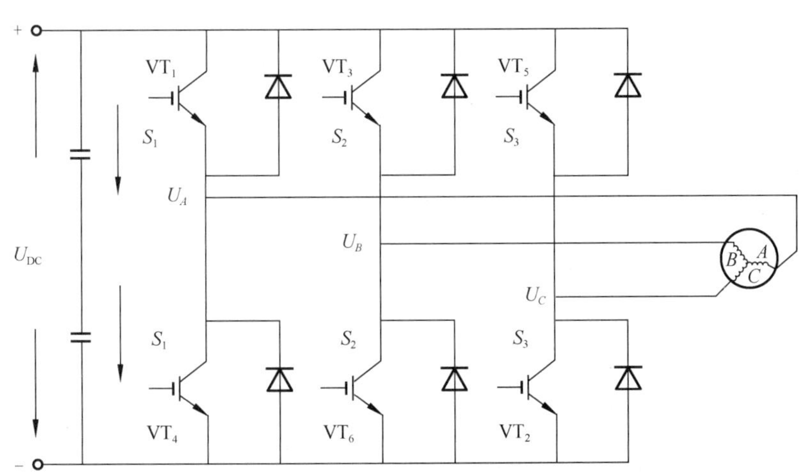

图 4-10 三相桥式电路原理示意

（2）控制单元。控制单元是整个交流伺服系统的核心，实现系统位置控制、速度控制、转矩和电流控制。所采用的数字信号处理器（DSP）除具有快速的数据处理能力外，还集成了丰富的用于电动机控制的专用集成电路，如 A/D 转换器、PWM 发生器、定时计数器电路、异步通信电路、CAN 总线收发器以及高速的可编程静态 RAM 和大容量的程序存储器等。伺服驱动器通过采用磁场定向的控制原理和坐标变换，实现矢量控制，同时结合正弦波脉宽调制（SPWM）控制模式对电动机进行控制。永磁同步电动机的矢量控制一般通过检测或估计电动机转子磁通的位置及幅值来控制定子电流或电压，故电动机的转矩只和磁通、电流有关，与直流电动机的控制方法相似，可以得到很高的控制性能。

位置控制的根本任务就是使执行机构对位置指令进行精确跟踪。被控量一般是负载的空间位移，当给定量随机变化时，系统能使被控量无误地跟踪并复现给定量，给定量可能是角位移或直线位移。因此，位置控制必然是一个反馈控制系统，组成位置控制回路，即位置环。它处于系统最外环，包括位置检测器、位置控制器、功率变换器、伺服电动机及速度和电流控制的两个内环等。速度控制的给定量通常为恒值，不管外界扰动的情况如何，希望输出量能够稳定，因此系统的抗扰性能就显得十分重要。而位置控制系统中的位置指令是经常变化的，是一个随机变量，要求输出量准确跟踪给定量的变化。输出响应的快速性、灵活性、准确性是位置控制系统的重要特征。位置控制大体有两类：一类是模拟式位置控制，如图 4-11 所示，它的位置控制精度不是很高；另一类是数字式位置控制，如图 4-12 所示。

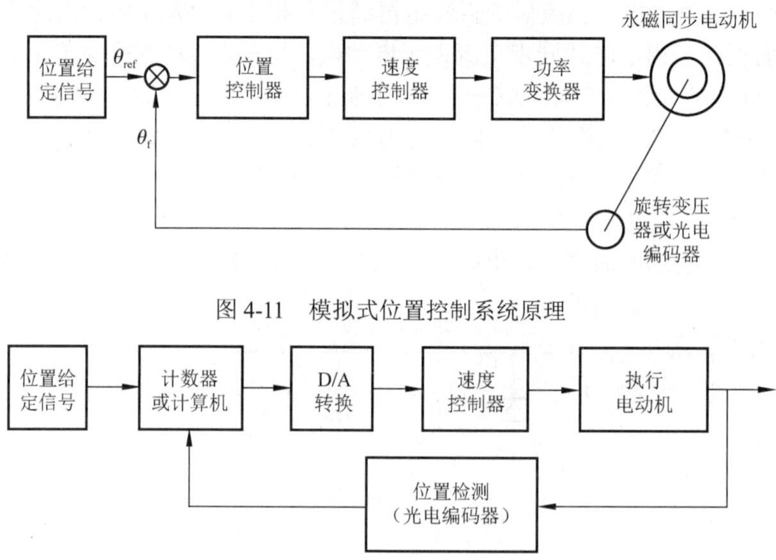

图 4-11　模拟式位置控制系统原理

图 4-12　数字式位置控制系统原理

在数字式位置控制系统中，检测元件一般为光电编码器或其他数字反馈发生器，经转换电路得到二进制数字信号，与给定的二进制数字信号同时送入计算机或可逆计数器进行比较并确定出误差，按一定控制规律运算后（通常为比例放大），构成数字形式的校正信号，再经数/模转换器变成电压信号，作为速度控制器的给定信号。采用计算机进行控制时，系统的控制规律可以很方便地通过软件来改变，这大大增加了控制的灵活性。

4.2.3　液压气动装置的主要设备

1. 液压系统的主要设备

液压驱动装置利用液压泵将原动机的机械能转换为液体的压力能，通过液体压力能的变化来传递能量，经过各种控制阀和管路的传递，借助于液压执行元件（液压缸或液压马达）把液体压力能转换为机械能，从而驱动工作机构，实现直线往复运动或回转运动。其中的液体称为工作介质，一般为矿物油，它的作用和机械传动中的传送带、链条和齿轮等传动元件类似。

1）液压缸

液压缸是液体压力能转变为机械能的、做直线往复运动（或摆动运动）的液压执行元件。它结构简单、工作可靠。用它来实现往复运动时，可免去减速装置，并且没有传动间隙，运动平稳。因此，在各种机械的液压系统中得到广泛应用。

用电磁阀控制的直线液压缸是最简单和最便宜的开环液压驱动装置。在直线液压缸的操作中，通过受控节流口调节流量，可以在到达运动终点时实现减速，使停止过程得到控制。

无论是直线液压缸还是旋转液压马达，它们的工作原理都是基于高压油对活塞或叶片的作用。液压油经控制阀被送到液压缸的一端，在开环系统中，阀由电磁铁打开和控制；在闭环系统中，阀则用电液伺服阀来控制，如图 4-13 所示。

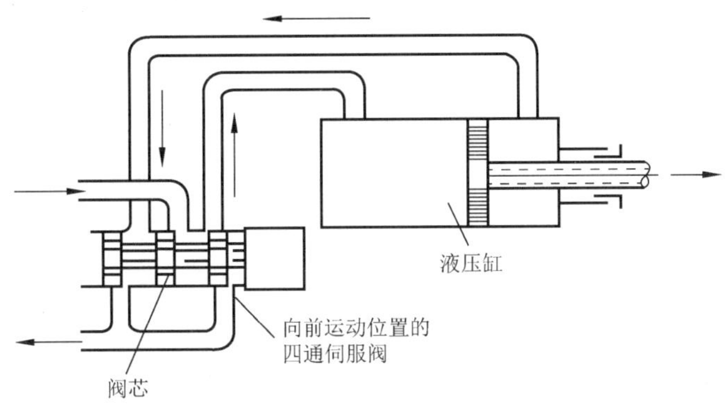

图 4-13　直线液压缸

2）液压马达

液压马达又称为旋转液压马达，是液压系统的旋转式执行元件，如图 4-14 所示。壳体由铝合金制成，转子是钢制的。密封圈和防尘圈分别用来防止油的外泄和保护轴承。

在电液阀的控制下，液压油经进油口进入，并作用于固定在转子的叶片上，使转子转动。隔板用来防止液压油短路。通过一对由消隙齿轮带动的电位器和一个解算器给出转子的位置信息。电位器给出粗略值，而精确位置由解算器测定。当然，整体的精度不会超过驱动电位器和解算器的齿轮系精度。

3）液压阀

（1）单向阀。单向阀只允许油液向某一方向流动，而反向截止。这种阀也称为止回阀，如图 4-15 所示。对单向阀的主要性能要求：油液通过时压力损失要小，反向截止时密封性要好。

液压油从 P_1 进入，克服弹簧力推动阀芯，使油路接通，液压油从 P_2 流出。当液压油从反向进入时，油液压力和弹簧力将阀芯压紧在阀座上，油液不能通过。

（2）换向阀。

①滑阀式换向阀是靠阀芯在阀体内作轴向运动，而使相应的油路接通或断开的换向阀。其换向原理如图 4-16 所示。当阀芯处于图 4-16（a）所示位置时，P 与 B 连通，A 与 T 连通，活塞向左运动；当阀芯向右移动处于图 4-16（b）所示位置时，P 与 A 连通，B 与 T 连通，活塞向右运动。

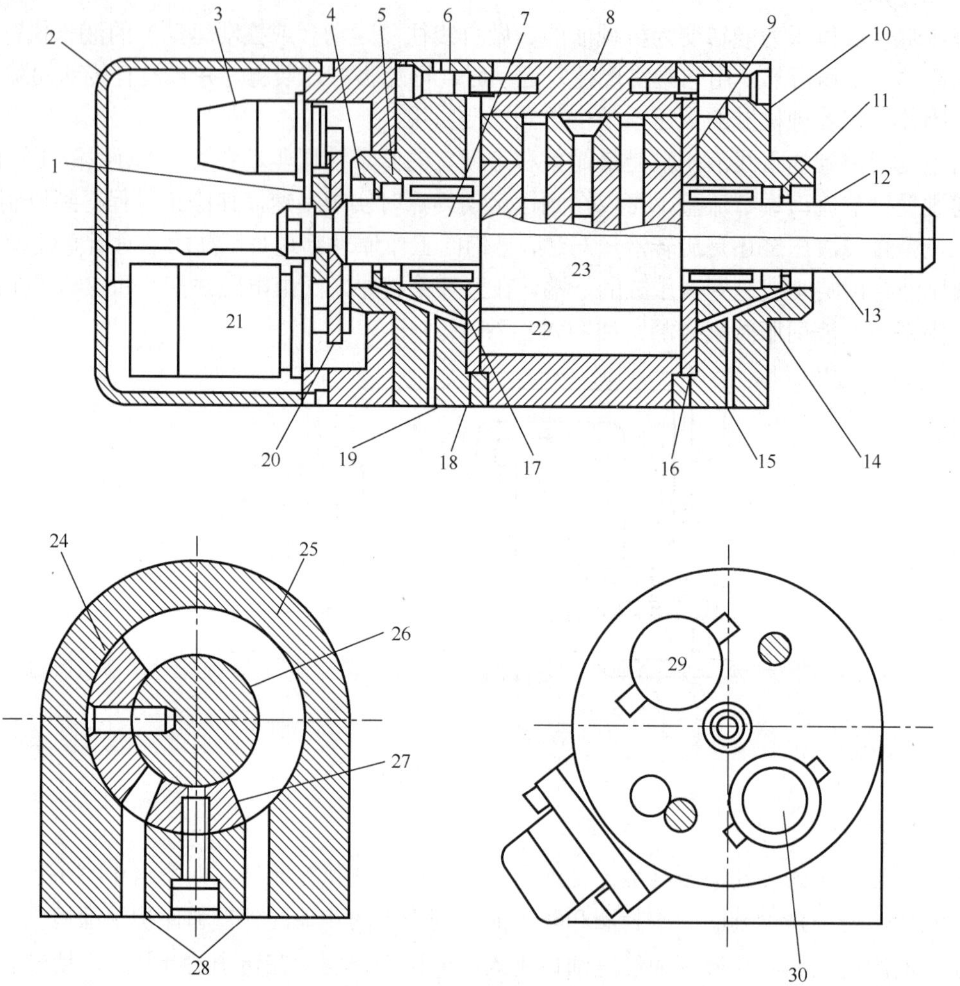

1，20—齿轮　2—防尘罩　3，30—电位器　4—防尘器　5，11—密封圈　6，10—端盖　7，13—输出轴　8，25—壳体　9，22—钢盘　12—防尘圈　14，17—滚针轴承　15，19—泄油孔　16，18—O 形密封圈　21，29—解算器　23，26—转子　24—转动叶片　27—固定叶片　28—进出油孔

图 4-14　液压马达

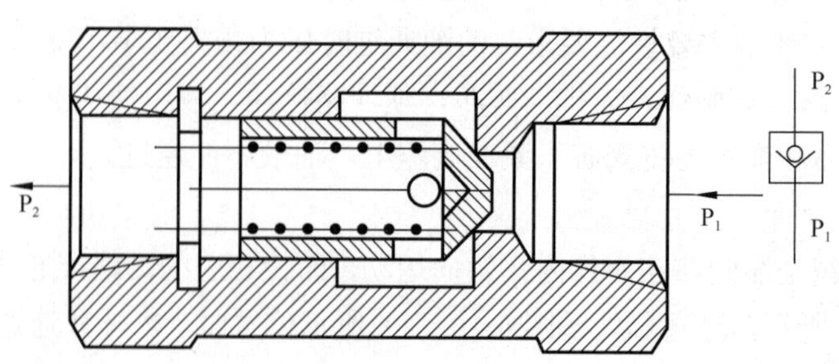

图 4-15　单向阀

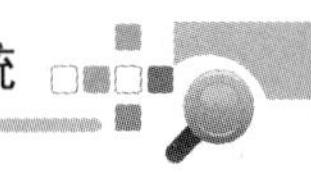

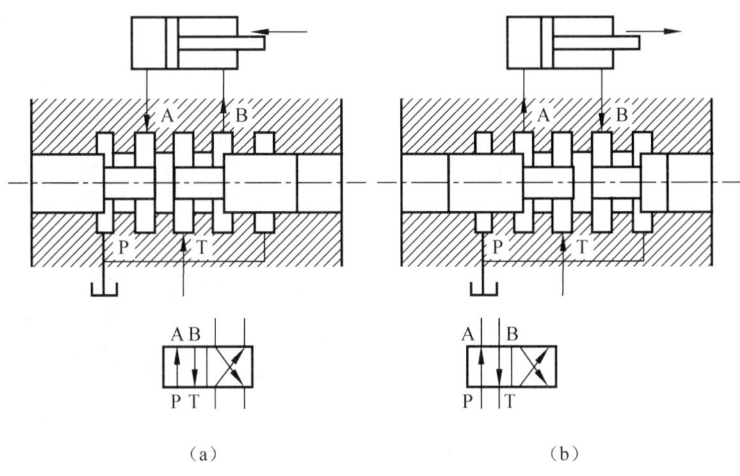

图 4-16　换向阀换向原理

② 手动换向阀用于手动换向。

③ 机动换向阀用于机械运动中，作为限位装置限位换向，如图 4-17 所示。

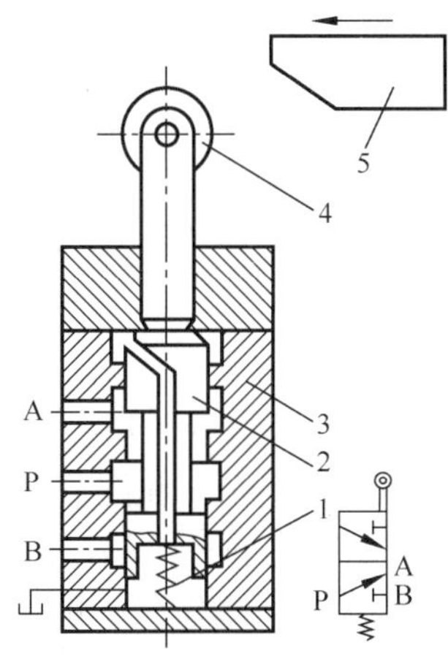

1—弹簧　2—阀芯　3—阀体　4—滚轮　5—行程挡块

图 4-17　机动换向阀

④ 电磁换向阀用于在电气装置或控制装置发出换向命令时改变流体方向，从而改变机械运动状态，如图 4-18 所示。

2. 气动装置的主要设备

气动装置是以压缩机为动力源，以压缩空气为工作介质，进行能量传递和信号传递的工程技术，是实现各种生产控制、自动控制的重要手段之一。由于空气有可压缩性，汽缸的动作速度易受负载影响，工作压力较低（一般为 0.4～0.8MPa），因而气动系统输出力较小，工作介质空气本身没有润滑性，需另加装置进行给油润滑。

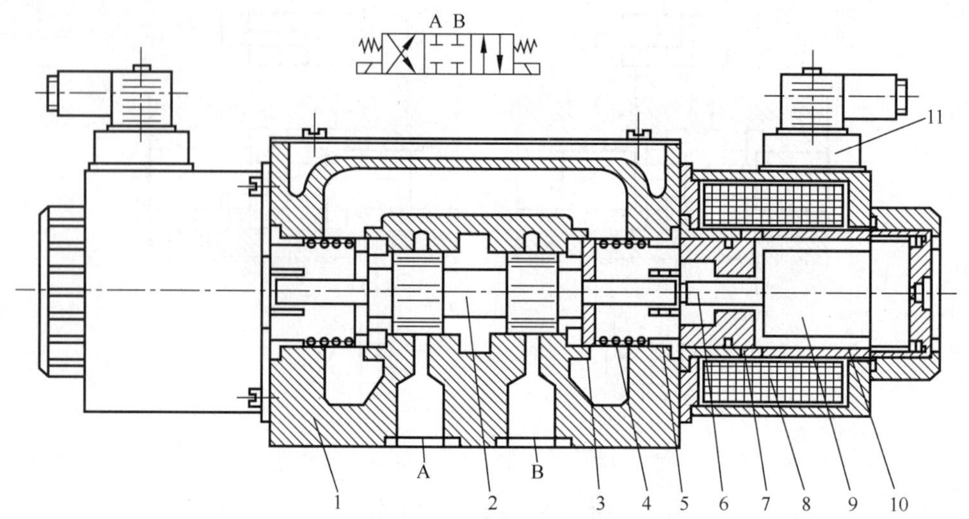

1—阀体　2—阀芯　3—定位器　4—弹簧　5—挡块　6—推杆　7—隔磁环　8—线圈　9—衔铁　10—导套　11—插头

图 4-18　三位四通电磁换向阀

1）气源装置

气源装置中，空气压缩机用以产生压缩空气，一般由电动机带动。其吸气口装有空气过滤器，以减少进入空气压缩机的杂质量。后冷却器用于降温冷却压缩空气，使净化的水凝结出来。油水分离器用于分离并排出降温冷却的水滴、油滴、杂质等。储气罐用于储存压缩空气，稳定压缩空气的压力并除去部分油分和水分。干燥器用于进一步吸收或排除压缩空气中的水分和油分，使之成为干燥空气。

2）气动执行元件

① 汽缸。在汽缸运动的两个方向上，根据受气压控制的方向个数的不同，可分为单作用汽缸和双作用汽缸。单作用汽缸如图 4-19 所示，在缸盖一端气口输入压缩空气，使活塞杆伸出（或缩回），而另一端靠弹簧力、自重或其他外力等使活塞杆恢复到初始位置。单作用汽缸只在动作方向需要压缩空气，故可节约一半压缩空气。主要用在夹紧、退料、阻挡、压人、举起和进给等操作上。根据复位弹簧位置将作用汽缸分为预缩型汽缸和预伸型汽缸。当弹簧装在有杆腔内时，由于弹簧的作用力而使汽缸活塞杆初始位置处于缩回位置，这种汽缸称为预缩型单作用汽缸；当弹簧装在无杆腔内时，汽缸活塞杆初始位置为伸出位置，称为预伸型汽缸。

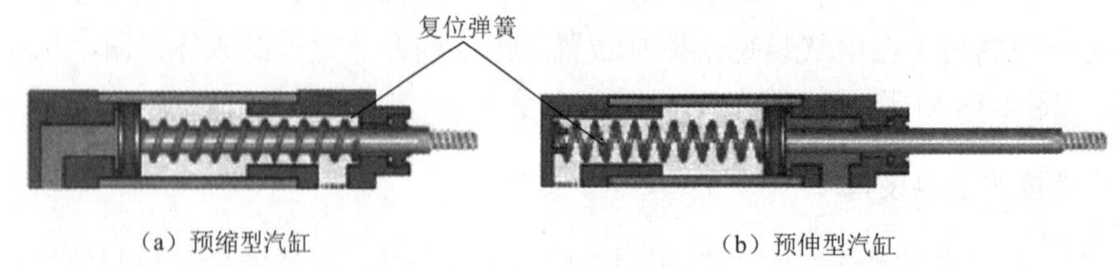

（a）预缩型汽缸　　（b）预伸型汽缸

图 4-19　单作用汽缸

双作用汽缸如图 4-20 所示，它是应用最为广泛的汽缸。其动作原理是：从无杆腔端的气口输入压缩空气时，若气压作用在活塞左端面上的力克服了运动摩擦力、负载等各种反作用力，则当活塞前进时，有杆腔内的空气经该端气口排出，使活塞杆伸出。同样，当有杆腔端气口输

入压缩空气时，活塞杆缩回至初始位置。通过无杆腔和有杆腔交替进气和排气，活塞杆伸出和缩回，汽缸实现往复直线运动。双作用汽缸具有结构简单、输出力稳定、行程可根据需要选择的优点，但由于是利用压缩空气交替作用于活塞上实现伸缩运动的，同缩时压缩空气的有效作用而积较小，因此产生的力要小于伸出时产生的推力。

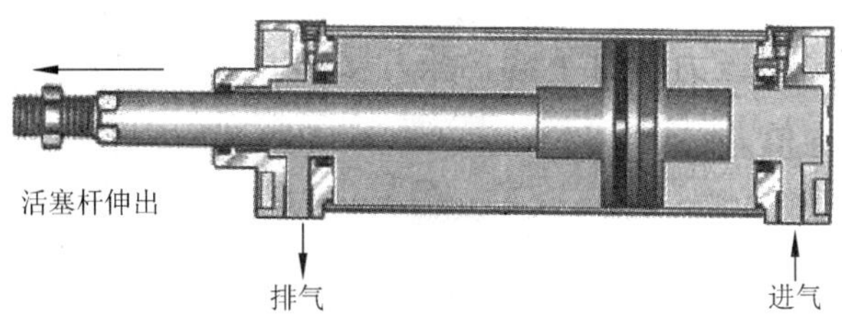

图 4-20　双作用汽缸

② 气动马达。气动马达是一种做连续旋转运动的气动执行元件，是以压缩空气为工作介质的原动机，它是利用压缩气体的膨胀作用，把压力能转换为机械能的动力装置。气动马达的工作适应性较强，可用于无级调速、启动频繁、经常换向、高温潮湿、易燃易爆、负载启动、不便人工操纵及有过载可能的场合。气动马达按结构形式不同分为叶片式气动马达、活塞武气动马达和齿轮式气动马达。

图 4-21 所示为双向旋转的叶片式气动马达的工作原理。压缩空气由 A 孔输入，小部分经定子两端的密封盖的槽进入叶片底部，将叶片推出，使叶片贴紧在定子内壁上，大部分压缩空气进入相应的密封空间而作用在两个叶片上。由于两叶片伸出长度不等，因此产生了转矩差，使叶片与转子按逆时针方向旋转，做功后的气体由定子上的 B 孔排出。若改变压缩空气的输入方向（压缩空气由 B 孔进入，从 A 孔排出），则可改变转子的转向。

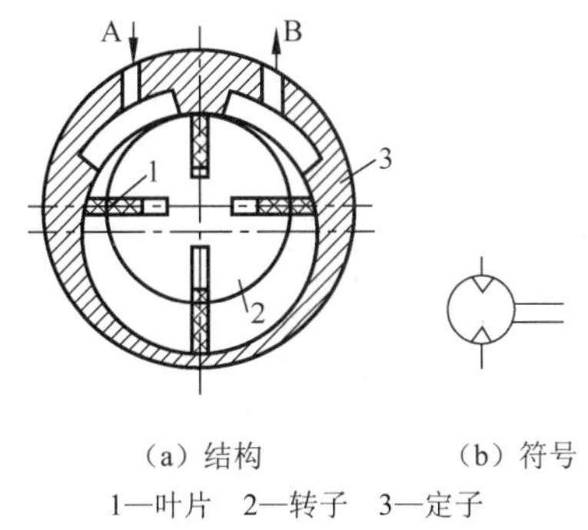

（a）结构　　（b）符号

1—叶片　2—转子　3—定子

图 4-21　双向旋转的叶片式气动马达工作原理

3）气动控制元件

① 压力控制阀。压力控制阀分为减压阀、顺序阀、安全阀等。减压阀是气动系统中的压力调节元件。气动系统的压缩空气一般是由压缩机将空气压缩，储存在储气罐内，然后经管路输送给气动装置使用，储气罐的压力一般比设备实际需要的压力高，并且压力波动比较大，在一般情况下，需采用减压阀来得到压力较低并且稳定的供气。

图 4-22 所示为直动式减压阀结构图。当阀处于工作状态时，调节手柄 1、调压弹簧 2、3

及膜片 5，通过阀杆 6 使阀芯 8 下移，进气阀口被打开，有压气流从左端输入，经阀口节流减压后从右端输出。输出气流的一部分由阻尼管 7 进入膜片气室，在膜片 5 的下方产生一个向上的推力，这个推力总是企图把阀口开度关小，使其输出压力下降。当作用于膜片上的推力与弹簧力相平衡后，减压阀的输出压力便保持一定。当输入压力发生波动时，如输入压力瞬时升高，输出压力也随之升高，作用于膜片 5 上的气体推力也随之增大，破坏了原来力的平衡，使膜片 5 向上移动，有少量气体经溢流口 4、排气孔 11 排出。在膜片上移的同时，因复位弹簧 10 的作用使输出压力下降，直到新的平衡为止。重新平衡后的输出压力又基本上恢复至原值。反之，输出压力瞬时下降，膜片下移，进气口开度增大，节流作用减小，输出压力又基本上回升至原值。

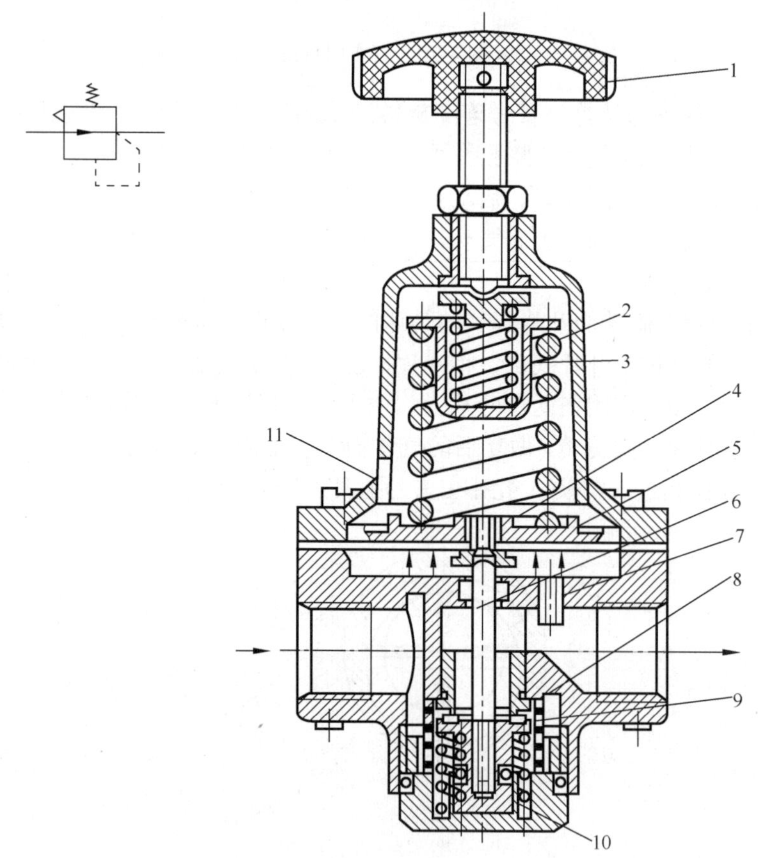

1—手柄　2，3—调压弹簧　4—溢流口　5—膜片　6—阀杆
7—阻尼管　8—阀芯　9—阀座　10—复位弹簧　11—排气孔

图 4-22　直动式减压阀结构

② 流量控制阀。流量控制阀是通过改变阀的通流面积来实现流量控制的元件。流量控制阀包括节流阀、单向节流阀和排气节流阀等。

节流阀原理很简单。节流口的形式有多种，常用的有针阀型、三角沟槽型和圆柱削边型等。图 4-23 所示为节流阀的工作原理，压缩空气由 P 口进入，经过节流后，由 A 口流出。旋转阀芯螺杆，就可以改变节流口的开度，进而调节压缩空气的流量。

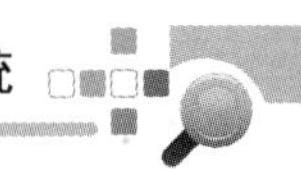

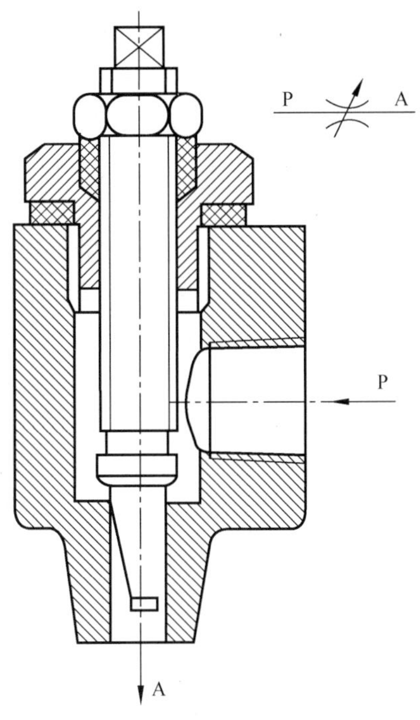

图 4-23　节流阀的工作原理

单向节流阀是由单向阀和节流阀组合而成的流量控制阀，因常用作汽缸的速度控制，故又称为速度控制阀。单向阀的功能是靠单向密封圈来实现的。图 4-24 所示为单向节流阀剖面图。当空气从汽缸排气口排出时，单向密封圈处于封堵状态，单向阀关闭，这时只能通过调节手轮，使节流阀杆上下移动，改变气流开度，从而达到节流作用。反之，在进气时，单向密封圈被气流冲开，单向阀开启，压缩空气直接进入汽缸进气口，节流阀不起作用。

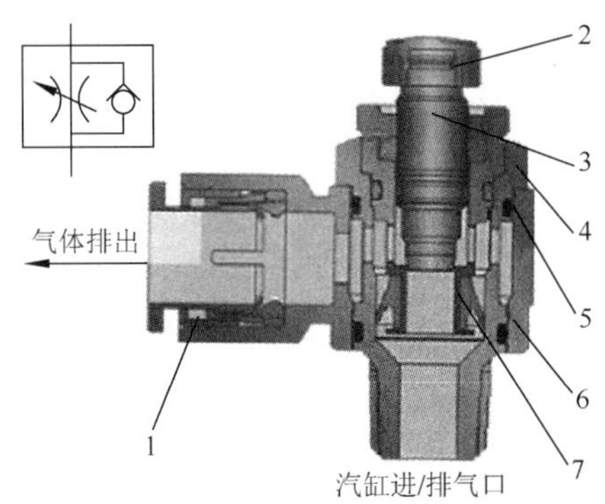

1—快速接头　2—手轮　3—节流阀杆　4，6—阀体　5—O 形密封圈　7—单向密封圈

图 4-24　单向节流阀剖面图

排气节流阀安装在系统的排气口处，限制气流的流量，一般情况下还具有减小排气噪声的作用，所以常称为排气消声节流阀。排气节流阀是装在执行元件的排气口处，调节进入大气中气体流量的一种控制阀。它不仅能调节执行元件的运动速度，还常带有消声器件，所以也能起

降低排气噪声的作用。图 4-24 所示为排气节流阀工作原理图。其工作原理和节流阀类似，靠调节节流口 1 处的通流面积来调节排气流量，由消声套 2 来减小排气噪声。

③ 方向控制阀。方向控制阀（简称换向阀）通过改变气流通道而使气体流动方向发生变化，从而达到改变气动执行元件运动方向的目的。工业机器人中常用电磁控制换向阀。

由一个电磁铁的衔铁推动换向阀芯移位的阀称为单电控换向阀。单电控换向阀有单电控直动换向阀和单电控先导换向阀两种。图 4-25（a）所示为单电控直动式电磁换向阀的工作原理，靠电磁铁和弹簧的相互作用使阀芯换位，实现换向。图 4.25 所示为电磁铁断电状态，由于弹簧的作用导通 A、T 口通道，封闭 P 口通道；电磁铁通电时，压缩弹簧导通 P、A 口通道，封闭 T 口通道。图 4-25（b）所示为单电控先导换向阀的工作原理。它是用单电控直动换向阀作为气控主换向阀的先导阀来工作的。图示为断电状态，气控主换向阀在弹簧力的作用下，封闭 P 口，导通 A、T 口通道；当先导阀带电时，电磁力推动先导阀芯下移，控制压力 P，推动主阀芯右移，导通 P、A 口通道，封闭 T 口通道。类似于电液换向阀，电控先导换向阀适用于较大通径的场合。常用的还有由两个电磁铁的衔铁推动换向阀芯移位的阀称为双电控换向阀。

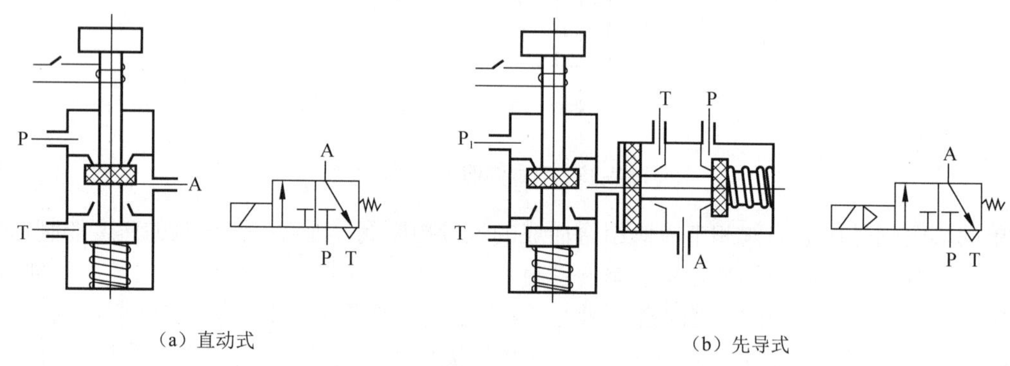

（a）直动式　　（b）先导式

图 4-25　单电控电磁换向阀的工作原理

4.3　工业机器人检测装置

4.3.1　工业机器人传感器概述

工业机器人工作的稳定性和可靠性依赖于机器人对工作环境的检测，因此需要高性能传感器及各传感器之间的协调工作。机器人检测装置担任着机器人神经系统的角色，将机器人各种内部状态信息和环境信息从信号转变为机器人自身或者机器人之间能够理解和应用的数据、信息甚至知识，它与机器人控制系统和决策系统组成机器人的核心。机器人任何行动都要检测周围环境，如果没有传感器，就相当于失去感觉器官。一个机器人的智能在很大程度上取决于它的感知系统。

传感器是一种以一定精度测量出物体的物理、化学变化（如位移、力、加速度、温度等），并将这些变化转换成与之有确定对应关系的、易于精确处理和测量的某种电信号（如电压、电流和频率）的检测部件或装置，通常由敏感元件、转换元件、转换电路和辅助电源四部分组成，如图 4-26 所示。其中，敏感元件的基本功能是将某种不易测量的物理量转换为易于测量的物

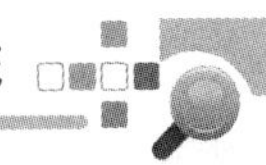

理量；转换元件的功能是将敏感元件输出的物理量转换成电量，它与敏感元件一起构成传感器的主要部分；转换电路的功能是将敏感元件产生的不易测量的小信号进行变换，使传感器的信号输出符合工业系统的要求。转换元件和转换电路一般还需要辅助电源供电。

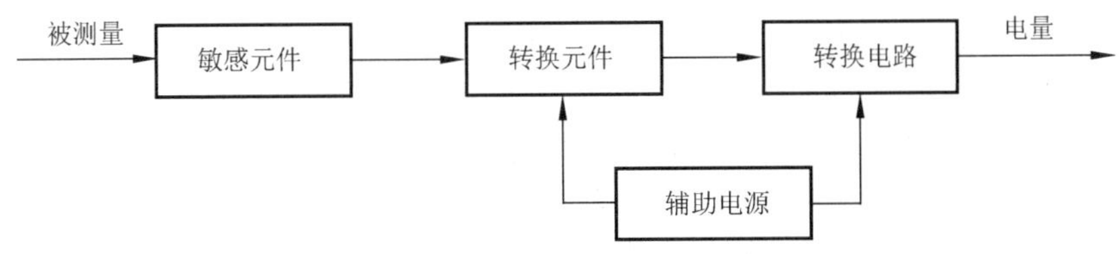

图 4-26　传感器的组成

工业机器人传感器有多种分类方法，如接触式传感器或非接触式传感器、内部信息传感器或外部传感器、无源传感器或有源传感器、无扰传感器或扰动传感器等。非接触式传感器以某种电磁射线（可见光、X 射线、红外线、雷达波和电磁射线等）、声波、超声波的形式来测量目标的响应。接触式传感器则以某种实际接触（如触碰、力或力矩、压力、位置、温度、磁量、电量等）形式来测量目标的响应。例如，利用超声测距装置测量一个点的响应，它是在一个锥形信息收集空间内测量靠近物体的距离。接触式传感器可以测定是否接触，也可测量力或转矩。最普通的触觉传感器就是一个简单的开关，当它接触零部件时，开关闭合。一个简单的力传感器可用一个加速度传感器来测量其加速度，进而得到被测力。这些传感器也可按用直接方法测量还是用间接方法测量来分类。例如，力可以从机器人手上直接测量，也可从机器人对工作表面的作用间接测量。力和触觉传感器还可进一步细分为数字式或模拟式，以及其他类别。

内部信息传感器以机器人本身的坐标轴来确定其位置，安装在机器人自身中，用来感知机器人自己的状态，采集机器人本体、关节和手爪的位移、速度、加速度等来自机器人内部的信息，以调整和控制机器人的行动。内部传感器通常由位置、加速度、速度及压力传感器等组成。

外部传感器用于机器人对周围环境、目标物的状态特征获取信息，使机器人和环境发生交互作用，采集机器人与外部环境以及工作对象之间相互作用的信息，从而使机器人对环境有自校正和自适应能力。

表 4-2　常用传感器类型

信号	传感器	
强度	点	光电池、光倍增管、一维阵列、二维阵列
	面	二维阵列或其等效（低维数列扫描）
距离	点	发射器（激光、平面光）/接收器（光倍增管、一维阵列、二维阵列、两个一维或二维阵列、声波扫描）
	面	发射器（激光、平面光）/接收器（光倍增管、二维阵列或其等效）
声感	点	声音传感器
	面	声音传感器的二维阵列或其等效
力	点	力传感器
触觉	点	微型开关、触觉传感器的二维阵列或其等效
	面	触觉传感器的二维阵列或其等效
温度	点	热电偶、红外线传感器
	面	红外线传感器的二维阵列或其等效

对于不同的传感器，工作原理虽各不相同，但无论是哪种原理的传感器，最后都需要将被测信号转换为电阻、电容或电感等电量信号，经过信号处理变为计算机能够识别、传输的信号。执行器则需要将控制数字信号转化为电流、电压信号。

4.3.2 内部传感器

机器人内部信息传感器以自己的坐标系统确定其位置。内部传感器一般安装在机器人的机械手上，而不是安装在周围环境中。

机器人内部传感器包括位置和位移传感器、速度传感器、力传感器等。

1. 位置和位移传感器

工业机器人关节的位置控制是机器人最基本的控制要求，而对位置和位移的检测也是机器人最基本的感觉要求。位置和位移传感器根据其工作原理和组成的不同有多种形式。位移传感器种类繁多，这里只介绍一些常用的。图 4-27 所示为常用类型的位移传感器。位移传感器要检测的位移可为直线移动，也可为转动。

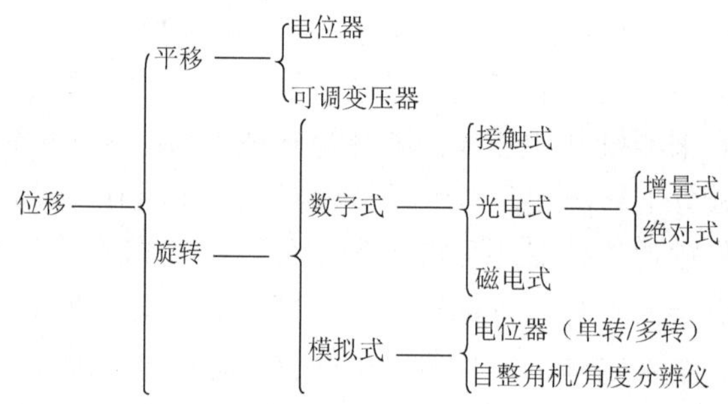

图 4-27　位移传感器的分类

1）电位器式位移传感器

电位器式位移传感器由一个绕线电阻（或薄膜电阻）和一个滑动触点组成。滑动触点通过机械装置受被检测量的控制，当被检测的位置量发生变化时，滑动触点也发生位移，从而改变滑动触点与电位器各端之间的电阻值和输出电压值。传感器根据这种输出电压值的变化，可以检测出机器人各关节的位置和位移量。按照传感器的结构不同，电位器式位移传感器可分为两大类，一类是直线型电位器式位移传感器，另一类是旋转型电位器式位移传感器。

（1）直线型电位器式位移传感器。直线型电位器式位移传感器的工作原理和实物分别如图 4-28 和图 4-29 所示。直线型电位器式位移传感器的工作台与传感器的沿动触点相连，当工作台左、右移动时，滑动触点也随之左、右移动，从而改变与电阻接触的位置，通过检测输出电压的变化量，确定以电阻中心为基准位置的移动距离。

假定输入电压为 U_{CC}，电阻丝长度为 L，触头从中心向左端移动，电阻右侧的输出电压为 U_{OUT}，则根据欧姆定律，移动距离为

$$x = \frac{L(2U_{OUT} - U_{CC})}{2U_{CC}}$$

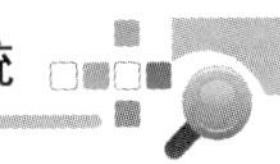

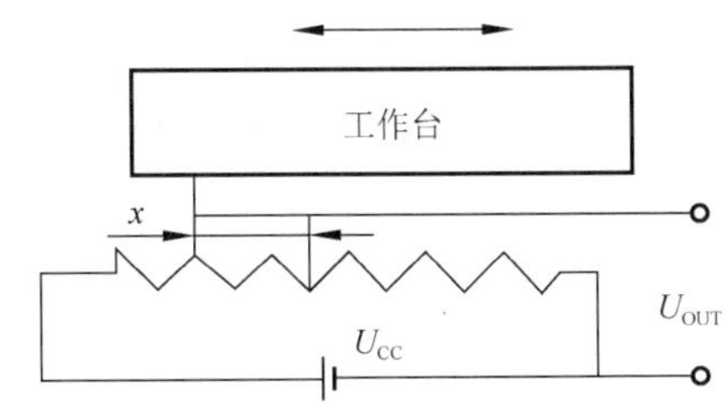

图 4-28　直线型电位器式位移传感器工作原理

图 4-29　直线型电位器式位移传感器实物

直线型电位器式位移传感器主要用于检测直线位移，其电阻器采用直线型螺线管或直线型碳膜电阻，滑动触点也只能沿电阻的轴线方向做直线运动。直线型电位器式位移传感器的工作范围和分辨率受电阻器长度的限制，绕线电阻、电阻丝本身的不均匀性会造成传感器的输入、输出关系的非线性。

（2）旋转型电位器式位移传感器的电阻元件呈圆弧状，滑动触点在电阻元件上作圆周运动。由于滑动触点等的限制，传感器的工作范围只能小于 360°。把图 4-30 中的电阻元件弯成圆弧形，可动触点的另一端固定在圆的中心，并像时针那样回转时，由于电阻值随着回转角的变化而改变，因此可构成角度传感器。图 4-30 和图 4-31 所示分别为旋转型电位器式位移传感器的工作原理和实物。当输入电压 U_{CC} 加在传感器的两个输入端时，传感器的输出电压 U_{OUT}，与滑动触点的位置成比例。在应用时，机器人的关节轴与传感器的旋转轴相连，根据测量的输出电压 U_{OUT} 的数值，即可计算出关节对应的旋转角度。

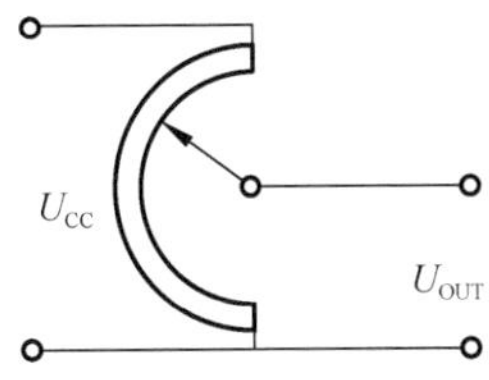

图 4-30　旋转型电位器式位移传感器工作原理

图 4-31　旋转型电位器式位移传感器实物

电位器式位移传感器具有性能稳定、结构简单、使用方便、尺寸小、重量轻等优点。它的输入/输出特性可以是线性的，也可以根据需要选择其他任意函数关系的输入/输出特性；它的输出信号选择范围很大，只需改变电阻器两端的基准电压，就可以得到比较小的或比较大的输出电压信号。这种传感器不会因为失电而丢失其已获得的信息。当电源因故断开时，电位器的触点将保持原来的位置不变，只要重新接通电源，原有的位置信号就会重新出现。电位器式位移传感器的一个主要缺点是容易磨损，当滑动触点和电位器之间的接触面有磨损或有尘埃附着时会产生噪声，使电位器的可靠性和寿命受到一定的影响。正因为如此，电位器式位移传感器在机器人上的应用具有极大的局限性。近年来随着光电编码器价格的降低，电位器式位移传感器逐渐被光电编码器取代。

2）光电编码器

光电编码器是集光、机、电技术于一体的数字化传感器，它利用光电转换原理将旋转信息转换为电信息，并以数字代码输出，可以高精度地测量转角或直线位移。光电编码器具有测量范围大、检测精度高、价格便宜等优点，在数控机床和机器人的位置检测及其他工业领域都得到了广泛的应用。一般把该传感器装在机器人各关节的转轴上，用来测量各关节转轴转过的角度。

根据检测原理，编码器可分为接触式和非接触式两种。接触式编码器采用电刷输出，以电刷接触导电区和绝缘区分别表示代码的 1 和 0 状态；非接触式编码器的敏感元件是光敏元件或磁敏元件，采用光敏元件时以透光区和不透光区表示代码的 1 和 0 状态。根据测量方式不同，编码器可分为直线型（如光栅尺、磁栅尺）和旋转型两种，目前机器人中较为常用的是旋转型光电式编码器。根据测出的信号不同，编码器可分为绝对式和增量式两种。以下主要介绍绝对式光电编码器和增量式光电编码器。

（1）绝对式光电编码器。绝对式光电编码器是一种直接编码式的测量元件，它可以直接把被测转角或位移转化成相应的代码，指示的是绝对位置而无绝对误差，在电源切断时不会失去位置信息。但其结构复杂、价格昂贵，且不易做到高精度和高分辨率。

绝对式光电编码器主要由多路光源、光敏元件和编码盘组成，如图 4-32 所示。编码盘处在光源与光敏元件之间，其轴与电动机轴相连，随电动机的旋转而旋转。编码盘上有 4 个同心圆环码道，整个圆盘又以一定的编码形式（如二进制编码等）分为 16 等分的扇形区段，如图 4-33 所示。光电编码器利用光电原理把代表被测位置的各等分上的数码转换成电脉冲信号输出，以用于检测。

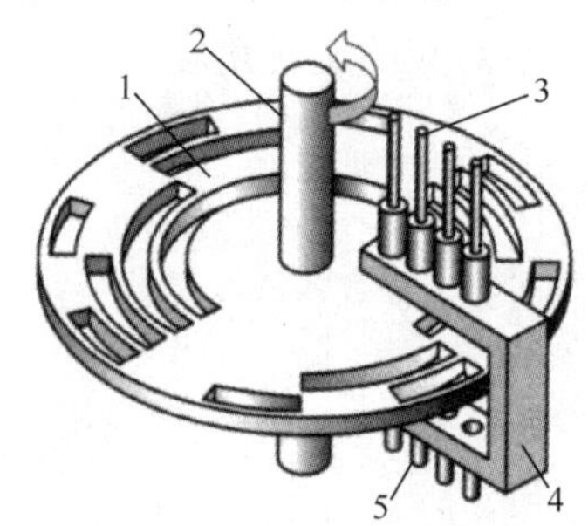

1—编码器　2—轴　3—光敏元件　4—光遮断器　5—光源

图 4-32　4 位绝对式光电编码器组成

与码道个数相同的 4 个光电器件分别与各自对应的码道对准并沿编码盘的半径呈直线排列，通过这些光电器件的检测把代表被测位置的各等分上的数码转换成电信号输出。编码盘每转一周产生 0000～1111 共 16 个二进制数，对应于转轴的每一个位置均有唯一的二进制编码，因此可用于确定旋转轴的绝对位置。

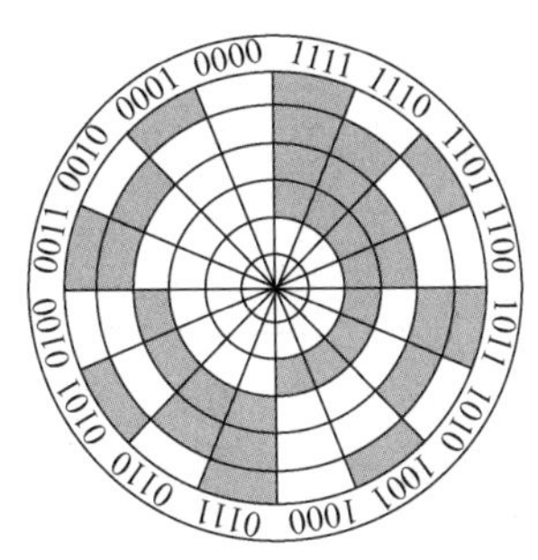

图 4-33　4 位绝对式光电编码器的编码盘

绝对位置的分辨率（分辨角）a 取决于二进制编码的位数，即码道的个数 n 。分辨率 a 的计算公式为

$$a=\frac{360^\circ}{2^n}$$

如有 10 个码道，则此时角度分辨率可达 360° 。目前市场上使用的光电编码器的编码盘数为 4～18 道。在应用中通常考虑伺服系统要求的分辨率和机械传动系统的参数，以选择合适的编码器。

二进制编码器的主要缺点是：编码盘上的图案变化较大，在使用中容易产生误读。在实际应用中，可以采用格雷码代替二进制编码。

（2）增量式光电编码器。增量式光电编码器能够以数字形式测量出转轴相对于某一基准位置的瞬间角位置，此外还能测出转轴的转速和转向。增量式光电编码器主要由光源、编码盘、检测光栅、光电检测器件和转换电路组成，其结构如图 4-34 所示。编码盘上刻有节距相等的辐射状透光缝隙，相邻两个缝隙之间代表一个增量周期 τ ；检测光栅上刻有三个同心光栅，分别称为 A 相、B 相和 C 相光栅。A 相光栅与 B 相光栅上分别有间隔相等的透明和不透明区域，用于透光和遮光，A 相和 B 相在编码盘上互相错开半个节距 $\tau/2$ 。增量式光电编码器编码盘如图 4-35 所示。

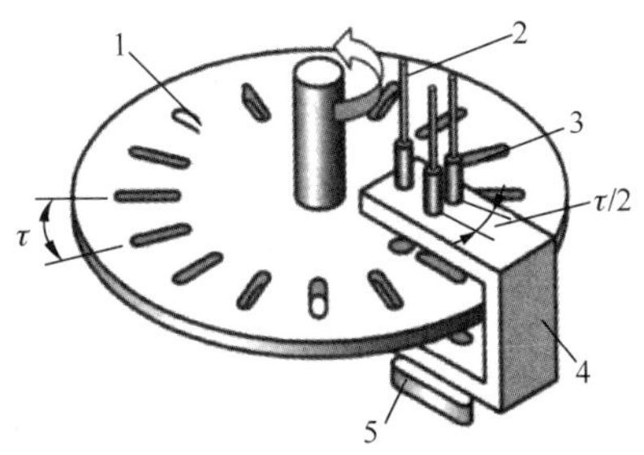

1—编码盘　2—C 光敏元件　3—AB 光敏元件　4—光遮断器　5—光源

图 4-34　增量式光电编码器简图

当编码盘逆时针方向旋转时，A 相光栅先于 B 相光栅透光导通，A 相和 B 相光电元件接受时断时续的光；当编码盘顺时针方向旋转时，B 相光栅先于 A 相光栅透光导通，A 相和 B 相光电元件接受时断时续的光。根据 A、B 相任何一个光栅输出脉冲数的多少，就可以确定编码盘的相对转角；根据输出脉冲的频率可以确定编码盘的转速；采用适当的逻辑电路，根据 A、

B 相输出脉冲的相序就可以确定编码盘的旋转方向。可见，A、B 两相光栅的输出为工作信号，而 C 相光栅的输出为标志信号，编码盘每旋转一周，发出一个标志信号脉冲，用来指示机械位置或对积累量清零。

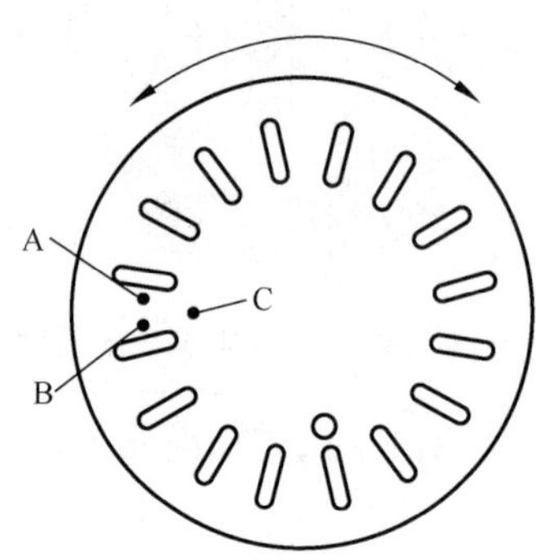

图 4-35　增量式光电编码器编码盘

光电编码器的分辨率（分辨角）a 仅是以编码器轴转动一周所产生的输出信号的基本周期数来表示的，即每转脉冲数（PPR）。编码盘旋转一周输出的脉冲信号数目取决于透光缝隙数目的多少，编码盘上刻的缝隙越多，编码器的分辨率就越高。假设编码盘的透光缝隙数目为 n，则分辨率 a 的计算公式为

$$a = \frac{360^\circ}{n}$$

在工业中，根据不同的应用对象，通常可选择分辨率为 500～6000PPR 的增量式光电编码器，最高可以达到几万 PPR。增量式光电编码器的优点有：原理构造简单，易于实现；机械平均寿命长，可达到几万小时以上；分辨率高；抗干扰能力较强，可靠性较高；信号传输距离较长。其缺点是它无法直接读出转动轴的绝对位置信息。

2. 速度传感器

速度传感器是工业机器人中较重要的内部传感器之一。机器人关节的运行速度通常用角速度传感器测量。目前广泛使用的角速度传感器有测速发电机和增量式光电编码器两种。测速发电机是应用最广泛，能直接得到代表转速的电压且具有良好实时性的一种速度测量传感器。增量式光电编码器既可以用来测量增量角位移，又可以测量瞬时角速度。速度传感器的输出有模拟式和数字式两种。

1）测速发电机

测速发电机是一种用于检测机械转速的电磁装置，它能把机械转速变换为电压信号，其输出电压与输入的转速成正比，其实质是一种微型直流发电机，它的绕组和磁路经精确设计，其结构原理如图 4-36 所示。直流测速发电机的工作原理基于法拉第电磁感应定律，当通过线圈的磁通量恒定时，位于磁场中的线圈旋转使线圈两端产生的感应电动势与线圈转子的转速成正比，即

$$U = kn$$

式中，U 为测速发电机的输出电压（V）；n 为测速发电机的转速；k 为比例系数。

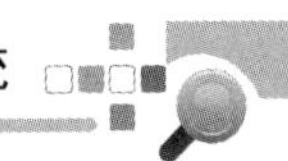

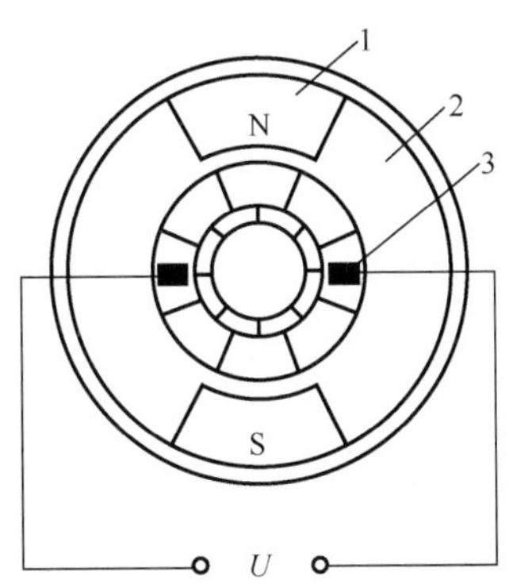

1—永久磁铁　2—转子线圈　3—电刷

图 4-36　增量式光电编码器编码盘

改变旋转方向时，输出电动势的极性即相应改变。t 在被测机构与测速发电机同轴连接时，只要检测出输出电动势，就能获得被测机构的转速，故又称为速度传感器。测速发电机广泛用于各种速度或位置控制系统。在自动控制系统中，测速发电机作为检测速度的元件，以调节电动机转速或通过反馈来提高系统的稳定性和精度；在解算装置中既可作为微分、积分元件，也可作为用于加速或延迟信号，或用来测量各种运动机械在摆动、转动或直线运动时的速度。

2）增量式光电编码器

增量式光电编码器在工业机器人中既可以用来作为位置传感器测量关节相对位置，又可以作为速度传感器测量关节速度。作为速度传感器时，既可以在模拟方式下使用，又可以在数字方式下使用。

（1）模拟方式。在这种方式下，必须有一个频率/电压（f/U）变换器，用来把编码器测得的脉冲频率转换成与速度成正比的模拟电压。f/U 变换器必须有良好的零输入、零输出特性和较小的温度漂移，这样才能满足测试要求。

（2）数字方式。数字方式测速是指基于数学公式，利用计算机软件计算出速度。由于角速度是转角对时间的一阶导数，如果能测得单位时间 Δt 内编码器转过的角度 $\Delta\theta$，则编码器在该时间段内的平均速度为

$$\omega=\frac{\Delta\theta}{\Delta t}$$

单位时间取得越小，则所求的速度越接近瞬时转速；然而时间太短，编码器通过的脉冲数太少，又会导致所得到的速度分辨率下降。在实践中通常采用时间增量测量电路来解决这一问题。

3）力觉传感器

力觉传感器是指工业机器人的指、肢和关节等运动中所受力或力矩的感知。工业机器人在进行装配、搬运、研磨等作业时需要对工作力或力矩进行控制。例如，装配时需完成将轴类零件插入孔里、调准零件的位置、拧紧螺钉等一系列步骤，在拧紧螺钉过程中需要有确定的拧紧力矩；搬运时，机器人手爪对工件需要合理的握紧力，握力太小不足以搬动工件，太大则会损

坏工件；研磨时需要有合适的砂轮进给力以保证研磨质量。

目前使用最广泛的是电阻应变片式六维力和力矩传感器，如图 4-37 所示，它能同时获取三维空间的三维力和力矩信息，广泛应用于力/位置控制、轴孔配合、轮廓跟踪及双机器人协调等机器人控制领域。在实践应用中，传感器两端通过法兰盘与工业机器人腕部连接。当机器人腕部受力时，其内部测力或力矩元件发生不同程度的变形，使敏感点的应变片发生应变，输出电信号，通过一定的数学关系式就可解算出 *X*、*Y*、*Z* 三个坐标上的分力和分力矩。

图 4-37　六维力和力矩传感器

4.3.3　外部传感器

工业机器人如果感知周围环境，就需要外部传感器。对于新一代机器人，特别是各种移动机器人，则要求具有自校正能力和反映适应环境变化的能力，机器人已越来越多的具有各种外部传感器。

1. 触觉传感器

触觉是人与外界环境直接接触时的重要感觉功能，研制满足要求的触觉传感器是机器人发展中的关键技术之一。随着微电子技术的发展和各种有机材料的出现，业内已经提出了多种多样的触觉传感器的研制方案，但目前大都属于实验室阶段，达到产品化的不多。触觉传感器按功能大致可分为接触觉传感器、力-力矩觉传感器、压觉传感器和滑觉传感器等。

接触觉传感器是用于判断机器人（主要指四肢）是否接触到外界物体或测量被接触物体特征的传感器。常用传感器如图 4-38 和图 4-39 所示。

图 4-38 所示的接触觉传感器由微动开关组成，用途不同配置也不同，一般用于探测物体位置、探索路径和安全保护。这类配置属于分散装置，即把单个传感器安装在机械手的敏感位置上。

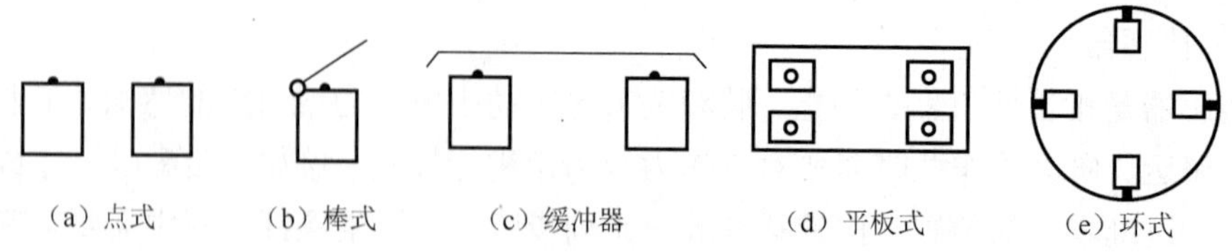

图 4-38　接触觉传感器

图 4-39 所示为二维矩阵接触觉传感器的配置方法，一般放在机器人手掌的内侧。矩阵式接触觉传感器可用于测定自身与物体的接触位置、被握物体中心位置和倾斜度，甚至还可以识别物体的大小和形状。

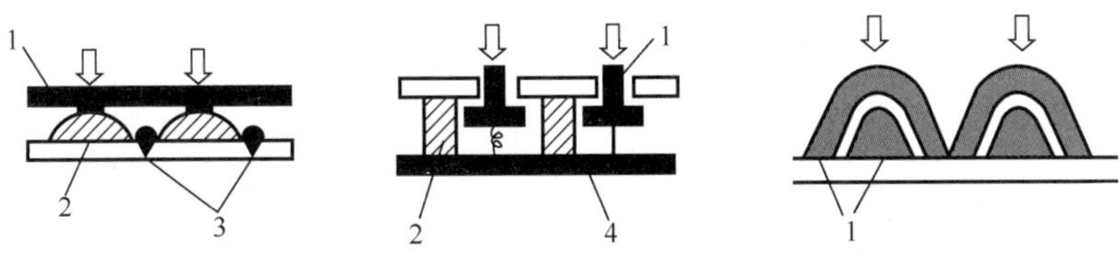

1—柔软电极　2—柔软绝缘体　3—电极　4—电极板

图 4-39　矩阵式接触觉传感器

机器人接触觉传感器有两大主要功能：

（1）检测功能。对操作对象的状态、机械手与操作对象的接触状态、操作对象的物理性质进行检测。

（2）识别功能。在检测的基础上提取操作对象的形状、大小、刚度等特征，以便进行分类和目标识别。

2. 应力传感器

应力定义为“单位面积上所承受的附加内力”。应力应变是应力与应变的统称。最简单的应力应变传感器就是电阻应变片，直接贴装在被测物体表面就可以，应力是通过标定转换应变来的。物体受力产生变形时，特别是弹性元件，体内各点处变形程度一般并不相同。用以描述一点处变形程度的力学量是该点的应变。应力应变式传感器是利用电阻应变片将应变转换为电阻变化的传感器。当被测物理量作用于弹性元件上，弹性元件在力矩或压力等的作用下发生变形，产生相应的应变或位移，然后传递给与之相连的应变片，引起应变片的电阻值变化，通过测量电路变成电量输出。输出的电量大小反映被测量即受力的大小。

3. 接近度传感器

接近度传感器是检测物体接近程度的传感器。接近度可表示物体的来临、靠近或出现、离去或失踪等。接近度传感器在生产过程和日常生活中应用广泛，它除可用于检测计数外，还可与继电器或其他执行元件组成接近开关，以实现设备的自动控制和操作人员的安全保护，特别是工业机器人在发现前方有障碍物时，可限制机器人的运动范围，以避免与障碍物发生碰撞等。接近度传感器的制造方法有多种，可分为磁感应器式和振荡器式两类。

1）磁感应器式接近度传感器

按构成原理不同，磁感应器式接近度传感器又可分为线圈磁铁式、电涡流式和霍耳式。

（1）线圈磁铁式：它由装在壳体内的一块小永磁铁和绕在磁铁上的线圈构成。当被测物体进入永磁铁的磁场时，就在线圈里感应出电压信号。

（2）电涡流式：它由线圈、激励电路和测量电路组成，它的线圈受激励而产生交变磁场，当金属物体接近时就会由于电涡流效应而输出电信号，如图 4-40（a）所示。

（3）霍尔式：它由霍尔元件或磁敏二极管、晶体管构成，当磁敏元件进入磁场时就产生霍尔电动势，从而能检测出引起磁场变化的物体的接近，如图 4-40（b）所示。

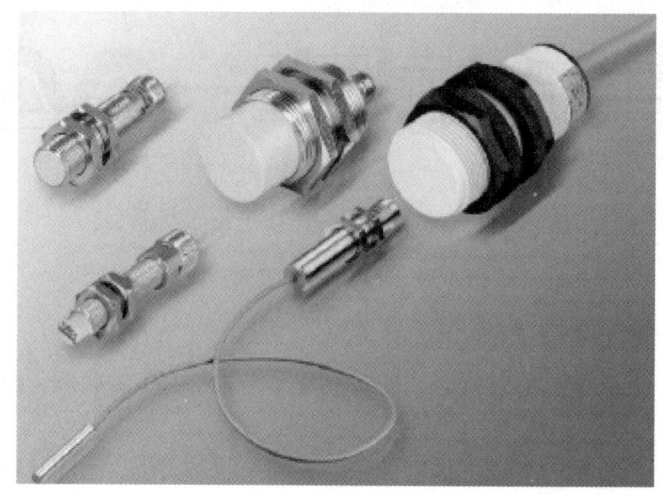

（a）电涡流式

（b）霍尔式

图 4-40　磁感应接近度传感器

磁感应器式接近度传感器有多种灵活的结构形式，以适应不同的应用场合。它可直接用于对传送带上经过的金属物品计数，也可做成空心管状对管中落下的小金属品进行计数，还可套在钻头外面，在钻头断损时发出信号，使机床自动停车。

2）振荡器式接近度传感器

振荡器式接近度传感器有两种形式：一种形式利用组成振荡器的线圈作为敏感部分，进入线圈磁场的物体会吸收磁场能量而使振荡器停振，从而改变晶体管集电极电流来推动继电器或其他控制装置工作；另一种形式采用一块与振荡回路接通的金属板作为敏感部分，当物体靠近金属板时便形成耦合“电容器”，从而改变振荡条件，导致振荡器停振，这种传感器又称为电

容式继电器，常用于宣传广告中实现电灯或电动机的接通或断开、门和电梯的自动控制、防盗报警、安全保护装置及产品计数等。

接近度传感器在行业中应用广泛，常见的典型应用如图 4-41 所示。

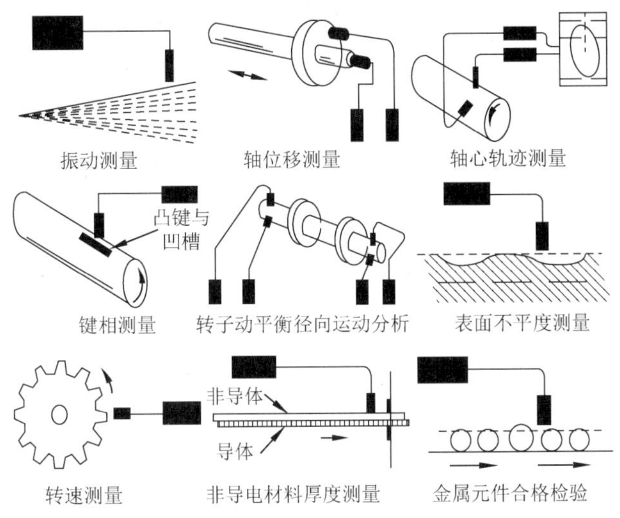

图 4-41　磁感应接近度传感器典型应用

4. 视觉传感器

机器视觉系统是一种非接触式的光学传感系统，同时集成软硬件，综合现代计算机、光学、电子技术，能够自动地从所采集到的图像中获取信息或者产生控制动作。机器视觉系统的具体应用需求千差万别，视觉系统本身也可能有多种形式，但都包括三个步骤：首先，利用光源照射被测物体，通过光学成像系统采集视频图像，相机和图像采集卡将光学图像转换为数字图像；然后，计算机通过图像处理软件对图像进行处理，分析获取其中的有用信息，这是整个机器视觉系统的核心；最后，图像处理获得的信息最终用于对对象（被测物体、环境）的判断，并形成相应的控制指令，发送给相应的机构。

在整个过程中，被测对象的信息反映为图像信息，进而经过分析，从中得到特征描述信息，最后根据获得的特征进行判断和动作。最典型的机器视觉系统包括光源、光学成像系统、相机、图像采集卡、图像处理硬件平台、图像和视觉信息处理软件及通信模块，如图 4-42 所示。

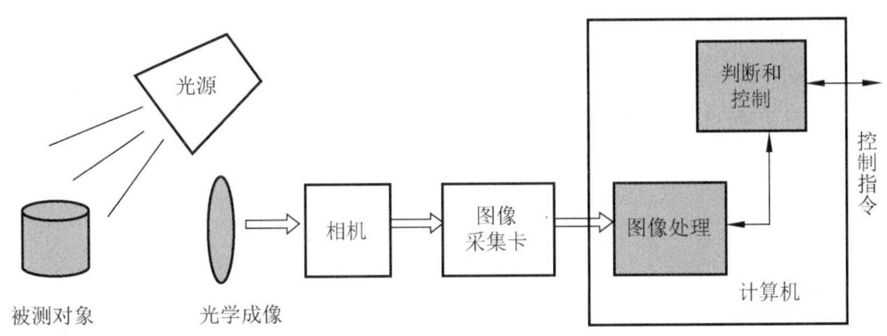

图 4-42　机器视觉系统

采用机器视觉系统，工业机器人将具有以下优势：

（1）可靠性。非接触测量不仅满足狭小空间装配过程的检测，同时提高了系统安全性。

（2）精度高。可提高测量精度，人工目测受测量人员主观意识的影响，而机器视觉这种精确的测量仪器排除这种干扰，提高了测量结果的准确性。

（3）灵活性。视觉系统能够进行各种测量。当使用环境变化以后，只需软件做相应变化或者升级以适应新的需求即可。

（4）自适应性。机器视觉可以不断获取多次运动后的图像信息，反馈给运动控制器，直至最终结果准确，实现自适应闭环控制。

图 4-43 为机器视觉的典型应用。在机器人腕部配置视觉传感器，可用于对异形零件进行非接触式测量。这种测量方法除了能完成常规的空间几何形状、形体相对位置的检测，如果配上超声、激光、X 射线探测装置，还可以进行零件内部的缺陷探伤、表面涂层厚度测量等作业。

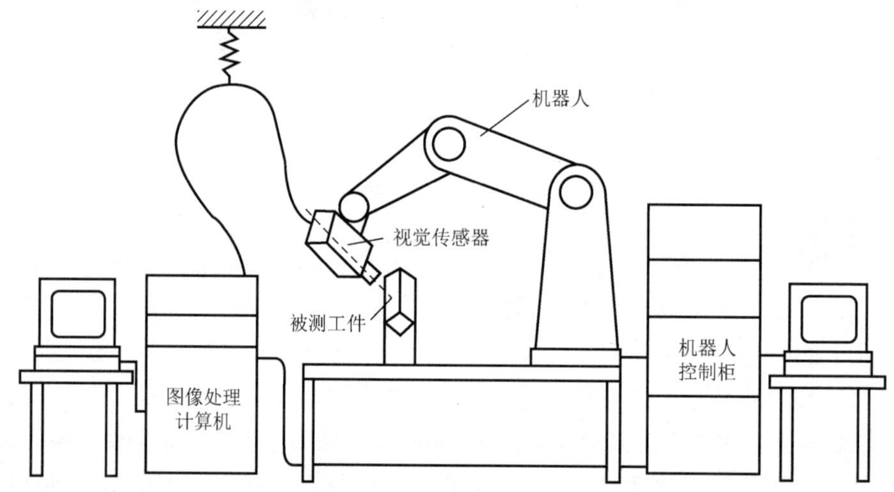

图 4-43　视觉系统机器人进行非接触测量

5. 其他外部传感器

1）声觉传感器

声觉传感器主要用于感受和解释在气体（非接触式感受）、液体或固体（接触式感受）中的声波。声波传感器的复杂程度可从简单的声波存在检测到复杂的声波频率分析和对连续自然语言中单独语音和词汇的辨识。

可把人工语音感觉技术用于机器人。在工业环境中，机器人感觉某些声音是有用的：有些声音（如爆炸）可能意味着危险，另一些声音（如叫声）可能用作命令。声音识别系统已越来越多地获得应用。

2）温度传感器

温度传感器有接触式和非接触式两种，均可用于工业机器人。当机器人自主运行时，或者不需要人在场时，或者需要知道温度信号时。两种常用的温度传感器为热敏电阻和热电偶。这

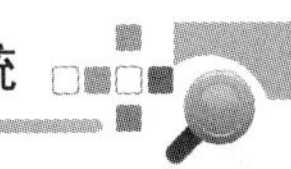

两种传感器必须和被测物体保持实际接触，热敏电阻的阻值与温度成正比变化，热电偶能够产生一个与两温度差成正比的小电压。

3）滑觉传感器

滑觉传感器主要检测物体的滑动。当机器人抓住特性未知的物体时，必须确定最适合的握力值。为此，需要检测出握力不够时所产生的物体滑动信号，然后利用这个信号，在不损坏物体的情况下，牢牢地抓住该物体。

现在应用的滑觉传感器主要有两种：一是利用光学系统的滑觉传感器，二是利用晶体接收器的滑觉传感器。前者的检测灵敏度随滑动方向不同而异，后者的检测灵敏度则与滑觉方向无关。

图 4-44 是融合了多传感器的机器人手部，可用来判断工作中的各种状况。用接近度传感器可感知附近的对象物体，然后机器人手臂减速慢慢接近物体。用接触觉传感器可感知已接触到的物体，然后机器人控制手臂让物体到达手指中间，最后合上手指握住物体，用应力传感器用于控制握力。若物体较重，则通过滑觉传感器来检测物体的滑动，修正设定的握力来防止滑动。力觉传感器用于控制与被测物体自重和转矩相应的力，或举起或移动物体。另外，力觉传感器在旋紧螺母、轴与孔的嵌入等装配工作中也有广泛的应用。

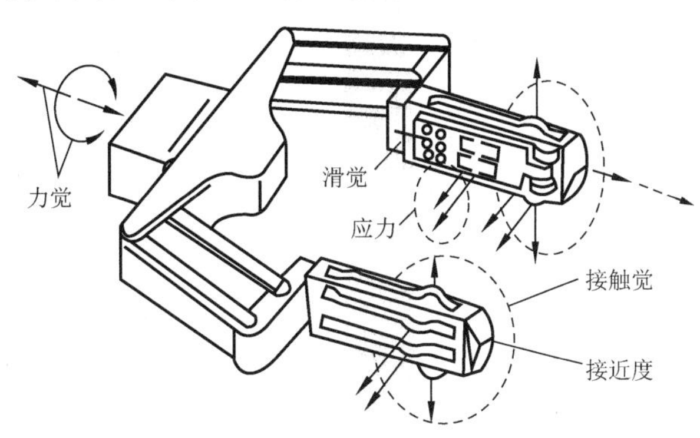

图 4-44　多传感器机器人手部

本 章 小 结

工业机器人控制装置主要硬件和软件两部分组成，其控制系统具有示教再现功能、运动控制功能、示教编程功能，采用的控制算法可分为串行和并行两种结构类型。工业机器人驱动装置分为液压驱动装置、气动驱动装置和电动驱动装置三大类，分别介绍不同装置采用的主要设备，以及阐述工业机器人检测装置的内部传感器和外部传感器。本章主要针对工业机器人的控制系统，主要介绍工业机器人的控制装置、驱动装置及检测装置三部分内容。

思考与练习

4-1　工业机器人控制装置基本组成都有哪些？功能是什么？

4-2　工业机器人的编程方式都有哪些？控制方式是什么？

4-3　工业机器人驱动装置的分类及组成是什么？

4-4　交流伺服驱动装置的优点？各组成部分的功能是什么？

4-5　内部传感器和外部传感器都包含什么？简述其功能。

4-6　视觉测量系统主要的硬件组成有哪些？优点是什么？

第5章 工业机器人的编程

教学要求

通过本章学习，了解机器人示教编程的特点；掌握工业机器人示教的基本步骤。了解机器人编程语言的分类和基本功能；熟悉工业机器人离线编程的特点与编程步骤。

5.1 工业机器人的编程方式

机器人编程，就是针对机器人为完成某项作业进行程序设计。工业机器人编程是机器人技术的一个重要方面，它是与机器人所采用的控制系统相一致的。因而，不同机器人的运行程序的编制也有不同的方法，常用的编程方法有示教编程、机器人语言编程和离线编程法。

1. 示教编程

早期的机器人编程几乎都是采用示教编程方法，而且它仍是目前工业机器人使用最普遍的方法。采用这种方法时，程序编制是在机器人现场进行的。

示教再现式机器人控制系统的工作原理如图 5-1 所示，其工作过程分为“示教”和“再现”两个阶段。在示教阶段，由操作者拨动示教盒上的开关按钮或手握机器人的手臂来操作机器人，使它按需要的姿势、顺序和路线进行工作。在该阶段机器人一边工作一边将示教的各种信息存储在记忆装置中。在再现阶段，机器人从记忆装置中一次调用所存储的信息，利用这些信息去控制机器人再现示教阶段的动作。

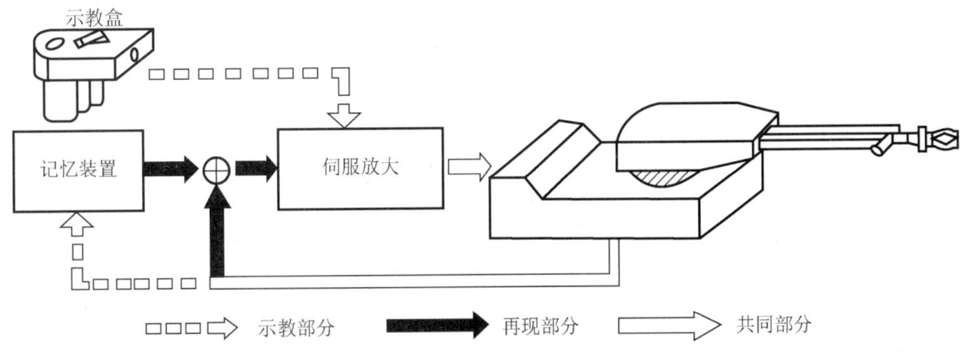

图 5-1　示教再现式机器人控制系统工作原理

示教编程的优点是只需要简单的设备和控制装置即可进行，操作简单、易于掌握，而且示教再现过程很快，示教之后即可应用。此外，操作人员在示教时可以随时用眼睛监视机器人的各种动作，可以避免发生错误指令，产生错误动作。然而，它的缺点也是明显的，主要表现如下：

（1）编程占用机器人的作业时间。

（2）很难规划复杂的运动轨迹及准确的直线运动。

（3）难以与传感信息相配合。

（4）难以与其他操作同步。

2. 机器人语言编程

机器人语言编程是指采用专用的机器人语言来描述机器人的动作轨迹。机器人语言编程实现了计算机编程，并可以引入传感信息，从而提供了一种解决人与机器人通信接口问题的更通用的方法。机器人编程语言具有良好的通用性，同一种机器人语言可用于不同类型的机器人，此外，机器人编程语言可解决多台机器人之间协调工作的问题。

3. 离线编程

离线编程是在专门的软件环境支持下，用专用或通用程序在离线情况下进行机器人轨迹规划编程的一种方法。这种编程方法与数控机床中编制数控加工程序非常相似。离线编程程序通过支持软件的解释或编译产生目标程序代码，最后生成机器人路径规划数据。一些离线编程系统带有仿真功能，这使得在编程时就可解决障碍干涉和路径优化问题。

离线编程的优点在于以下几方面：

（1）设备利用率高，不会因编程而影响机器人执行任务。

（2）便于信息集成，可将机器人控制信息集成到 CAD/CAM 数据库和信息系统中去。

5.2 工业机器人的示教编程

为了使机器人能够进行再现示教的动作，就必须把机器人运动命令编成程序。控制机器人运动的命令就是移动命令。在移动命令中，记录有移动到的位置坐标、插补方式、再现速度等参数。

位置坐标——描述机器人 TCP（工具中心点）的 6 个自由度（3 个平动自由度和 3 个回转自由度）。

插补方式——机器人再现时，决定程序点之间采取何种轨迹移动的方式。工业机器人作业示教经常采用关节插补、直线插补、圆弧插补这 3 种插补方式。

再现速度——机器人再现时，程序点之间的移动速度。

空走点/作业点——机器人再现时，决定从当前程序点到下一个程序点是否实施作业。作业点：指从当前程序点移动到下一个程序点的整个过程需要实施作业，主要用于作业开始点和作业中间点两种情况。空走点：指从当前程序点移动到下一个程序点的整个过程不需要实施作业，主要用于示教作业开始点和作业中间点之外的程序点。

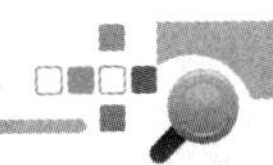

5.2.1　ABB 工业机器人基本运动指令

基本运动指令：关节轴运动 MoveJ、直线运动 MoveL、圆弧运动 MoveC 和绝对位置运动 MoveAbsJ。

基本运动指令格式：运动方式，目标位置，运行速度，转弯半径，工具中心点。

各运动指令示例及参数说明如表 5-1 所示。

表 5-1　基本运动指令例句

例　句	运动方式	目标位置	运行速度/（mm/s）	转弯半径/mm	工具中心点（TCP）
MoveJ p10，v50，z50，tool1；	MoveJ	p10	50	50	tool1
MoveL p30，v200，fine，tool1；	MoveL	p30	200	Fine	tool1
MoveC p40，p60，v200，fine，tool1；	MoveC	p40，p60	200	Fine	tool1
MoveAbsJ p50，v1000，z50，tool1；	MoveAbsJ	p50	1000	50	tool1

说明：①运行速度是指机器人运动时的线速度（mm/s），Base 模块中定义的最大速度 vmax 为 v5000，但是机器人不一定能达到最大速度。

②转弯半径指转弯区的大小，单位是 mm，可设置为 fine，zone 等。fine 指机器人 TCP 到达目标点时速度降为零，机器人动作有所停顿然后继续运动。zone 指机器人 TCP 不达到目标点，而是在距离目标点所设置的数值长度处圆滑绕过目标点。zone 可设置不同的数值，如 z1，z10，z50 等。一般情况下，一段路径的最后一个点，设置转弯区尺寸为参数 fine。焊接机器人编程时，也必须设置转弯尺寸为 fine 参数。转弯区数值越大，机器人的动作路径就越圆滑与流畅。

指令示例：

MoveL p10，v1000，z50，tool0；！机器人 TCP 到达距离目标点 p10 的 50mm 处绕过目标点

MoveL p20，v1000，fine，tool0；！机器人 TCP 到达目标点 p20 时速度降为零

机器人转弯半径示意如图 5-2 所示。

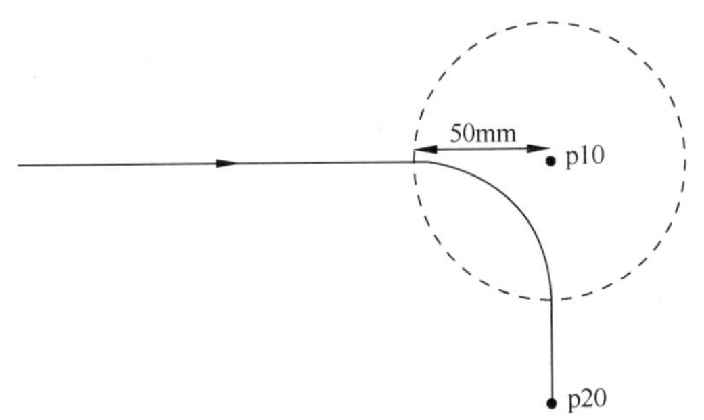

图 5-2　转弯半径示意

1. 关节运动指令 MoveJ

机器人 TCP 从起始点到目标点，两个点之间的路径不一定是直线，如图 5-3 所示。关节运动指令常用于对路径精度要求不高的情况，适合于机器人大范围运动。

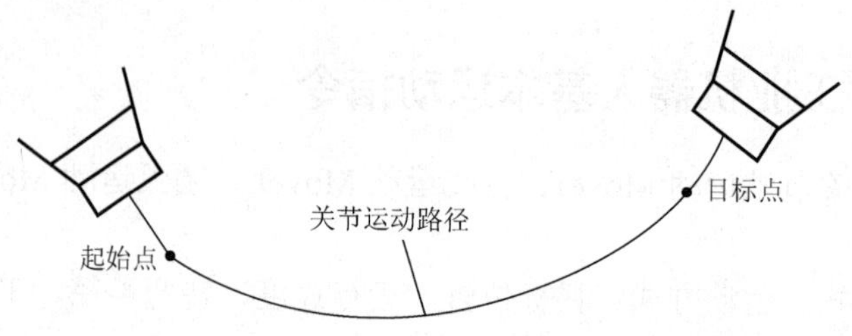

图 5-3　关节运动

指令示例：MoveJ p30，v200，fine，tool1；

运动轨迹如图 5-3 所示，机器人 TCP 以关节运动到达目标点（p30），运行速度为 200mm/s，转弯区半径是 fine，使用的工具是 tool1。

2．直线运动指令 MoveL

常用于线性运动，机器人 TCP 从起始点到目标点之间的路径保持为直线，如图 5-4 所示，指令常用于焊接、涂胶等应用。

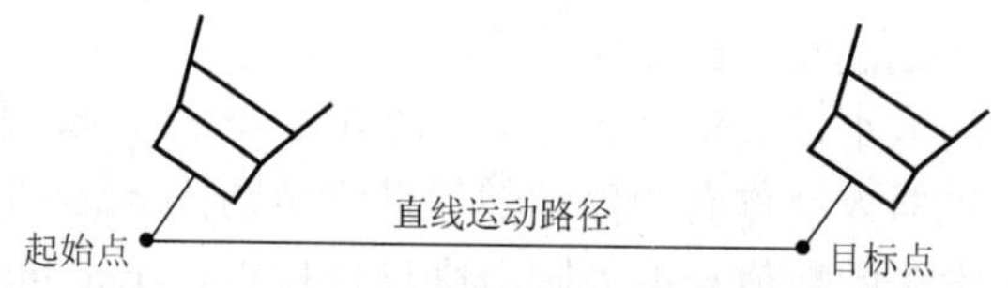

图 5-4　直线运动

指令示例：MoveL p20，v100，fine，tool1；

机器人运动轨迹如图 5-4 所示，图中从起始点到目标点（p20）。机器人运行速度为 100mm/s，机器人 TCP 以直线运动到达目标点（p20）时速度降为零，使用的工具仍然是 tool1。

3．圆弧运动指令 MoveC

机器人在本体工作空间内定义三个位置点，第一个点是圆弧的起点（p40），第二个点（p50）定义圆弧的曲率，第三个点是圆弧的终点（p60），如图 5-5 所示。

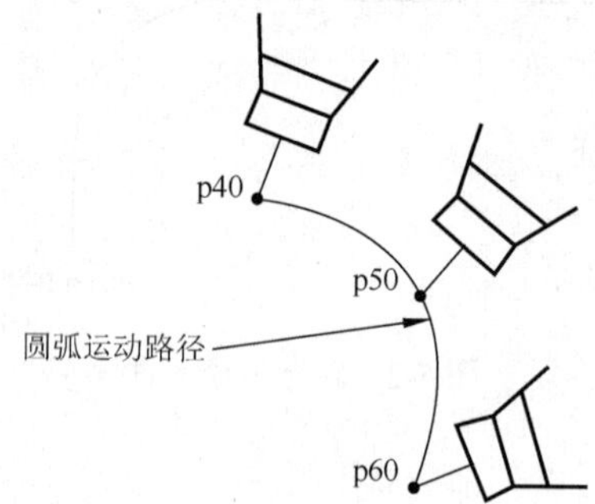

图 5-5　圆弧运动

指令示例：MoveL p40，v200，z50，tool1；

MoveC p50，p60，v200，fine，tool1；

机器人 TCP 从前一位置以直线运动到达圆弧起始点，接着从起始点 p40 到终点 p60 做圆弧运动，运行速度为 200mm/s，转弯区半径是 fine，使用的工具是 tool1。

4. 绝对位置运动指令 MoveAbsJ（有时也称回原点指令）

机器人的运动使用六个轴和外轴的角度来定义目标位置数据，常用于机器人六个轴回到机械零点的位置。

指令示例：MoveAbsJ p50，v1000，z50，tool1；

机器人将携带工具 tool1 沿着一个非线性路径到绝对轴位置 p50，其他参数与上述指令基本相同。

5.2.2　工业机器人示教编程的基本步骤

程序是把机器人的作业内容用机器人语言加以描述的作业程序。现在通过在线示教的方式为机器人输入从工件 A 点到 B 点的加工程序，此程序由编号 1～6 的 6 个程序点组成，如图 5-6 所示。具体作业编程可参照图 5-7 所示流程开展。

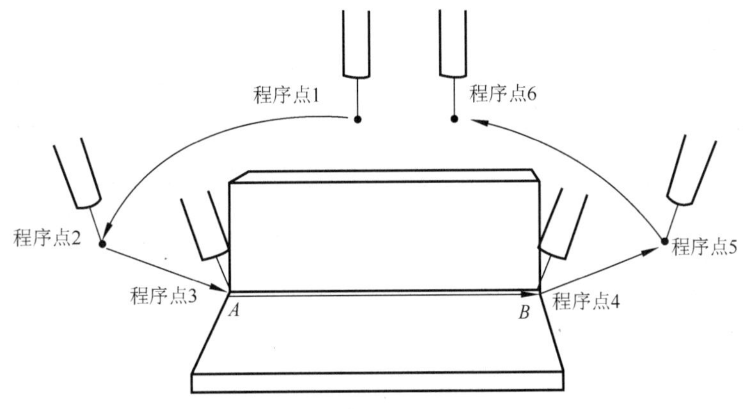

图 5-6　机器人运动轨迹

1. 示教前的准备

开始示教前，应完成以下准备：

（1）工件表面清理。使用钢刷、砂纸等工具将钢板表面的铁锈、油污等杂质清理干净。

（2）工件装夹。利用夹具将钢板固定在机器人工作台上。

（3）安全确认。确认自己和机器人之间保持安全距离。

（4）机器人原点确认。通过机器人机械臂各关节处的标记或调用原点程序复位机器人。

2. 新建作业程序

为测试、再现示教动作，通过示教器新建一个作业程序。试着以图 5-6 所示的运动轨迹为例，给机器人输入一段直线焊缝的作业程序。

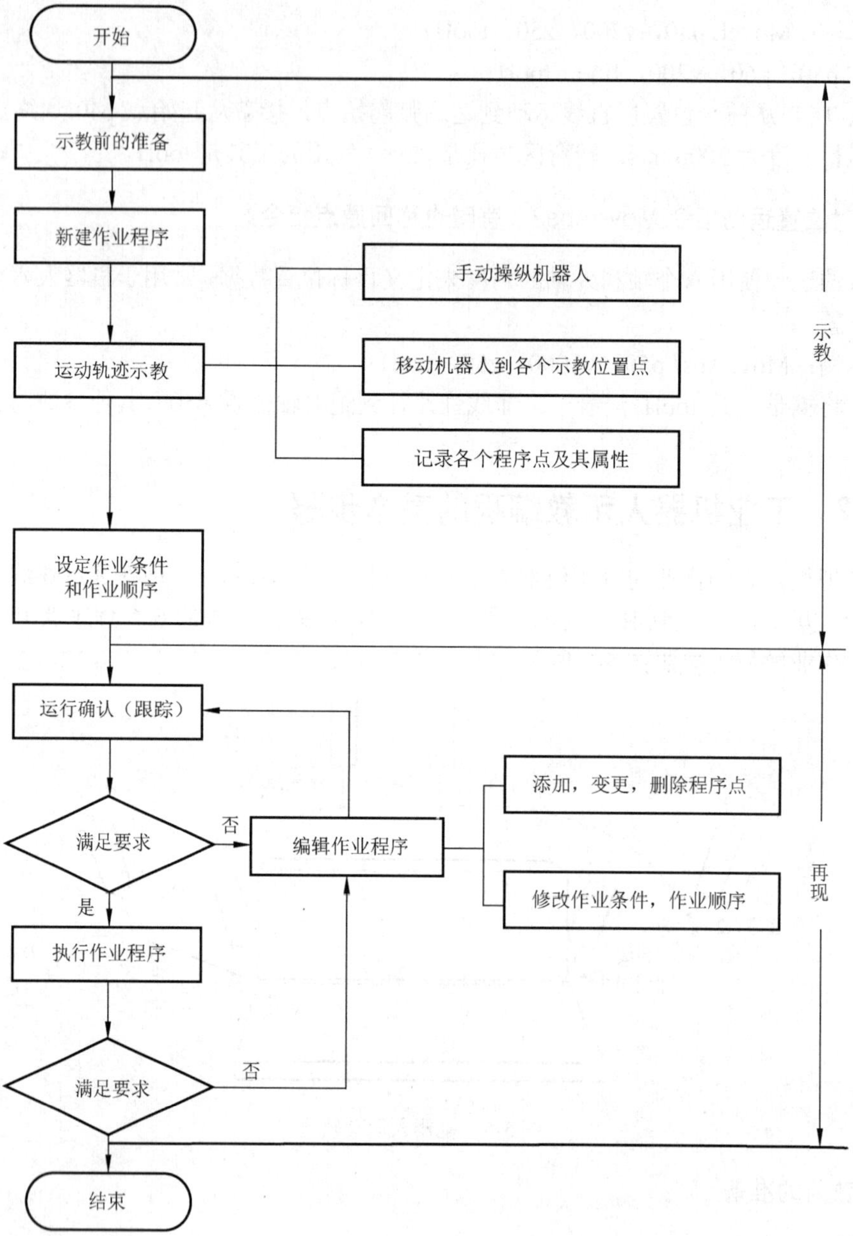

图 5-7　机器人在线示教的基本流程

3. 程序点的输入

程序点 1～6 的具体示教方法如下。

1）程序点 1（机器人原点）

（1）手动操纵机器人移动到原点。

（2）将程序点属性设定为“空走点”，插补方式选“PTP（点到点）”。

（3）确认保存程序点 1 为机器人原点。

2）程序点 2（作业临近点）

（1）手动操纵机器人移动到作业临近点。

（2）将程序点属性设定为“空走点”，插补方式选“PTP”。

（3）确认保存程序点 2 为作业临近点。

3）程序点 3（作业开始点）

（1）手动操纵机器人移动到作业开始点。

（2）将程序点属性设定为“作业点/焊接点”，插补方式选“直线插补”。

（3）确认保存程序点 3 为作业开始点。

（4）如有需要，手动插入焊接开始作业指令。例如，ABB 机器人需插入直线焊接开始指令“ArcLStart”。

4）程序点 4（作业结束点）

（1）手动操纵机器人移动到作业结束点。

（2）将程序点属性设定为“作业点/焊接点”，插补方式选“直线插补”。

（3）确认保存程序点 4 为作业结束点。

（4）如有需要，手动插入焊接结束作业指令。例如，ABB 机器人需插入直线焊接停止指令“ArcLEnd”。

5）程序点 5（作业规避点）

（1）手动操纵机器人移动到作业规避点。

（2）将程序点属性设定为“空走点”，插补方式选“直线插补”。

（3）确认保存程序点 5 为作业规避点。

6）程序点 6（机器人原点）

（1）手动操纵机器人移动到原点。

（2）将程序点属性设定为“空走点”，插补方式选“PTP”。

（3）确认保存程序点 6 为机器人原点。

4. 设定作业条件

本例中焊接作业条件的输入，主要涉及以下 3 个方面：

（1）在作业开始命令中设定焊接开始规范及焊接开始动作次序。

（2）在焊接结束命令中设定焊接结束规范及焊接结束动作次序。

（3）手动调节保护气体流量。

在编辑模式下合理配置焊接工艺参数。

5. 检查试运行

在完成机器人运动轨迹和作业条件输入后，需试运行测试一下程序，以便检查各程序点及参数设置是否正确，这就是跟踪。跟踪的主要目的是检查示教生成的动作以及末端工具指向位置是否记录。一般工业机器人可采用以下跟踪方式来确认示教的轨迹与期望是否一致。

① 单步运行。通过逐步执行当前行（光标所在行）的程序语句，机器人实现两个临近程序点间的单步正向或反向移动。结束 1 行的执行后，机器人动作暂停。

② 连续运行。通过连续执行作业程序，从程序的当前行到程序的末尾，机器人完成多个程序点的顺向连续移动。因程序是顺序执行，所以该方式仅能实现正向跟踪，多用于作业周期估计。

确认机器人附近无人后，按以下顺序执行作业程序的测试运转：

① 打开要测试的程序文件。

② 移动光标至期望跟踪程序点所在命令行。

③ 持续按住示教器上的有关【跟踪功能键】，实现机器人的单步或连续运转。

6. 再现施焊

示教操作生成的作业程序，经测试无误后，将【模式旋钮】对准“再现/自动”位置，通过运行示教过的程序即可完成对工件的再现作业。工业机器人程序的启动可用两种方法：

①手动启动　使用示教器上的【启动按钮】来启动程序的方式，适合于作业任务编程及其测试阶段。

②自动启动　利用外部设备输入信号来启动程序的方式，在实际生产中经常采用。

在确认机器人的运行范围内没有其他人员或障碍物后，接通保护气体，采用手动启动方式实现自动焊接作业。具体操作过程如下：

①打开要再现的作业程序，并移动光标到程序开头。

②切换【模式旋钮】至“再现/自动”状态。

③按示教器上的【伺服 ON 按钮】，接通伺服电源。

④按【启动按钮】，机器人开始运行。

至此，机器人从工件 A 点至 B 点的简单作业示教与再现操作完毕。

5.3　工业机器人的编程语言

早期的工业机器人，由于完成的作业比较简单，作业内容改变不频繁，采用固定程序控制或示教再现方法即可满足要求，不存在语言问题。但随着机器人本身的发展，计算机系统功能日益完善以及要求机器人作业内容愈加复杂化，利用程序来控制机器人显得越来越困难，这主要是由于编程过程过于复杂，使得在作业现场对付复杂作业十分困难。为了寻求用简单的方法描述作业，控制机器人动作，专用机器人语言随之就出现了。

5.3.1　工业机器人语言的发展概况

机器人语言提供了一种通用的人与机器人之间的通信手段。它是一种专用语言，用符号描述机器人的运动，与常用的计算机编程语言相似，其发展过程：

1973 年，美国斯坦福大学人工智能实验室研究和开发了第一种机器人语言：WAVE 语言，它具有动作描述，能配合视觉传感器进行手眼协调控制等功能。

1974 年，在 WAVE 语言的基础上开发了 AL 语言，它是一种编译形式的语言，可以控制多台机器人协调动作。

1975 年，IBM 公司研制出 ML 语言，主要用于机器人的装配作业。随后又研制出 AUTOPASS

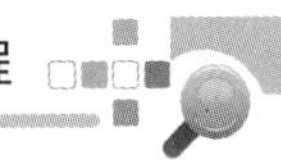

语言，是用于装配的更高级语言，可以半自动编程。

1979 年，美国 Unimation 公司开发了 VAL 语言，并配置在 PUMA 机器人上，成为实际使用的机器人语言，它是一种类 BASIC 语言，语句结构比较简单，易于编程。1984 年，Unimation 公司又推出了 VALⅡ语言。

20 世纪 80 年代初，美国 Automatix 公司开发了 RAIL 语言，该语言可以利用传感器的信息进行零件作业的检测。同时，麦道公司研制了 MCL 语言，是一种在数控自动编程语言——APT 语言的基础上发展起来的。

5.3.2　工业机器人的编程要求与语言类型

如图 5-8 所示是一机器人自动工作站，该机器人完成在加工中心上散装工件的搬运。散装工件是指没有排序的待加工的工件。因此，机器人抓手在取件过程中会遇到很多困难。具有内置视觉感测功能的机器人，取出散装工件时，不需要工件排序装置，可以减少加工场地和设备投入。

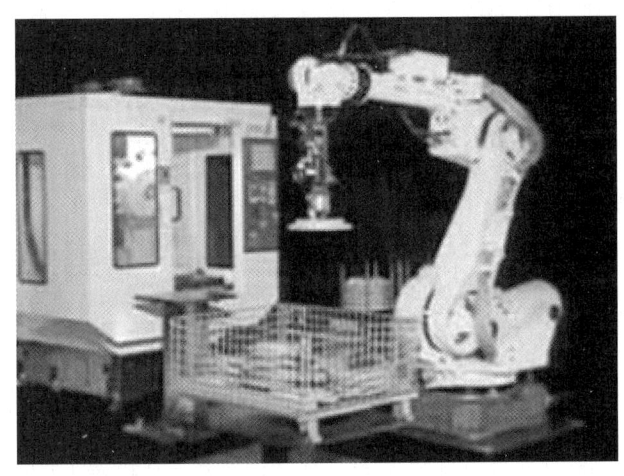

图 5-8　机器人在加工中心上散装工件的搬运

机器人的结构与运动均与一般机械不同，因而其程序设计也具有特色，进而对机器人程序设计提出特别要求。

1. 对机器人编程的要求

（1）能够建立世界模型（World Model）。在进行机器人编程时，需要一种描述物体在三维空间内运动的方法，所以需要给机器人及其相关物体建立一个基础坐标系。这个坐标系与大地相连，也称为“世界坐标系”。

机器人工作时，为了方便起见，也建立其他坐标系，同时建立这些坐标系与基础坐标系的变换关系。机器人编程系统应具有在各种坐标系下描述物体位姿的能力和建模能力。

（2）能够描述机器人的作业。现有的机器人语言需要给出作业顺序，由语法和词法定义输入语言，并由它描述整个作业。

（3）能够描述机器人的运动。机器人编程语言的基本功能之一就是描述机器人需要进行的运动。用户能够运用语言中的运动语句，与路径规划器和发生器连接，允许用户规定路径上的点及目标点，决定是否采用点插补运动或笛卡儿直线运动。用户还可以控制运动速度或运动持续时间。

（4）允许用户规定执行流程。机器人编程系统允许用户规定执行流程，包括试验和转移、循环、调用子程序以至中断等。

（5）要有良好的编程环境。一个好的编程环境有助于提高程序员的工作效率。机械手的程序编制是困难的，其编程趋向于试探对话式。如果用户忙于应付连续重复的编译语言的编辑—编译—执行循环，那么其工作效率必然是低的。因此，现在大多数机器人编程语言含有中断功能，以便能在程序开发和调试过程中每次只执行一条单独语句。典型的编程支撑（如文本编辑调试程序）和文件系统也是需要的。

（6）需要人机接口和综合传感信号。在编程和作业过程中，应便于人与机器人之间进行信息交换，以便在运动出现故障时能及时处理，确保安全。而且随着作业环境和作业内容复杂程度的增加，需要有功能强大的人机接口。

机器人语言的一个极其重要的部分是与传感器的相互作用。语言系统应能提供一般的决策结构，以便根据传感器的信息来控制程序的流程。

在机器人编程中，传感器的类型一般分为三类：位置检测；力觉和触觉；视觉。如何对传感器的信息进行综合，各种机器人语言都有它自己的句法。

2．机器人编程语言的类型

机器人语言尽管有很多分类方法，但按照其作业描述水平的程度可分为动作级编程语言、对象级编程语言和任务级编程语言三类。

1）动作级编程语言

动作级编程语言是最低一级的机器人语言。它以机器人末端执行器的动作为中心来描述各种操作，通常由使机械手末端从一个位置到另一个位置的一系列命令组成。

动作级语言的每一条指令对应机器人的一个动作，表示从机器人的一个位姿运动到另一个位姿。例如，可以定义机器人的运动序列（MOVE），基本语句形式为 MOVE TO（destination）。

动作级编程语言的优点是比较简单，编程容易。其缺点是功能有限，无法进行繁复的数学运算，不接受浮点数和字符串，子程序不含有自变量；不能接受复杂的传感器信息，只能接受传感器开关信息；与计算机的通信能力很差。典型的动作级编程语言为 VAL 语言。

动作级编程语言编程可分为关节级编程和末端执行器级编程两种。

（1）关节级编程。关节级编程是以机器人的关节为对象，编程时给出机器人一系列各关节位置的时间序列，在关节坐标系中进行的一种编程方法。关节级编程可通过简单的编程指令来实现，也可以通过示教实现。

（2）末端执行器级编程。末端执行器级编程在机器人作业空间的直角坐标系中进行。在此直角坐标系中给出机器人末端执行器一系列位姿组成位姿的时间序列，连同其他一些辅助功能如力觉、触觉、视觉等的时间序列，同时确定作业量、作业工具等，协调地进行机器人动作的控制。

末端执行器级编程允许有简单的条件分支，有感知功能，可以选择和设计工具，有时还有

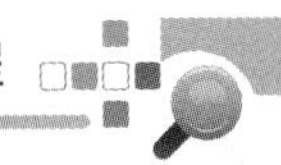

并行功能，数据实时处理能力强。

2）对象级编程语言

所谓对象即作业及作业物体本身。对象级编程语言是比动作级编程语言高一级的编程语言，它不需要描述机器人手爪的运动，只要由编程人员用程序的形式给出作业本身顺序过程的描述和环境模型的描述，即描述操作对象之间的关系和机器人与操作对象之间的关系。通过编译程序机器人即能知道如何动作。这类语言典型的有 AML 及 AUTOPASS 等语言，其特点如下：

（1）具有动作级编程语言的全部动作功能。

（2）有较强的感知能力，能处理复杂的传感器信息，可以利用传感器信息来修改、更新环境的描述和模型，也可以利用传感器信息进行控制、测试和监督。

（3）具有良好的开放性，语言系统提供了开发平台，用户可以根据需要增加指令，扩展语言功能。

（4）数字计算和数据处理能力强，可以处理浮点数，能与计算机进行即时通信。

对象级编程语言用接近自然语言的方法描述对象的变化。对象级编程语言的运算功能、作业对象的位姿时序、作业量、作业对象承受的力和力矩等都可以以表达式的形式出现。机器人尺寸参数、作业对象及工具等参数以知识库和数据库的形式存在，系统编译程序时获取这些信息后对机器人动作过程进行仿真，再进行实现作业对象合适的位姿，获取传感器信息并处理，回避障碍以及与其他设备通信等工作。

3）任务级编程语言

任务级编程语言可对工作任务所要达到的目标直接下命令，是比前两类更高级的一种语言，也是最理想的机器人高级语言。这类语言不需要用机器人的动作来描述作业任务，也不需要描述机器人对象物的中间状态过程，只需要按照某种规则描述机器人对象物的初始状态和最终目标状态，机器人语言系统即可利用已有的环境信息和知识库、数据库自动进行推理、计算，从而自动生成机器人详细的动作、顺序和数据。这类语言的代表为普渡大学开发的 RCCL 语言。

例如，一个装配机器人欲完成某一螺钉的装配，螺钉的初始位置和装配后的目标位置已知，当发出抓取螺钉的命令时，语言系统从初始位置到目标位置之间寻找路径，在复杂的作业环境中找出一条不会与周围障碍物产生碰撞的合适路径，在初始位置处选择恰当的姿态抓取螺钉，沿此路径运动到目标位置。在此过程中，作业中间状态、作业方案的设计、工序的选择、动作的前后安排等一系列问题都由计算机自动完成。

5.4　工业机器人语言系统结构和基本功能

5.4.1　工业机器人语言系统的结构

机器人语言实际上是一个语言系统，机器人语言系统既包含语言本身——给出作业指示和动作指示，同时又包含处理系统——根据上述指示来控制机器人系统。机器人语音系统如图 5-9 所示，它能够支持机器人编程、控制，以及与外围设备、传感器和机器人接口；同时还能支持与计算机系统的通信。

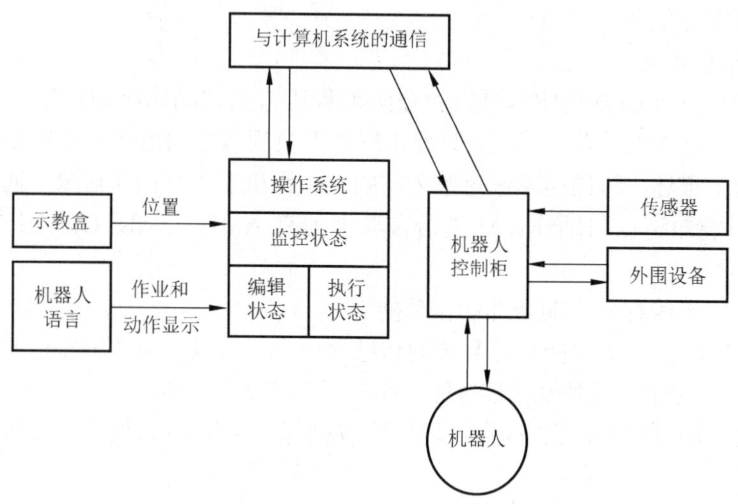

图 5-9 机器人语言系统

机器人语言操作系统包括三个基本的操作状态：监控状态、编辑状态和执行状态。

监控状态是用来进行整个系统的监督控制的。在监控状态，操作者可以用示教盒定义机器人在空间的位置，设置机器人的运动速度，存储和调出程序等。

编辑状态是提供操作者编制程序或编辑程序的。尽管不同语言的编辑操作不同，但一般均包括写入指令、修改或删去指令及插入指令等。

执行状态是用来执行机器人程序的。在执行状态，机器人执行程序的每一条指令，操作者可通过调试程序来修改错误。例如，在程序执行过程中，某一位置关节角超过限制，因此机器人不能执行，在 CRT 上显示错误信息，并停止运行。操作者可返回到编辑状态修改程序。大多数机器人语言允许在程序执行过程中，直接返回到监控或编辑状态。

和计算机编程语言类似，机器人语言程序可以编译，即把机器人源程序换成机器码，以便机器人控制柜能直接读取和执行；编译后的程序，运行速度将大大加快。

5.4.2 工业机器人编程语言的基本功能

任务程序员能够指挥机器人系统去完成的分立单一动作就是基本程序功能。例如，把工具移动至某一指定位置，操作末端执行装置，或者从传感器或手调输入装置读个数等。机器人工作站的系统程序员，他的责任是选用一套对作业程序员工作最有用的基本功能。这些基本功能包括运算、决策、通信、机械手运动、工具指令以及传感器数据处理等。许多正在运行的机器人系统，只提供机械手运动和工具指令以及某些简单的传感数据处理功能。

1. 运算功能

在作业过程中执行的规定运算能力是机器人控制系统最重要的能力之一。

如果机器人未装有任何传感器，那么就可能不需要对机器人程序规定什么运算。没有传感器的机器人只不过是一台适于编程的数控机器。

装有传感器的机器人所进行的一些最有用的运算是解析几何计算，包括机器人的正解答、

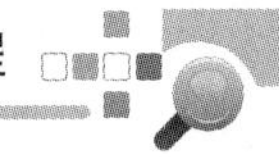

逆解答、坐标变换及矢量运算等。根据运算结果机器人能自行决定工具或手爪下一步应到达何处。

2．决策功能

机器人系统能够根据传感器输入信息做出决策，而不必执行任何运算。 按照未处理的传感器数据计算得到的结果，是做出下一步该干什么这类决策的基础。这种决策能力使机器人控制系统的功能更强有力。

3．通信功能

机器人系统与操作人员之间的通信能力，允许机器人要求操作人员提供信息、告诉操作者下一步该干什么，以及让操作者知道机器人打算干什么。人和机器能够通过许多不同方式进行通信。即机器人系统与操作人员的通信，包括机器人向操作人员要求信息和操作人员知道机器人的状态、机器人的操作意图等。其中，许多通信功能由外设来协助提供。

机器人提供信息的外设：信号灯、字符显示设备、图形显示设备、语言合成器及音响设备。人对机器人“说话”外设：按钮、键盘、光标及光笔、光学字符阅读机、远距离操纵主控装置。其他如语音输入/输出。

4．机械手运动功能

机械手运动是最基本的功能。机械手的运动可由不同方法来描述。最简单的方法是向各关节伺服装置提供一系列关节位置及其姿态信息，然后等待伺服装置到达这些规定位置。

比较复杂的方法是在机械手工作空间内插入一些中间位置。这些程序使所有关节同时开始运动和同时停止运动。用与机械手的形状无关的坐标来表示工具位置是更先进的方法，而且（除 X-Y-Z 机械手外）需要一台计算机对解答进行计算。在笛卡儿空间内插入工具位置能使工具端点沿着路径跟随轨迹平滑运动。引入一个参考坐标系，用以描述工具位置，然后让该坐标系运动，这对很多情况是很方便的。

5．工具指令功能

一个工具控制指令通常是由闭合某个开关或继电器而开始触发的，而继电器又可能把电源接通或断开，以直接控制工具运动，或者送出一个小功率信号给电子控制器，让后者去控制工具。直接控制是最简单的方法，而且对控制系统的要求也较少。可以用传感器来感受工具运动及其功能的执行情况。

6．传感数据处理功能

传感数据处理是许多机器人程序编制十分重要而又复杂的组成部分。用于机械手控制的通用计算机只有与传感器连接起来，才能发挥其全部效用。传感器具有多种形式，按照功能把传感器概括如下：

（1）内体感受器用于感受机械手或其他由计算机控制的关节式机构的位置。

（2）触觉传感器用于感受工具与物体（工件）间的实际接触。

（3）接近度或距离传感器用于感受工具至工件或障碍物的距离。

（4）力和力矩传感器用于感受装配（如把销钉插入孔内）时所产生的力和力矩。

（5）视觉传感器用于“看见”工作空间内的物体，确定物体的位置或（和）识别它们的形状等。

5.5 常用的工业机器人编程语言

迄今为止，已经有多种机器人语言问世，有的是研究室里的实验语言，有的是实用的机器人语言。前者中比较有名的有美国斯坦福大学开发的 AL 语言、IBM 公司开发的 AUTOPASS 语言、英国爱丁堡大学开发的 RAPT 语言等；后者中比较有名的有由 AL 语言演变而来的 VAL 语言、日本九州大学开发的 IML 语言、IBM 公司开发的 AML 语言等。国外主要机器人语言见表 5-2。

表 5-2 国外主要的机器人语言

序号	语言名称	国家	研究单位	简要说明
1	AL	美国	Stanford AI Lab.	机器人动作及对象物描述
2	AUTOPASS	美国	IBM Watson Research Lab.	组装机器人用语言
3	LAMS-S	美国	MIT	高级机器人语言
4	VAL	美国	Unimation 公司	PUMA 机器人（采用 MC6800 和 LSI11 两级微型机）语言
5	ARIL	美国	AUTOMATIC 公司	用视觉传感器检查零件用的机器人语言
6	WAVE	美国	Stanford AI Lab.	操作器控制符号语言
7	DIAL	美国	Charles Stark Draper Lab.	具有 RCC 柔顺性手腕控制的特殊指令
8	RPL	美国	Stanford RI Int.	可与 Unimation 机器人操作程序结合预定定义程序库
9	TEACH	美国	Bendix Corporation	适于两臂协调动作，和 VAL 同样是使用范围广的语言
10	MCL	美国	Mc Donnell Douglas Corporation	编程机器人、NC 机床传感器、摄像机及其控制的计算机综合制造用语言
11	INDA	美国、英国	SIR International and Philips	相当于 RTL/2 编程语言的子集，处理系统使用方便
12	RAPT	英国	University of Edinburgh	类似 NC 语言 APT（用 DEC20.LSI11/2 微型机）
13	LM	法国	AI Group of IMAG	类似 PASCAL，数据定义类似 AL，用于装配机器人（用 LS11/3 微型机）
14	ROBEX	德国	Machine Tool Lab. TH Archen	具有与高级 NC 语言 EXAPT 相似结构的编程语言
15	SIGLA	意大利	Olivetti	SIGMA 机器人语言
16	MAL	意大利	Milan Polytechnic	两臂机器人装配语言，其特征是方便，易于编程
17	SERF	日本	三协精机	SKILAM 装配机器人（用 Z-80 微型机）
18	PLAW	日本	小松制作所	RW 系列弧焊机器人
19	IML	日本	九州大学	动作级机器人语言

5.6　工业机器人的离线编程

5.6.1　工业机器人离线编程的特点和主要内容

随着机器人应用范围的扩大和所完成任务复杂程度的提高，在中小批量生产中，用示教方式编程就很难满足要求。在 CAD/CAM/机器人一体化系统中，由于机器人工作环境的复杂性，对机器人及其工作环境乃至生产过程中的计算机仿真是必不可少的。机器人仿真系统的任务就是在不接触实际机器人及其工作环境的情况下，通过图形技术，提供一个和机器人进行交互作用的虚拟环境。

机器人离线编程系统是机器人编程语言的拓广，它利用计算机图形学的成果，建立起机器人及其工作环境的三维几何模型，再利用一些规划算法，通过对图像的控制和操作，在离线的情况下进行轨迹规划。通过对编程结果进行三维图形动画仿真，以检验编程的正确性，最后将满足要求的编程结果传到机器人控制柜，使机器人完成指定的作业任务。机器人离线编程系统已被证明是一个有力的工具，可以增加安全性，减少机器人非工作时间和降低成本等。表 5-3 给出了示教编程和离线编程两种方式的比较。

表 5-3　两种机器人编程方式的比较

示教编程	离线编程
需要实际机器人系统和工作环境	需要机器人系统和工作环境的图形模型
编程时机器人停止工作	编程不影响机器人工作
在实际系统上试验程序	通过仿真试验程序
编程的质量取决于编程者的经验	可用 CAD 方法，进行最佳轨迹规划
很难实现复杂的机器人运动轨迹	可实现复杂运动轨迹的编程

1. 机器人离线编程的特点

与示教编程方法相比，机器人离线编程具有以下一些特点：

（1）可减少机器人非工作时间。当机器人在生产线或柔性系统中进行正常工作时，编程员可对下一个任务进行离线编程仿真，这样编程不占用生产时间，提高了机器人的利用率，从而提高整个生产系统的工作效率。

（2）改善编程环境，使编程者远离危险的作业环境。由于机器人是一个高速的自动执行机构，而且作业现场环境复杂，如果采用示教器现场示教的编程方法，编程员必须在作业现场靠近机器人末端执行器才能很好地观察机器人位姿。这样，机器人的运动可能会给操作者带来危险，而离线编程不必在作业现场进行。

（3）使用范围广。同一个离线编程系统可以对各种机器人进行编程。

（4）便于和 CAD/CAM 系统结合做到 CAD/CAM/机器人一体化。

（5）提高了编程效率和质量，可使用高级机器人语言对复杂任务进行编程。

（6）便于修改机器人程序，避免在线示教所产生的各种误差。

机器人语言系统在数据结构的支持下，可以用符号描述机器人的动作，一些机器人语言也具有简单的环境构型功能。但由于目前的机器人语言都是动作级和对象级语言，因而编程工作是相当冗长繁重的。作为高水平的任务级语言系统目前还在研制之中。任务级语言系统除了要求更加复杂的机器人环境模型支持外，还需要利用人工智能技术，以自动生成控制决策和产生运动轨迹。因此可把离线编程系统看作动作级和对象级语言图形方式的延伸，是把动作级和对象级语言发展到任务级语言所必须经历的阶段。从这点来看，离线编程系统是研制任务级编程系统一个很重要的基础。

2．离线编程系统的主要内容

通过离线编程可建立起机器人与CAD/CAM之间的联系。设计离线编程系统应考虑以下几方面的内容：

（1）对生产过程及机器人作业环境进行全面的了解。

（2）构造出机器人和作业环境的三维实体模型。

（3）选用基于图形显示的软件系统、可进行机器人运动的图形仿真。

（4）利用机器人几何学、运动学和动力学的知识。

（5）进行轨迹规划、检查算法、屏幕动态仿真，即检查关节超限、传感器碰撞情况，规划机器人在动作空间的路径和运动轨迹。

（6）进行传感器接口连接和仿真，利用传感器信息进行决策和规划。

（7）实现通信接口，完成离线编程系统所生成的代码到各种机器人控制器的通信。

（8）实现用户接口，提供有效的人机界面，便于人工干预和进行系统操作。

5.6.2 工业机器人离线编程系统的结构

机器人离线编程系统不仅要在计算机上建立起机器人系统的物理模型，而且要对其进行编程和动画仿真以及对编程结果后置处理。

机器人离线编程系统主要由用户接口、机器人及环境的建模、运动学计算、轨迹规划、动力学仿真、并行操作、传感器仿真、通信接口和误差校正9部分组成。机器人离线编程系统的构成如图5-10所示。

1．用户接口

离线编程系统的一个关键问题是能否方便地产生出机器人编程系统的环境，便于人机交互。一般工业机器人提供两个用户接口：一个用于示教编程，另一个用于语言编程。前者适合非编程人员，后者适合编程人员。示教编程可以用示教盒直接编制机器人程序。语言编程则是用机器人语言编制程序，使机器人完成给定的任务。目前这两种方式已广泛应用于工业机器人。另外，用户接口的一个重要部分，是对机器人系统进行图形编辑，一般设计成交互式，可利用鼠标操作机器人的运动。

2．机器人及环境的建模

离线编程系统中的一个基本功能是，利用图形描述对机器和工作单元进行仿真。这要求构

建工作单元中的机器人、夹具、零件和工具的三维几何模型，最好直接采用零件和工具的 CAD 模型。所以，离线编程系统应包含 CAD 建模子系统，可以集成到 CAD 平台上。若为独立系统，应具备与外部 CAD 文件的转换接口。

目前机器人系统使用的构型主要有以下三种方式：结构立体几何表示、扫描变换表示和边界表示。其中，最便于形体在计算机内表示、运算、修改和显示的构型方法是边界表示；而结构立体几何表示所覆盖的形体种类较多；扫描变换表示则便于生成轴对称的形体。机器人系统的几何构型大多采用这三种形式的组合。

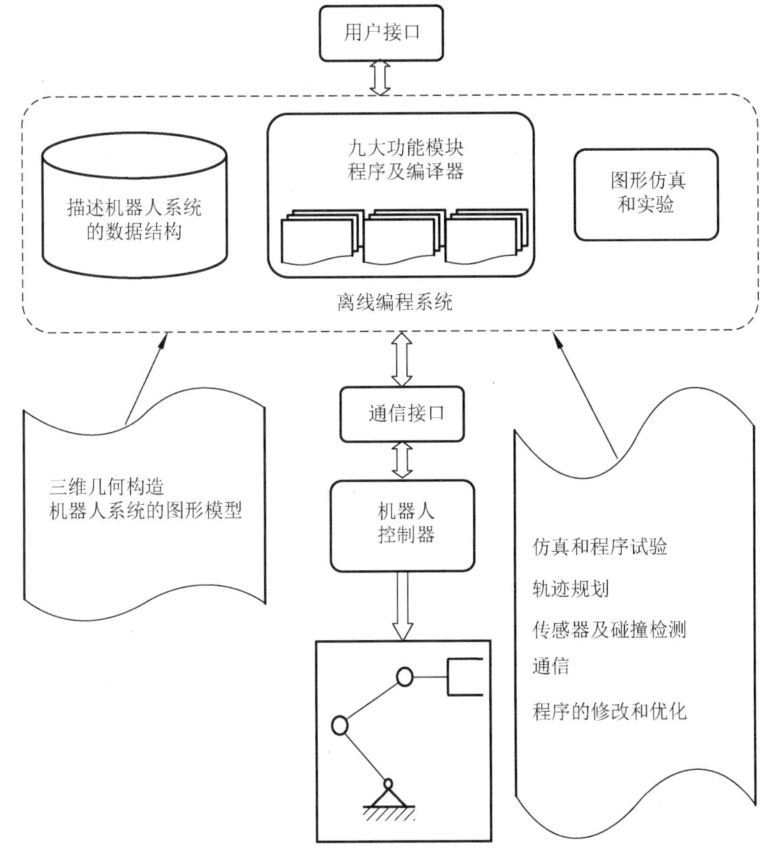

图 5-10　机器人离线编程系统的构成

3．运动学计算

运动学计算分运动学正解和运动学反解两部分。正解是给出机器人运动参数和关节变量，计算机器人末端位姿；反解则是由给定的末端位姿计算相应的关节变量值。在离线编程系统中，应具有自动生成运动学正解和反解的功能。

就运动学反解而言，离线编程系统与机器人控制器的联系有两种选择：一是用离线编程系统代替机器人控制器的逆运动学模型，并不断将机器人关节坐标值传送给控制器。二是将笛卡儿坐标值输送给机器人控制器，由控制器提供的逆运动学方程求解机器人的形态。一般第二种选择要好一些。因为机器人制造商在具体的机器人上配置了机械臂特征标定规范。这些标定技术为每台机器人制订了独立的逆运动学模型，因此在笛卡儿坐标水平上，和机器人控制器通信效果要好一些。在关节坐标水平上和机器人控制器通信，离线编程系统运动学反解方程式应做到和机器人控制器所采用的公式一致。在离线编程系统中，运动学反解也应采用类似的准则。

4．轨迹规划

离线编程系统除了对机器人静态位置进行运动学计算外，还应该对机器人在工作空间的运动轨迹进行仿真。由于不同的机器人厂家所采用的轨迹规划算法差别很大，离线编程系统应对机器人控制器所采用的算法进行仿真。

机器人的运动轨迹分为两种类型：自由移动（仅由初始状态和目标状态定义）和依赖于轨迹的约束运动。约束运动受到路径约束，受到运动学和动力学约束，而自由移动没有约束条件。轨迹规划器接受路径设定和约束条件的输入，并输出起点和终点之间按时间排列的中间形态（位置和姿态、速度、加速度）序列，它们可用关节坐标或笛卡儿坐标表示。轨迹规划器采用轨迹规划算法，如关节空间的插补、笛卡儿空间的插补计算等。

5．动力学仿真

当机器人跟踪期望的运动轨迹时，如果所产生的误差在允许范围内，则离线编程系统可以只从运动学的角度进行运动轨迹规划，而不考虑机器人的动力学特性。但是，如果机器人工作在高速和重负载的情况下，则必须考虑动力学特性，以防止产生比较大的误差。

快速有效地建立动力学模型是机器人实时控制及仿真的主要任务之一，从计算机软件设计的观点看，动力学模型的建立可分为三类：数字法、符号法和解析（数字—符号）法。

6．并行操作

一些工业应用场合常涉及两台或多台机器人在同一工作环境中协调作业。即使是一台机器人工作时，也常需要和传送带、视觉系统相配合。因此，离线编程系统应能对多个装置进行仿真。并行操作是在同一时刻对多个装置工作进行仿真的技术。进行并行操作的目的是提供对不同装置工作过程进行仿真的环境。在执行过程中，首要的是对每一装置分配并联和串联存储器。如果可以分配几个不同处理器共一个并联存储器，则可使用并行处理，否则应该在各存储器中交换执行情况，并控制各工作装置的运动程序的执行时间。

7．传感器仿真

在实际机器人系统中，可能装有各种传感器。在离线编程系统中，对这些传感器进行建模并仿真是很重要的。机器人传感器主要分为两大类：用于检测机器人自身状态的内部传感器和用于检测机器人相关环境参数的外部传感器。内部传感器有位置、速度、加速度等传感器；外部传感器有力觉、触觉和距离等传感器，其中触觉传感器分为接触觉传感器、压觉传感器、滑觉传感器和力觉传感器。距离传感器包括超声波传感器，接近觉传感器，以及视觉传感器、听觉传感器、嗅觉传感器、味觉传感器等。

传感器功能可以通过几何图形仿真获取信息。如触觉，为了获取有关接触的信息，可以将触觉阵列的几何模型分解成一些小的几何块阵列，然后通过对每一个几何块和物体间干涉的检

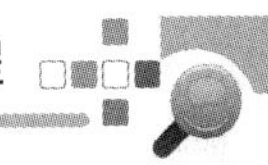

查，并将所有和物体发生反射的几何块用颜色编码，通过图形显示可以得到接触的信息。

力觉传感器的仿真比触觉和接近觉要复杂，它除了要检验力传感器的几何模型和物体间的相交外，还需计算出二者相交的体积，根据相交体积的大小可以定量地表征出实际力传感器所测力的数值。

8. 通信接口

在离线编程系统中，通信接口起着连接离线编程系统与机器人控制器的桥梁作用。利用通信接口，可以把仿真系统所生成的机器人运动程序转换成机器人控制器可以接受的代码。

由于工业机器人所配置的机器人语言差异很大，这样就给离线编程系统的通用性带来了很大的限制。离线编程系统实用化的一个主要问题是缺乏标准的通信接口。标准通信接口的功能是可以将机器人仿真程序转化成各种机器人控制器可接受的格式。为了解决这个问题，一种办法是选择一种较为通用的机器人语言，然后通过对该语言加工（后置处理），使其转换成机器人控制器可接受的语言。

9. 误差的校正

离线编程系统中的仿真模型（理想模型）和实际机器人模型存在误差，使离线编程系统工作时产生很大的误差。目前误差校正的方法主要有两种：一是用基准点方法，即在工作空间内选择一些基准点（一般不少于三点），这些基准点具有比较高的位置精度，由离线编程系统规划使机器人运动到这些基准点，通过两者之间的差异形成误差补偿函数。二是利用传感器（力觉或视觉等）形成反馈，在离线编程系统所提供机器人位置的基础上，局部精确定位依靠传感器来完成。第一种方法主要用于精度要求不太高的场合（如喷漆），第二种方法用于高精度的场合（如装配）。

5.7 工业机器人的离线编程仿真软件及编程示例

5.7.1 ABB 工业机器人离线编程仿真软件 RobotStudio

1. RobotStudio 离线编程软件简介

RobotStudio 是瑞士 ABB 公司专门开发的工业机器人离线编程软件，界面友好，功能强大，离线编程在实际机器人安装前，通过可视化及可确认的解决方案和布局来降低风险，并通过创建更加精确的路径来获得更高的部件质量。

RobotStudio 支持机器人的整个生命周期，使用图形化编程、编辑和调试机器人系统来创建机器人的运行，并模拟优化现有的机器人程序。RobotStudio 包括如下功能：

（1）CAD 导入。可方便地导入各种主流 CAD 格式的数据，包括 IGES、STEP、VRML、VDAFS、ACIS 及 CATIA 等。机器人程序员可依据这些精确的数据编制精度更高的机器人程序，从而提高产品质量。

（2）AutoPath 功能。该功能通过使用待加工零件的 CAD 模型，仅在数分钟之内便可自动生成跟踪加工曲线所需要的机器人位置（路径），而这项任务以往通常需要数小时甚至数天。

（3）程序编辑器。可生成机器人程序，使用户能够在 Windows 环境中离线开发或维护机器人程序，可显著缩短编程时间、改进程序结构。

（4）路径优化。如果程序包含接近奇异点的机器人动作，RobotStudio 可自动检测出来并发出报警，从而防止机器人在实际运行中发生这种现象。仿真监视器是一种用于机器人运动优化的可视工具，红色线条显示可改进之处，以使机器人按照最有效方式运行。可以对 TCP 速度、加速度、奇异点或轴线等进行优化，缩短周期时间。

（5）可到达性分析。通过 Autoreach 可自动进行可到达性分析，使用十分方便，用户可通过该功能任意移动机器人或工件，直到所有位置均可到达，在数分钟之内便可完成工作单元平面布置验证和优化。

（6）虚拟示教台。是实际示教台的图形显示，其核心技术是 VirtualRobot。从本质上讲，所有可以在实际示教台上进行的工作都可以在虚拟示教台（QuickTeach™）上完成，因而是一种非常出色的教学和培训工具。

（7）事件表。一种用于验证程序的结构与逻辑的理想工具。程序执行期间，可通过该工具直接观察工作单元的 I/O 状态。可将 I/O 连接到仿真软件，实现工位内机器人及所有设备的仿真。该功能是一种十分理想的调试工具。

（8）碰撞检测。碰撞检测功能可避免设备碰撞造成的严重损失。选定检测对象后，RobotStudio 可自动监测并显示程序执行时这些对象是否会发生碰撞。

（9）VBA 功能。可采用 VBA 改进和扩充 RobotStudio 功能，根据用户具体需要开发功能强大的外接插件、宏，或定制用户界面。

（10）直接上传和下载。整个机器人程序无需任何转换便可直接下载到实际机器人系统，该功能得益于 ABB 独有的 VirtualRobot 技术。

2. RobotStudio 离线编程软件的安装方法

（1）选择并打开安装文件，其操作如图 5-11 所示。

图 5-11　选择并打开安装文件

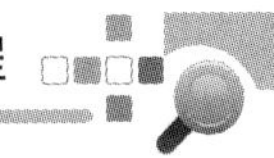

（2）选择“安装语言”，如图 5-12 所示。在下拉菜单中选择“中文（简体，中国）”，然后单击“确定”按钮。

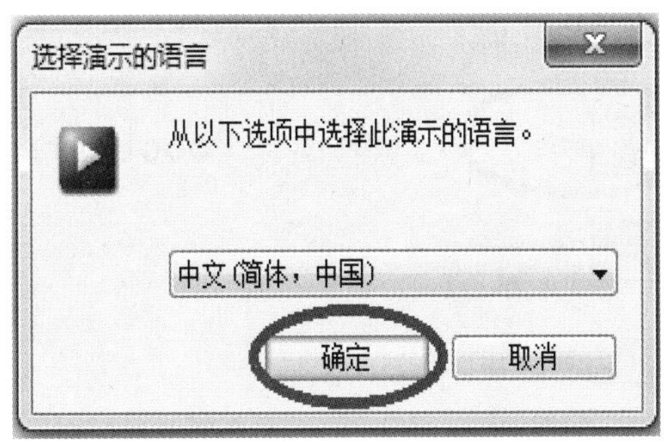

图 5-12　选择安装语言

（3）安装软件，如图 5-13 和图 5-14 所示。单击“安装产品”选项后，顺序安装两个软件“RobotWare”和“RobotStudio”，这两个软件必须安装在同一目录下。

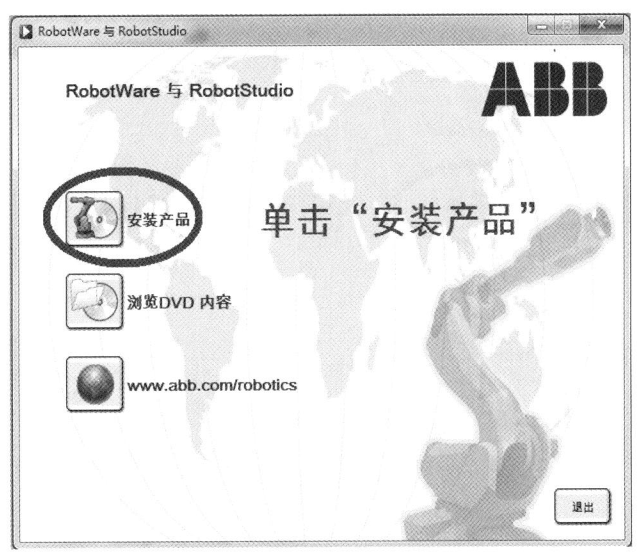

图 5-13　安装产品

（4）待 RobotStudio 安装完成后，回到安装产品的界面，如图 5-15 所示，单击“退出”按钮即可。

（5）安装完成后，在电脑桌面上能看到软件图标，如图 5-16 所示。

为了确保 RobotStudio 能够正确的安装，请注意以下事项：

（1）计算机的系统配置建议见表 5-4。

（2）操作系统中的防火墙可能会造成 RobotStudio 的不正常运行，如无法连接虚拟控制器时，建议关闭防火墙或对防火墙的参数进行恰当的设定。

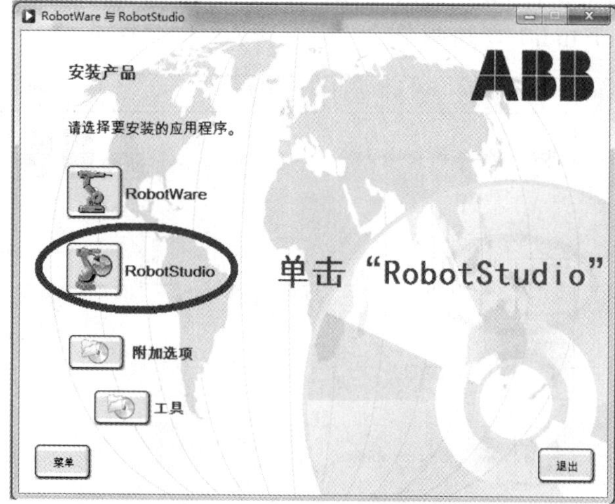

图 5-14　顺序安装两个软件

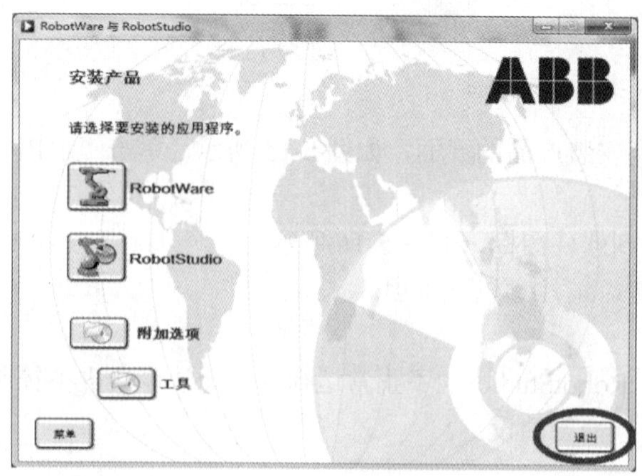

图 5-15　安装结束

图 5-16　软件图标

表 5-4　计算机的系统配置

硬　　件	要　　求
CPU	i5 或以上
内存	2G
硬盘	1G
显卡	独立显卡
操作系统	Windows XP SP2/Vista/Win7

3. RobotStudio 的软件界面

RobotStudio 软件界面包含“文件”、“基本”、“建模”、“仿真”、“控制器”、“RAPID”和“Add-Ins”这 7 个功能选项卡。

（1）“文件”功能选项卡，包含打开已有工作站，关闭、保存工作站和新建工作站等，如图 5-17 所示。

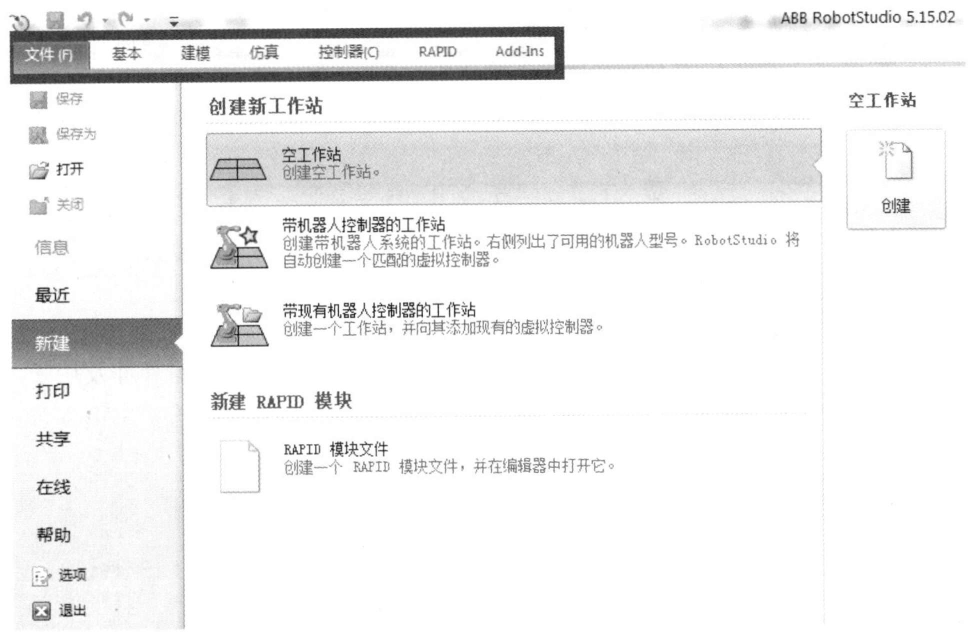

图 5-17　“文件”菜单

（2）“基本”功能选项卡，包含进行建立工作站、路径编程、任务设置、系统同步、手动操纵和 3D 视角这几个方面操作时所需要用到的控件，如图 5-18 所示。

图 5-18　“基本”菜单

（3）“建模”功能选项卡，包含创建和分组工作站组件、创建实体、测量及其他 CAD 操作所需的控件，如图 5-19 所示。

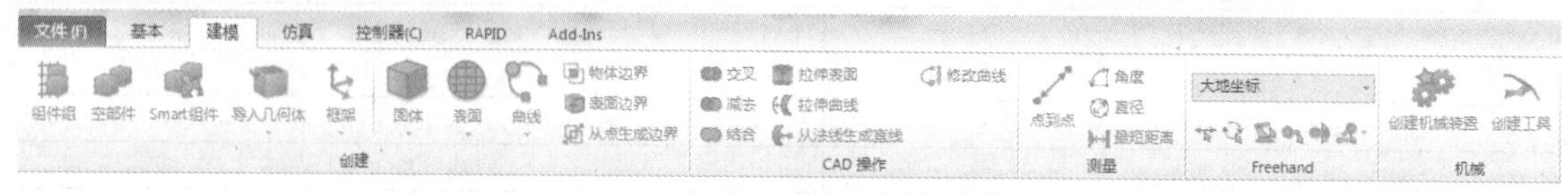

图 5-19　“建模”菜单

（4）“仿真”功能选项卡，包含碰撞监控，仿真的设定、控制和录像等控件，如图 5-20 所示。

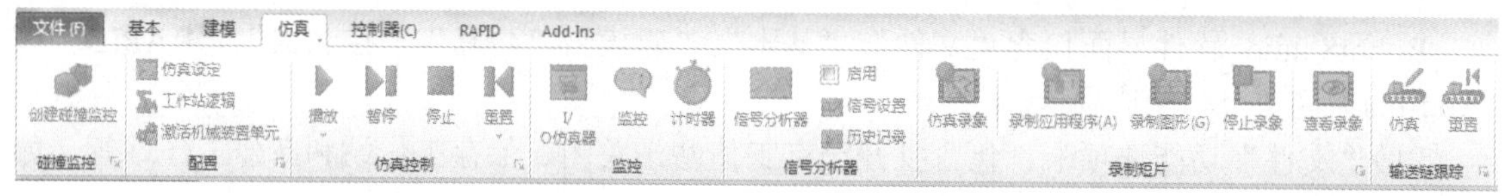

图 5-20　“仿真”菜单

（5）“控制器”功能选项卡，包含用于虚拟控制器的同步、配置和分配给它的任务控制措施。它还包含用于管理真实控制器的控制功能，如图 5-21 所示。

图 5-21　“控制器”菜单

（6）“RAPID”功能选项卡，包括 RAPID 编辑器的功能、RAPID 文件的管理及用于 RAPID 编程的其他空间，如图 5-22 所示。

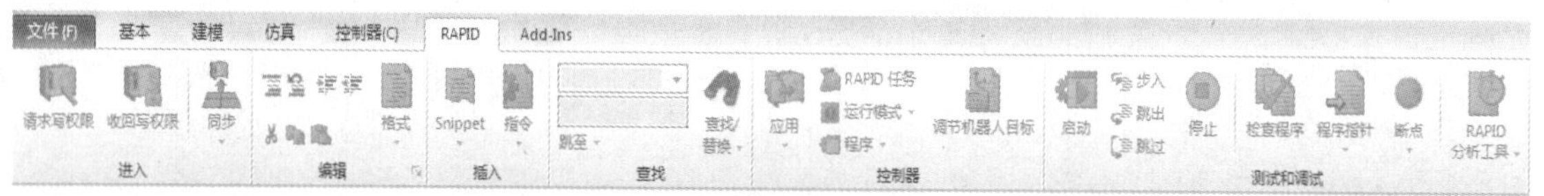

图 5-22　“RAPID”菜单

（7）“Add-Ins”功能选项卡，包含 PowerPacs 和 VSTA 的相关控件，如图 5-23 所示。

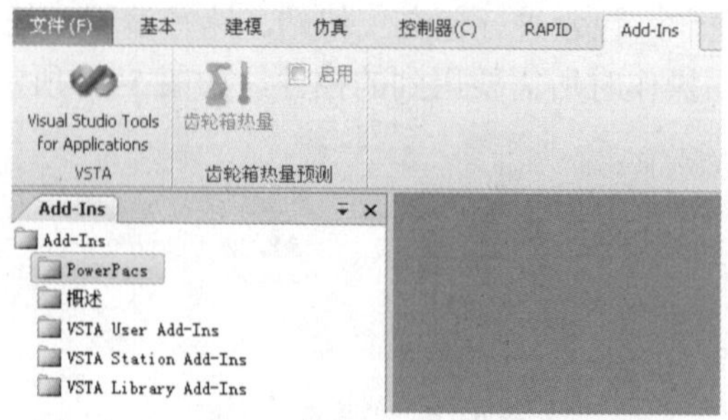

图 5-23　“Add-Ins”菜单

5.7.2　工业机器人离线编程示例

1. 工业机器人搬运离线编程示例

操作步骤如下。

（1）打开 RobotStudio 5.15 软件，创建空工作站，如图 5-24 所示。

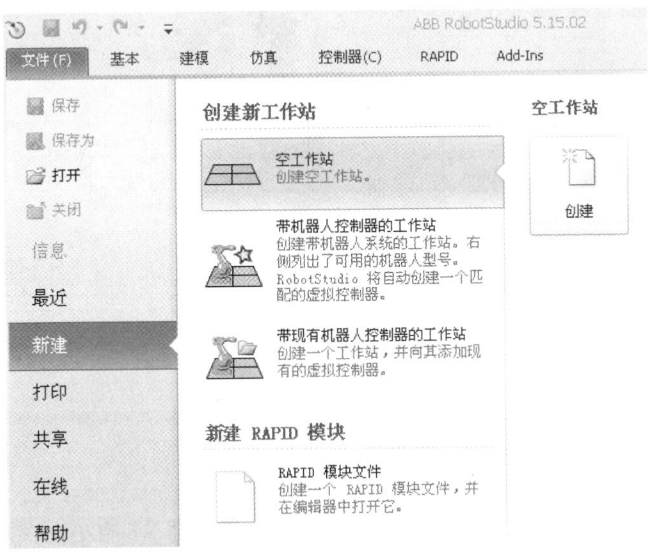

图 5-24　创建空工作站

① 从【ABB 模型库】中选择一个 IRB4600 机器人模型导入工作站，如图 5-25 所示（IRB4600 机器人的承重能力为 60kg，到达距离为 2.05m）。

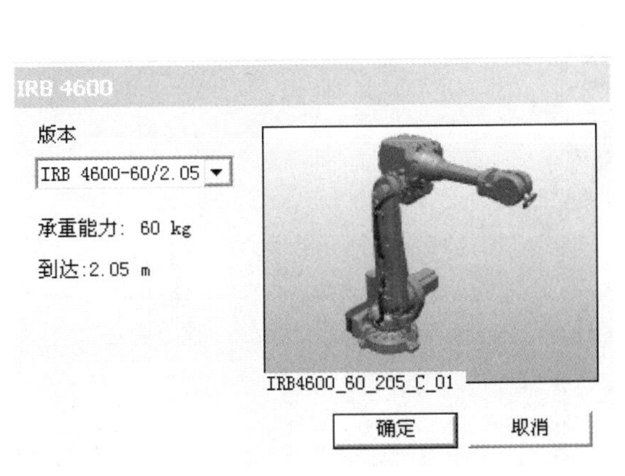

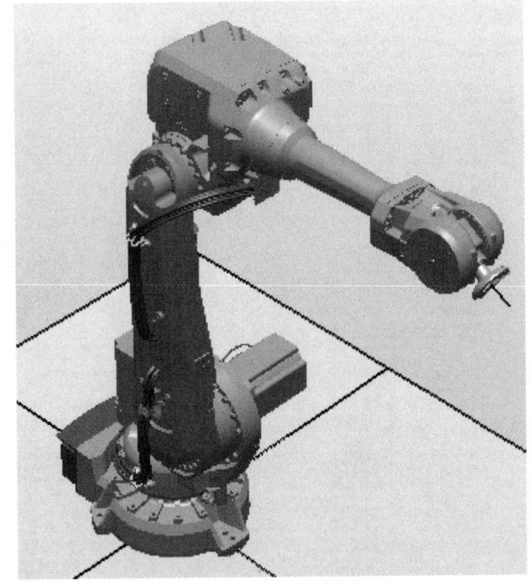

图 5-25　从【ABB 模型库】中选择一个 IRB4600 机器人模型导入工作站

② 从【导入模型库】中的设备中选择【Euro Pallet】导入到工作站，如图 5-26 所示。

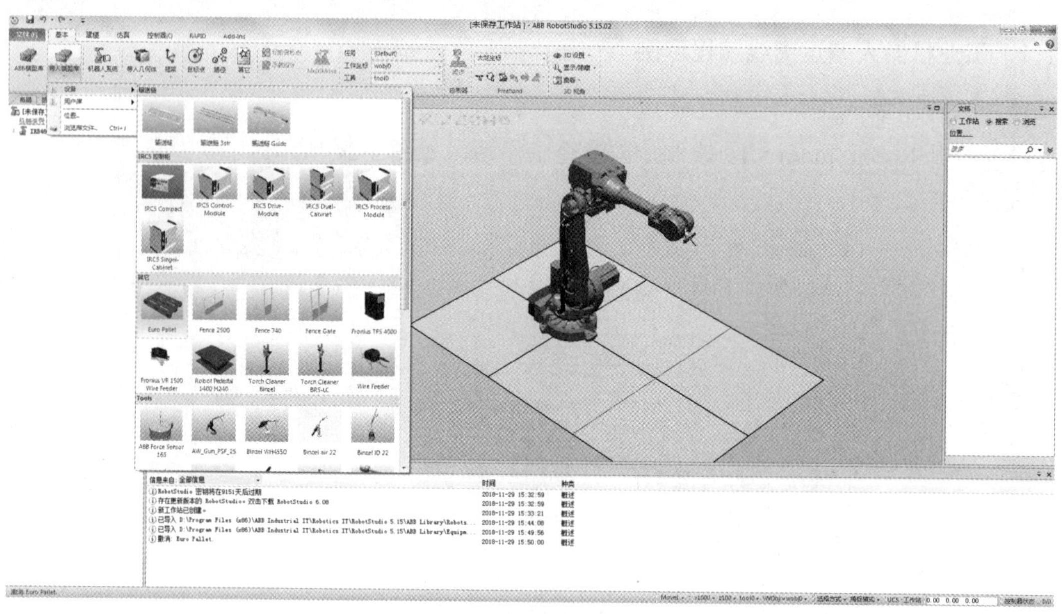

图 5-26　导入设备

③ 在左侧右击“Euro Pallet”，选择“设定位置”，如图 5-27 所示。设定位置坐标为（800，400，0），单击“应用”完成设备位置的设定。

④ 再次导入托盘到工作站。从【导入模型库】中的设备中选择【Euro Pallet】，右击“Euro Pallet_2”，选择“设定位置”，设定位置坐标为（800，-1200，0），如图 5-28 所示。单击“应用”，完成该设备位置的设定。

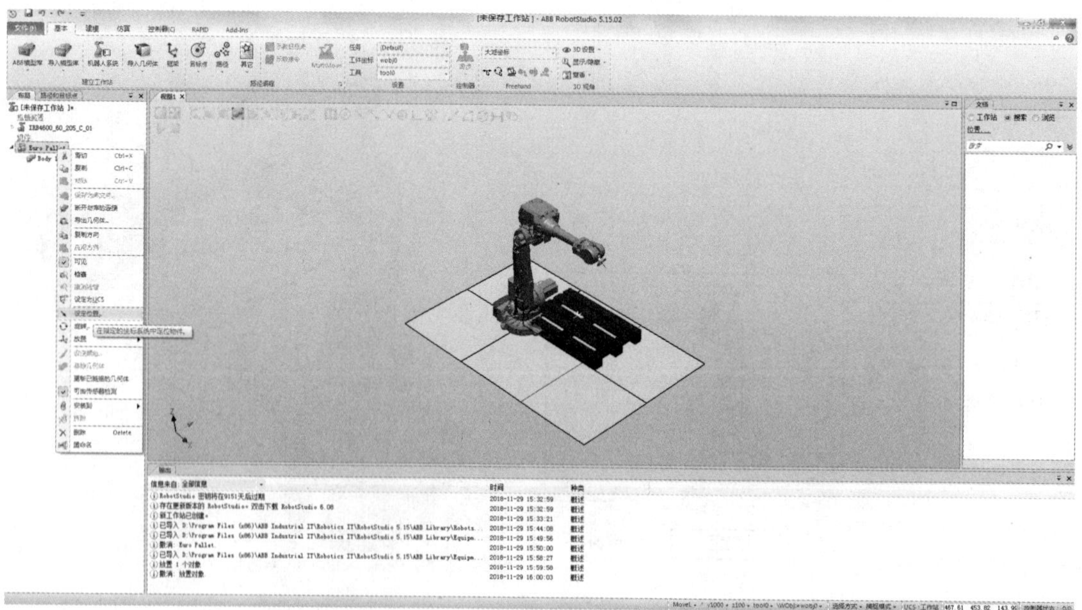

图 5-27　托盘 1 设定位置

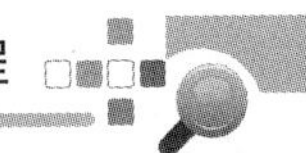

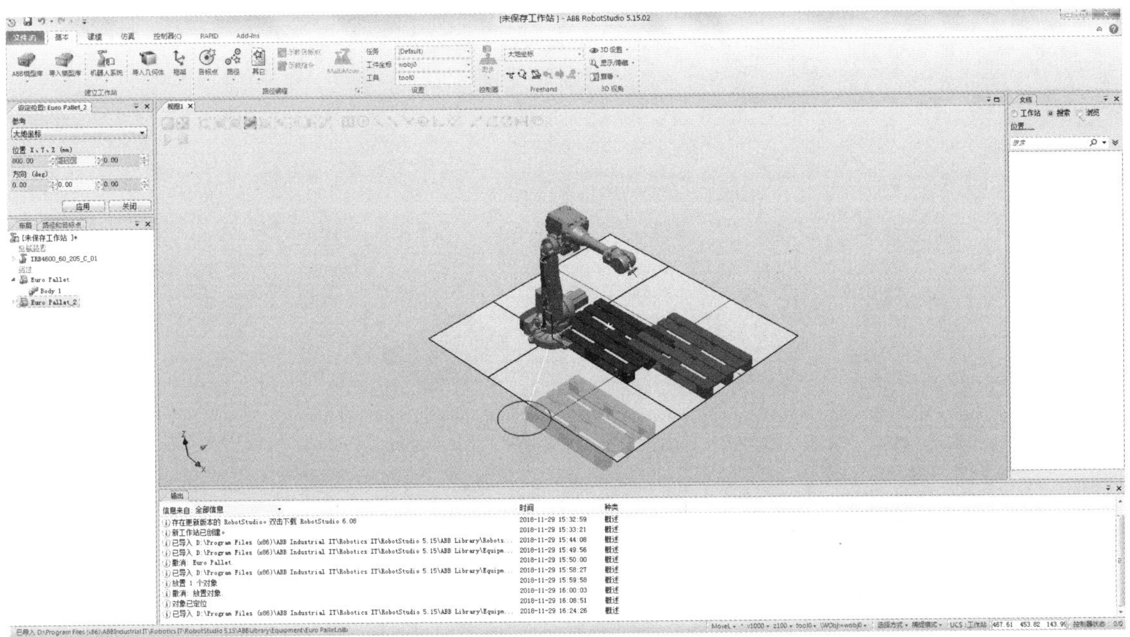

图 5-28　托盘 2 的位置设定

⑤ 搬运工件创建。在【建模】中选择【固体】导入圆柱体，如图 5-29 所示，设置参数半径为 200，高度为 600，可以把该部件重命名为[prop]。右击“prop”，选择“设定位置”，设定位置坐标为（1400，-900，150），单击“应用”，完成该部件位置的设定，如图 5-30 所示。

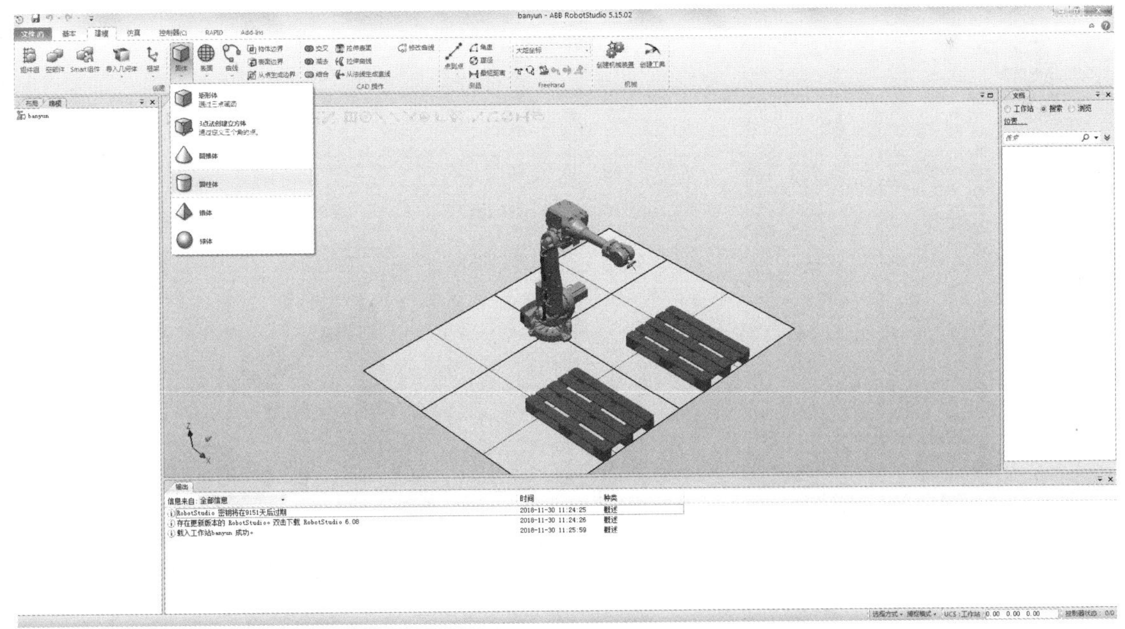

图 5-29　创建圆柱体

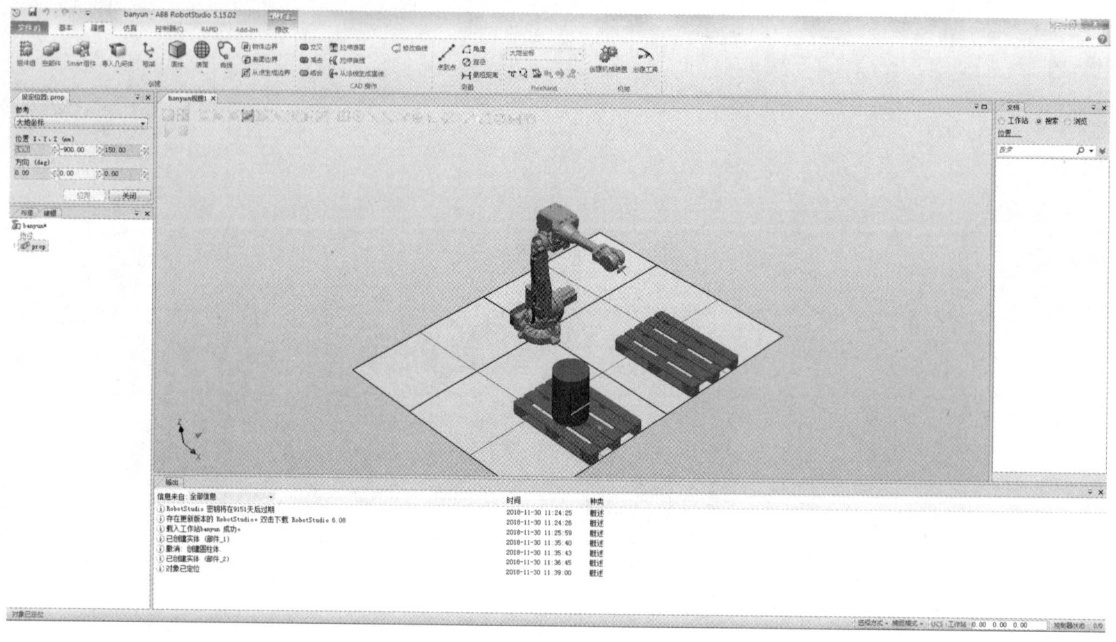

图 5-30　圆柱体的位置设定

⑥ 创建并安装工具。在【固体】中选择【圆柱体】，设置参数半径为200，高度为50，可以把该部件_2 重命名为[my tool]。设定该部件的位置坐标为（0，0，50），选中左侧“my tool”右击，选择【安装到】“IRB 4600_60_205_C_01”，如图 5-31（a）所示，将“my tool”安装放置到机器人上，如图 5-31（b）所示。

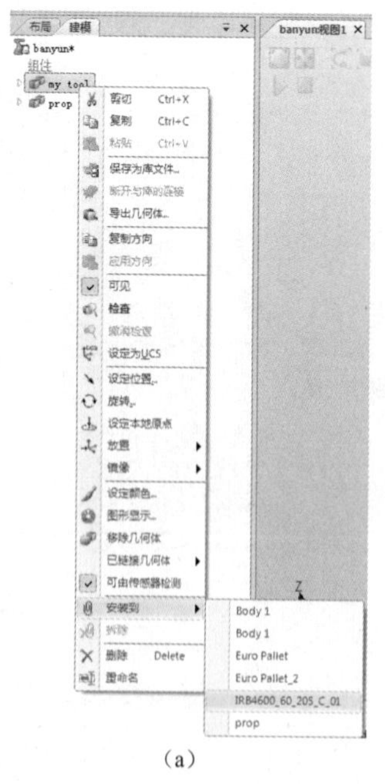

（a）

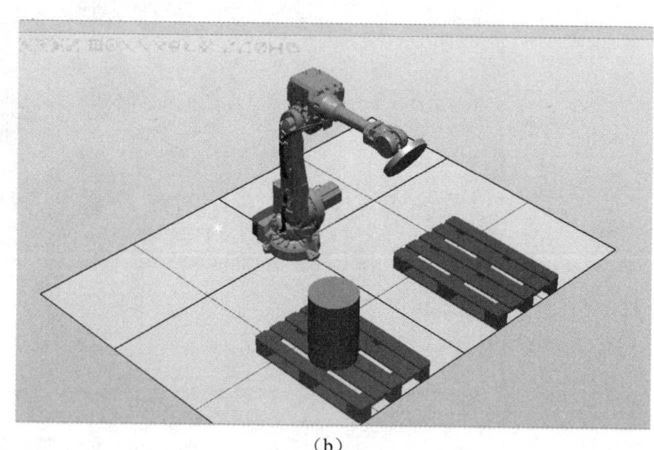

（b）

图 5-31　安装“my tool”到机器人

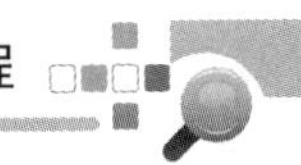

⑦ 导入机器人系统到工作站。在工具栏【基本】中，选择【机器人系统】—从【布局…】，如图 5-32（a），单击“下一步”｜“下一步”｜“完成”。至此，导入一个系统到工作站，控制器处于已启动状态，如图 5-32（b）所示。

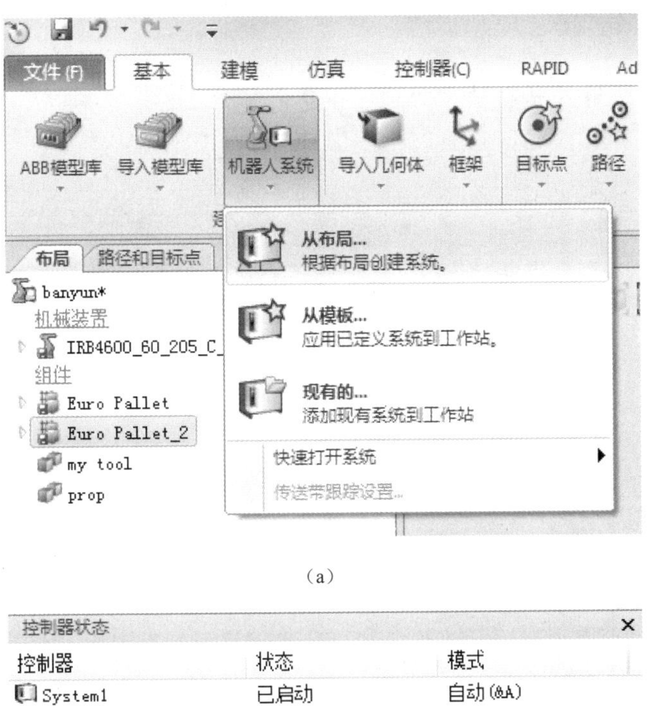

（a）

（b）

图 5-32　导入机器人系统到工作站

⑧ 在 ABB 控制器中创建一个虚拟 I/O 单元。在【控制器】中选择【配置编辑器】—【I/O】，如图 5-33（a）所示，在出现的对话框中选中左侧“unit”，右击“新建 unit”。在弹出的对话框中，把单元名称“Name”设置为[banyun]，单元类型“Type of Unit”设置为[Virtual]，连接总线“Connected to Bus”设置为[Virtual1]，如图 5-33（b）所示。最后，单击“确定”按钮，完成 I/O 单元的创建。

⑨创建 I/O 信号。单击左侧【signal】，新建 signal，在弹出的对话框中，把信号名称“Name”设置为 [do1]，信号类型设置为[Digital Output]，I/O 信号指定到单元“Assigned to unit”设置为[banyun]，I/O 信号配置“Unit Mapping”设置为[1]。单击“确定”按钮，完成“do1”I/O 信号的创建，如图 5-34（a）所示。

再次单击左侧【signal】—新建 signal，在弹出的对话框中，设置信号名称“Name”为[do2]，信号类型为[Digital Output]，I/O 信号指定到单元“Assigned to unit”设置为[banyun]，I/O 信号配置“Unit Mapping”设置为[2]，单击“确定”完成“do2”I/O 信号的创建。如图 5-34（b）所示。

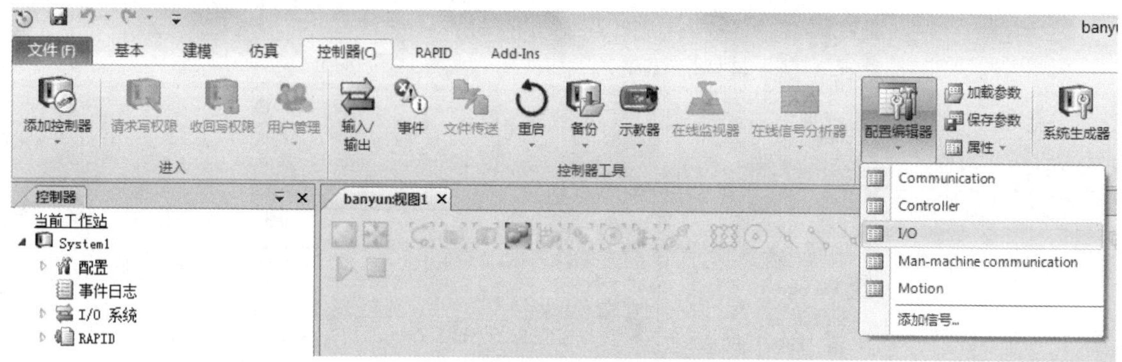

（a）配置编辑器—I/O

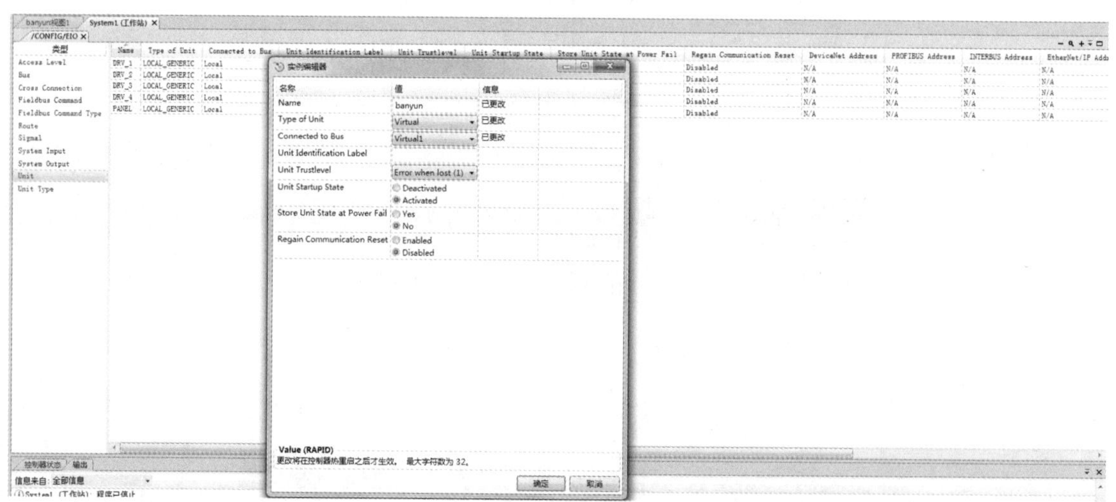

（b）新建 unit 参数修改

图 5-33　新建 unit

I/O 信号创建完成后，选择【控制器】｜【重启】｜【热启动】，如图 5-35 所示。至此，修改的参数生效。

⑩ 热启动结束后，单击【仿真】｜【配置】｜【事件管理器】，如图 5-36 所示。单击“添加”，“启动模式”改为[仿真]，如图 5-37 所示。单击<下一个>，选择“do1”，再单击<下一个>，把“动作类型”设定为[附加对象]，如图 5-38 所示。单击<下一个>，把“附加对象”改为[prop]，“安装到”改为[my tool]，并选择“保持位置”，单击“完成”按钮。

单击完成后，再添加 do2。单击“添加”，“启动模式”为[仿真]。单击<下一个>，选择“do2”，再单击<下一个>，在“动作类型”中，选择“提取对象”。单击<下一个>，把“提取对象”改为[prop]，“提取于”改为[my tool]，单击“完成”按钮。设置完成后如图 5-39 所示。

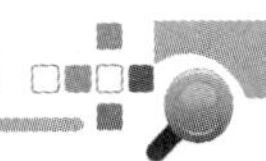

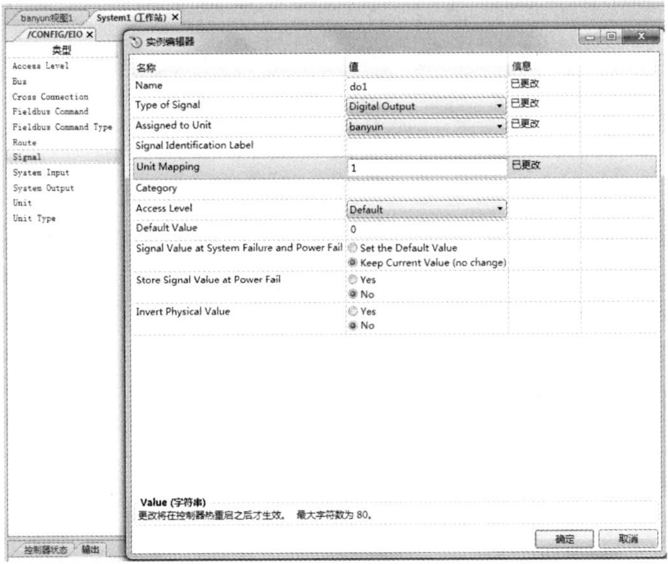

（a）

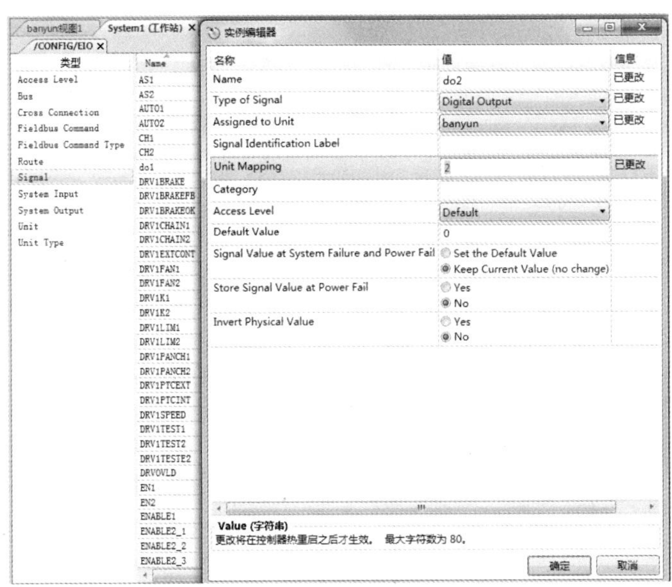

（b）

图 5-34　新建 signal

图 5-35　热启动

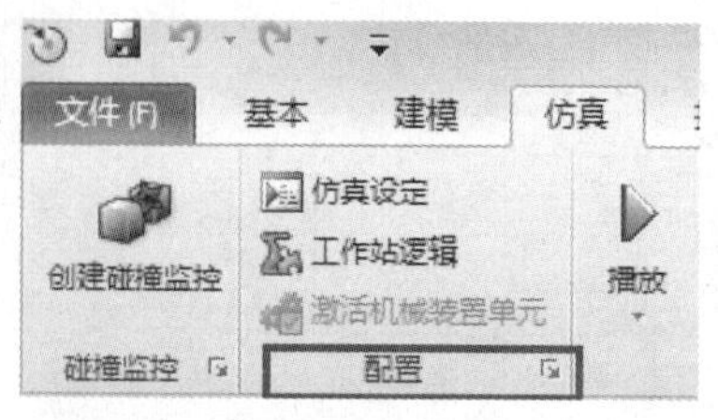

图 5-36　事件管理器

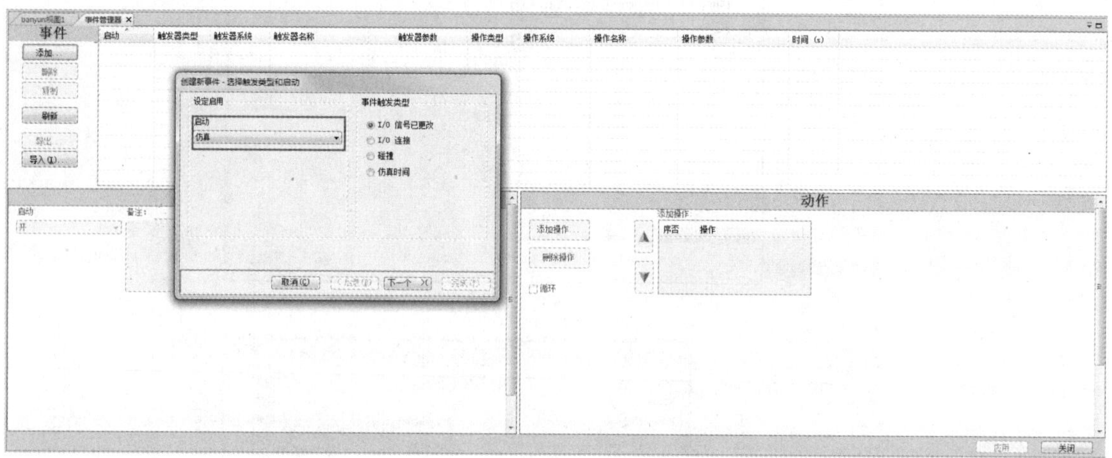

图 5-37　设定启动模式

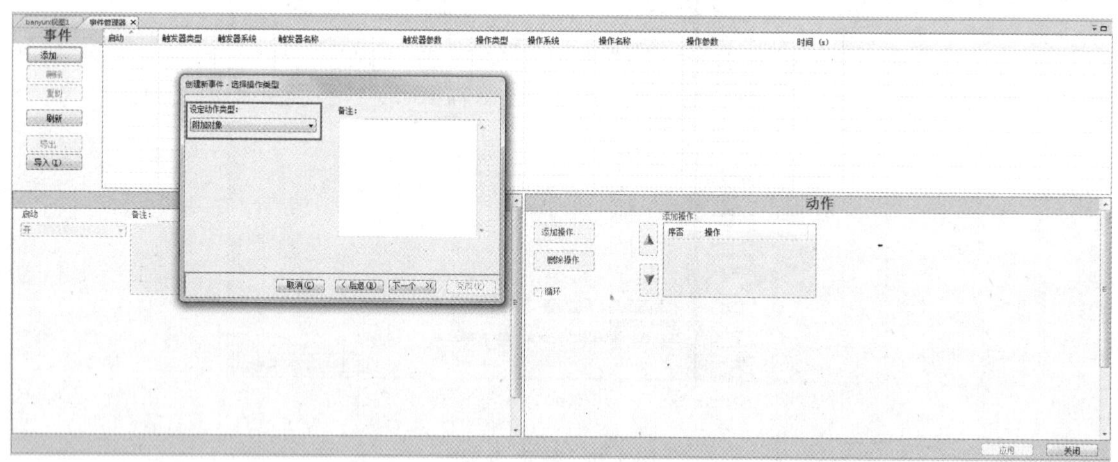

图 5-38　设定动作类型

（2）创建路径。

① 在左侧选中机器人名称“IRB4600_60_205_C_01”，右击选择“机械装置手动关节”，弹出该机器人手动关节运动参数设置界面，在第五个参数横条中，将其增加到 90°。完成该参数设置后，“my tool”的轴线与提取对象圆柱体“prop”的轴线平行，如图 5-40 所示。

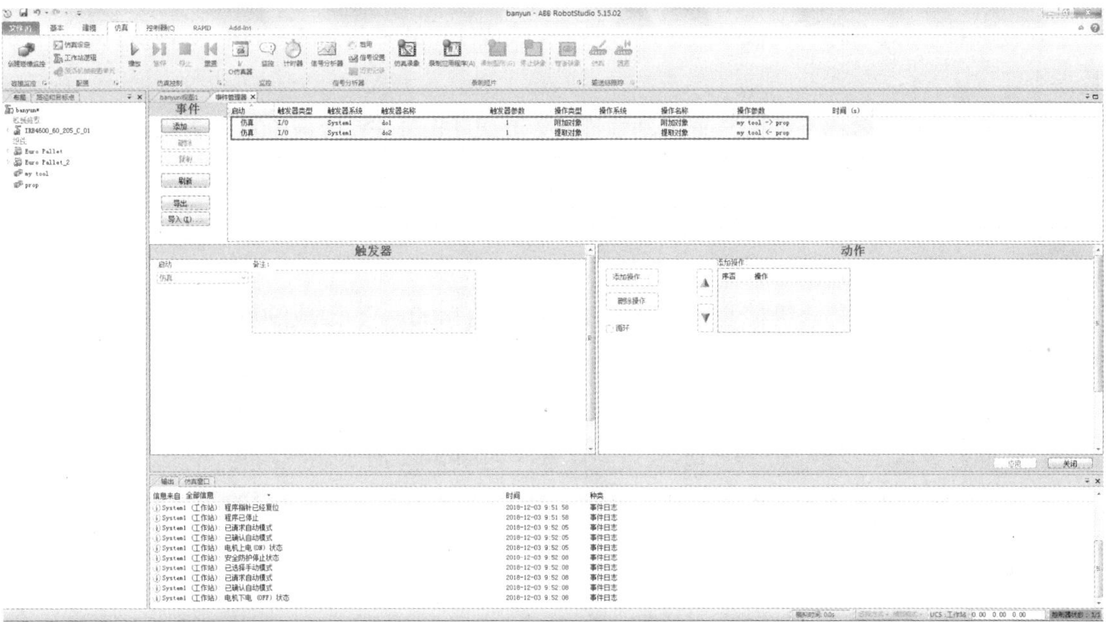

图 5-39　完成事件添加

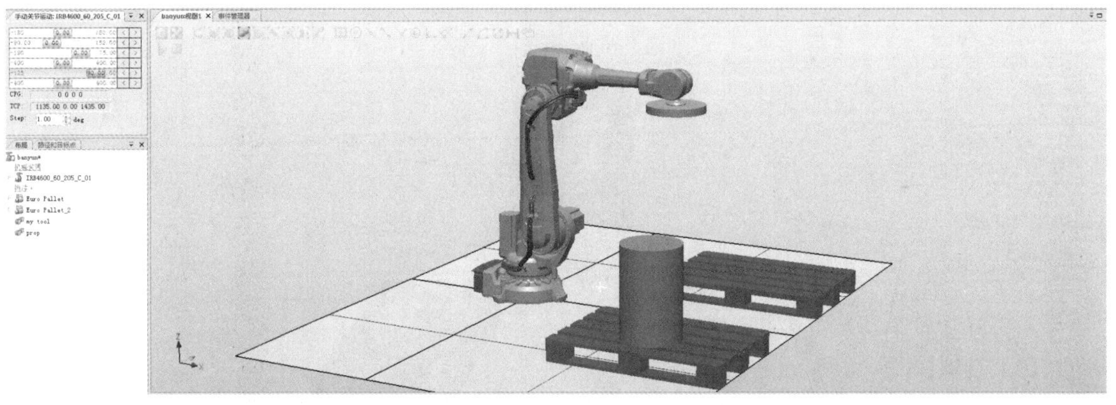

图 5-40　机械装置手动关节参数设置

②【基本】—【路径】—【空路径】，创建“path_10”路径。在视图下方修改指令为 MoveL，V800，fine，如图 5-41 所示。修改完成之后，单击菜单栏中的【示教指令】。

图 5-41　修改指令

③ 单击【捕捉中心 】，选中机器人名称“IRB4600_60_205_C_01”，选择“机械装置手动线性”，在弹出的对话框中 x 改成[1400]，Y 改成[-900]，再单击【示教指令】。

④ 选中机器人名称—机械装置手动线性—x 改成[1400]—Y 改成[-900]—Z 改成[750]—示教指令。

⑤ 选中机器人名称—机械装置手动线性—x 改成[1400]—Y 改成[-900]—Z 改成[1435]—示教指令。

⑥ 选中机器人名称—机械装置手动线性—x 改成[1400]—Y 改成[900]—Z 改成[1435]—示教指令。

⑦ 选中机器人名称—机械装置手动线性—x 改成[1400]—Y 改成[900]—Z 改成[750]—示教指令。

⑧ 选中机器人名称—机械装置手动线性—x 改成[1400]—Y 改成[900]—Z 改成[1435]—示教指令。

⑨ 选中机器人名称—机械装置手动线性—x 改成[1135]—Y 改成[0]—Z 改成[1435]—示教指令。至此，完成了步骤②～⑨的示教指令设置，如图 5-42 所示。

⑩ 选中 MoveL Target_40 后右击，选择“插入逻辑指令”，在弹出的对话框中，对“指令模板”选择[Set default]，“指令参数”选择[do1]，如图 5-43（a）所示。最后单击“创建”，完成 do1 逻辑指令创建。接着对“指令模板”选择[Reset default]，“指令参数”选择[do2]，如图 5-43（b）所示。最后，单击“创建”，完成 do2 逻辑指令创建。

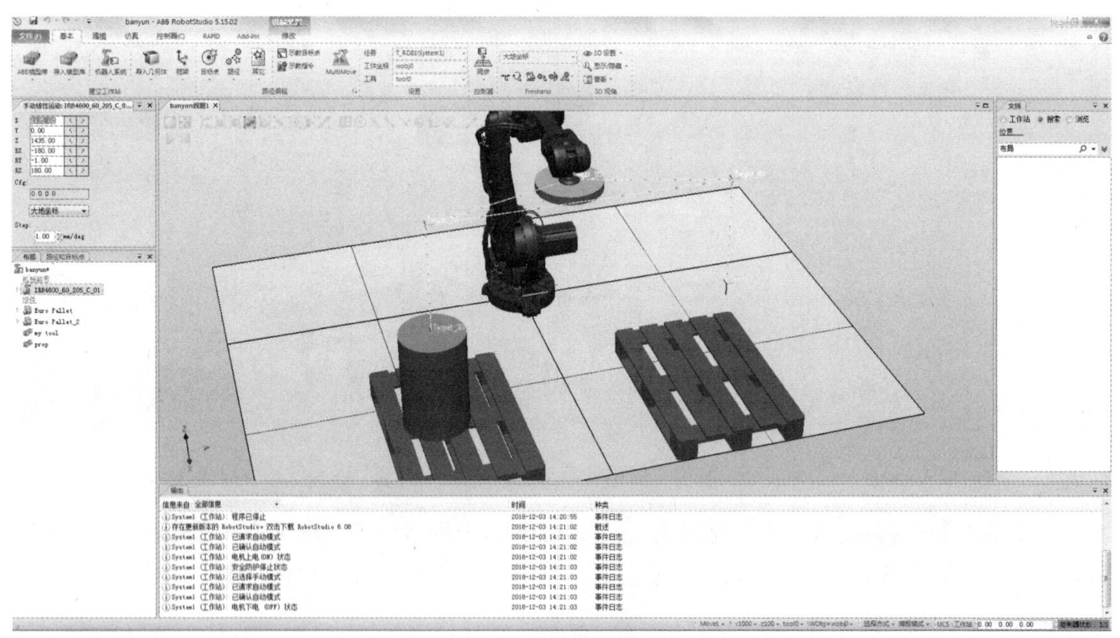

图 5-42　示教指令设置完成

⑪ 选中 MoveL Target_70，右击后选择“插入逻辑指令”，对“指令模板”选择[Reset default]，“指令参数”选择[do1]，完成创建。接着对“指令模板”选择[Set default]，“指令参数”选为[do2]，完成创建。至此，完成路径创建，如图 5-44 所示。

（a）创建 do1 逻辑指令

（b）创建 do2 逻辑指令

图 5-43　创建逻辑指令

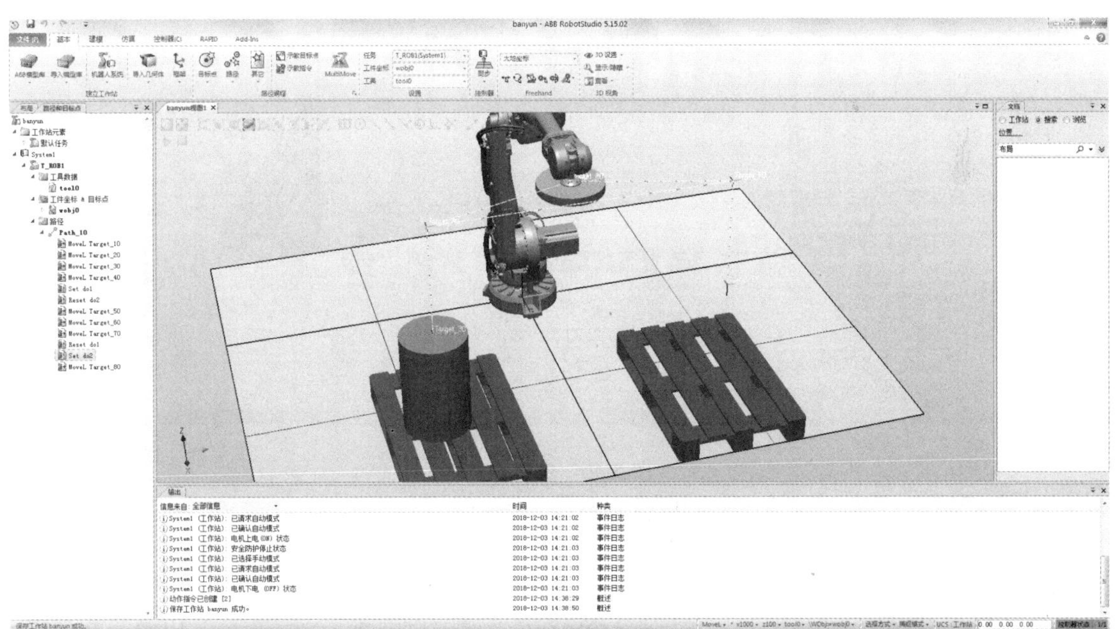

图 5-44　路径创建完成

（3）同步。

在【基本】菜单中单击【同步】，选择【同步到 VC】，如图 5-45 所示。单击“确定”按钮，VC 同步完成。

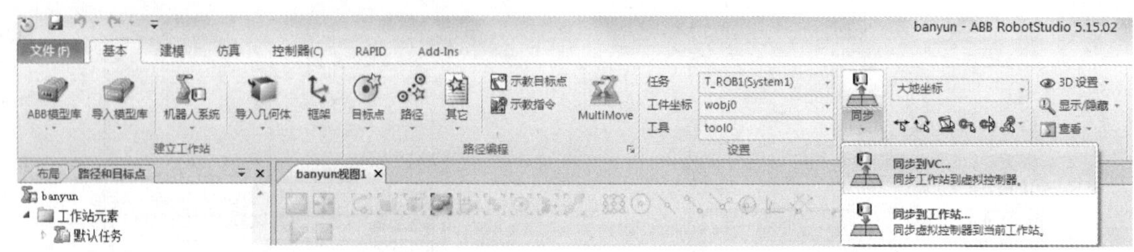

图 5-45　同步到 VC

（4）仿真。

单击【仿真】里面的“仿真设定”，将子程序拉进【主队列】|【应用】|【确定】，如图 5-46 所示。

（5）右击左侧“路径 path_10”，选择“到达能力”。若“到达能力”都为“✔”，则为正确的。右击左侧“路径 path_10”，选择“配置参数”|“自动配置”。

（6）单击【播放】|【录制视图】。

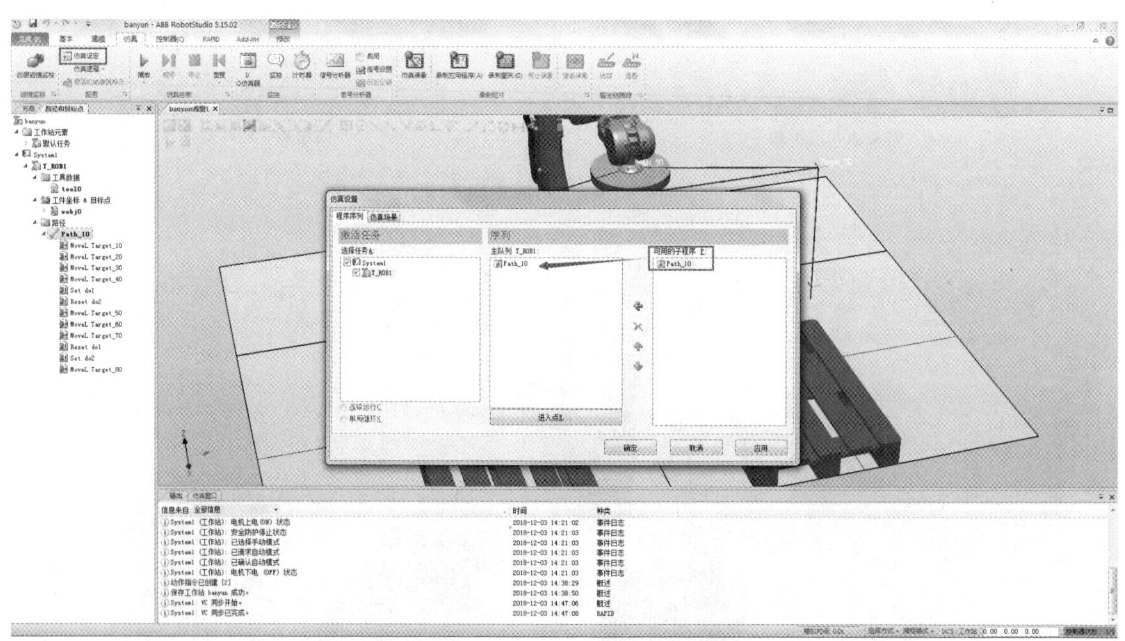

图 5-46　仿真设定

2. 工业机器人激光切割离线编程示例

（1）新建工作站。单击【文件】—【空工作站】—单击【创建】。

（2）单击【ABB 模型库】—选择一个 IRB2600 机器人模型导入到工作站，如图 5-47 所示。

（3）导入机械手。单击【导入模型库】—【设备】—【Traning Objects】中选择【MyTool】机械手。在【布局】窗口中，用鼠标左键单击【MyTool】不放开，将其拖放到机器人 IRB2600 上，松开鼠标，则放置成功，如图 5-48 所示。

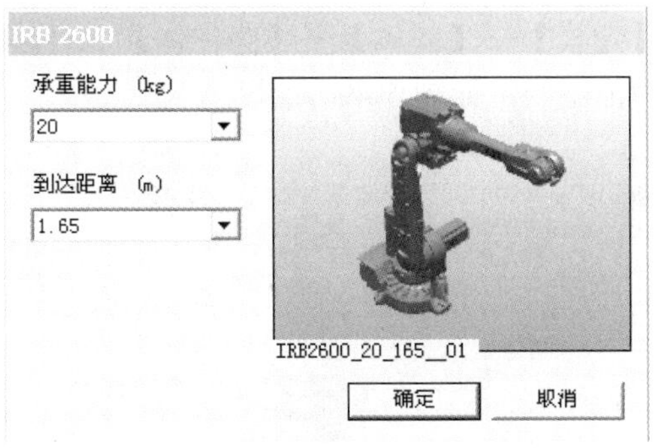

（a）选择 IRB2600 的工作参数

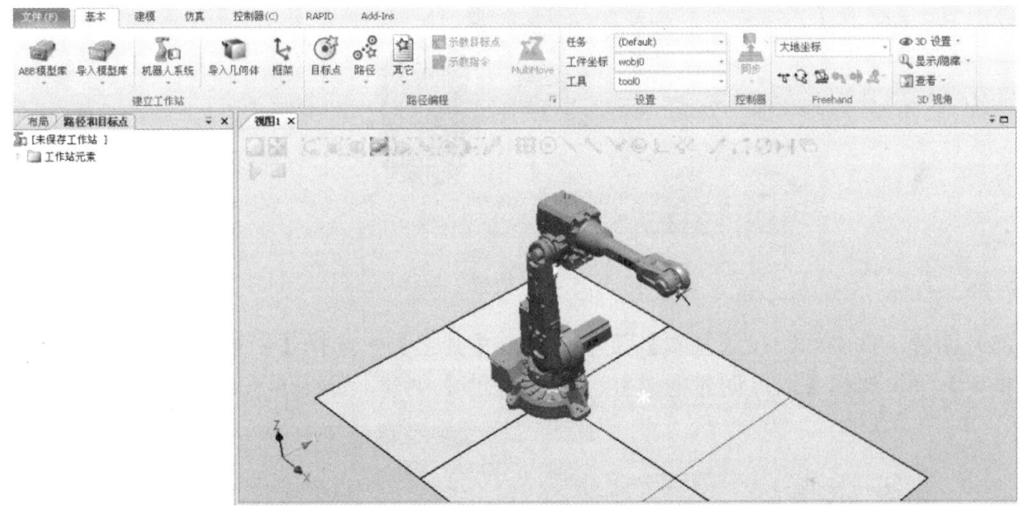

（b）导入 IRB2600 至工作站

图 5-47　从【ABB 模型库】选择机器人模型导入工作站

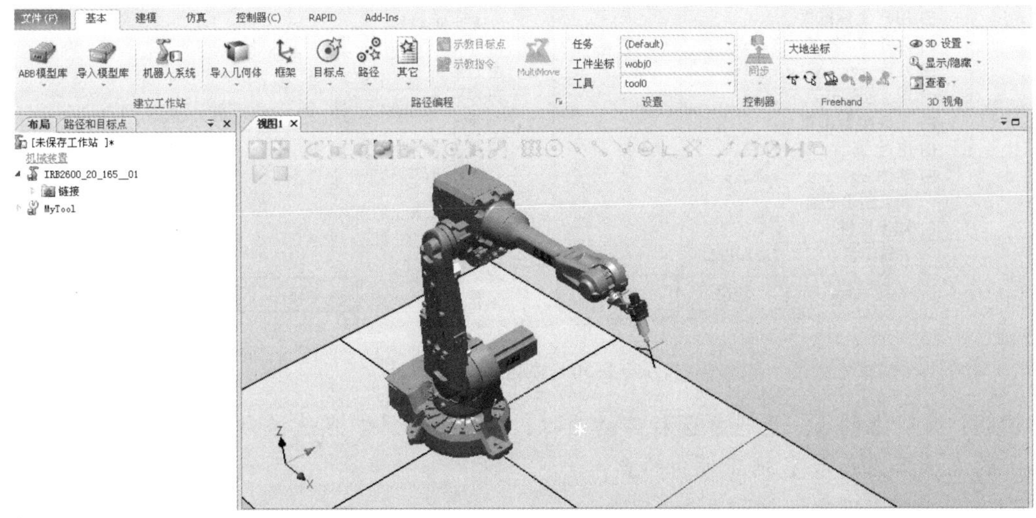

图 5-48　导入机械手

（4）放置工件。单击【建模】—【固体】—【圆柱体】，圆柱体的数值可自行设定。工件放置在机器人的正前端运动范围内，如图 5-49 所示。

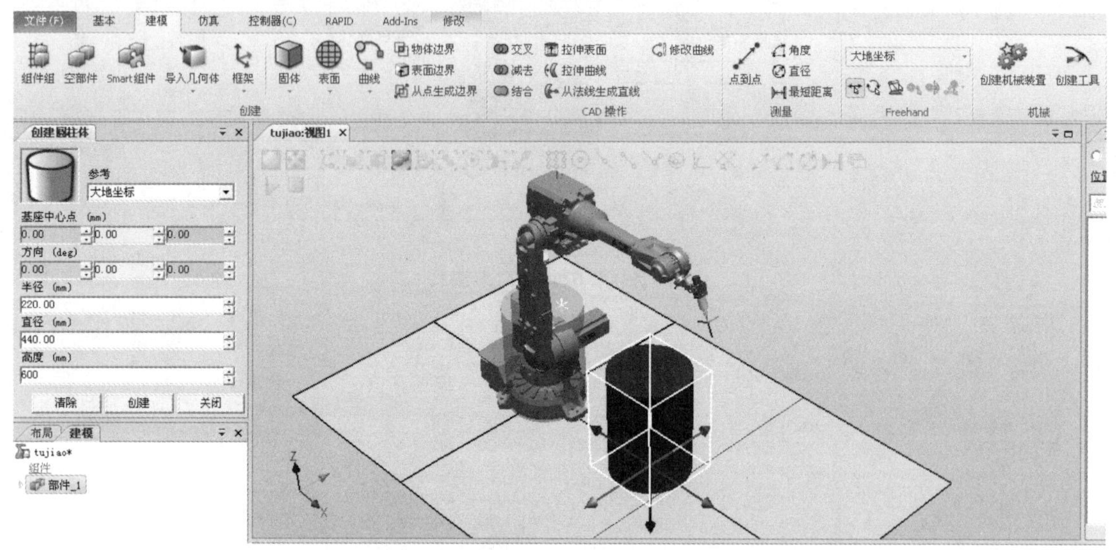

图 5-49　放置工件

（5）创建工件坐标。在【基本】菜单—单击【其它】—选择【创建工件坐标】。在【用户坐标框架】下，选择【取点创建框架】，选择【三点】创建，如图 5-50 所示。

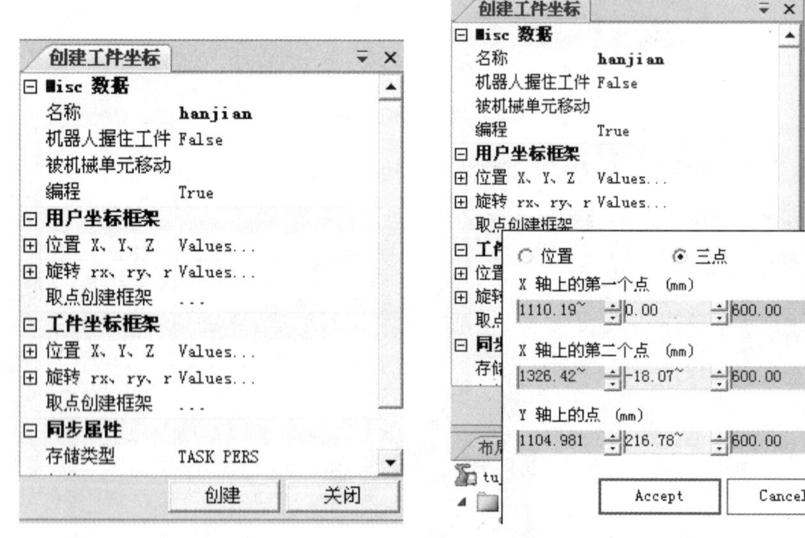

图 5-50　创建工件坐标

说明：X 轴上的第一点选择圆柱体的圆心，X 轴上的第二点选择为表示 X 轴正方向的点，Y 轴上的点选择为表示 Y 轴正方向的点。

创建完成的工件坐标如图 5-51 所示。

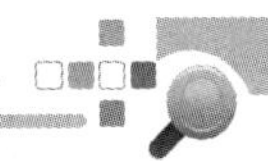

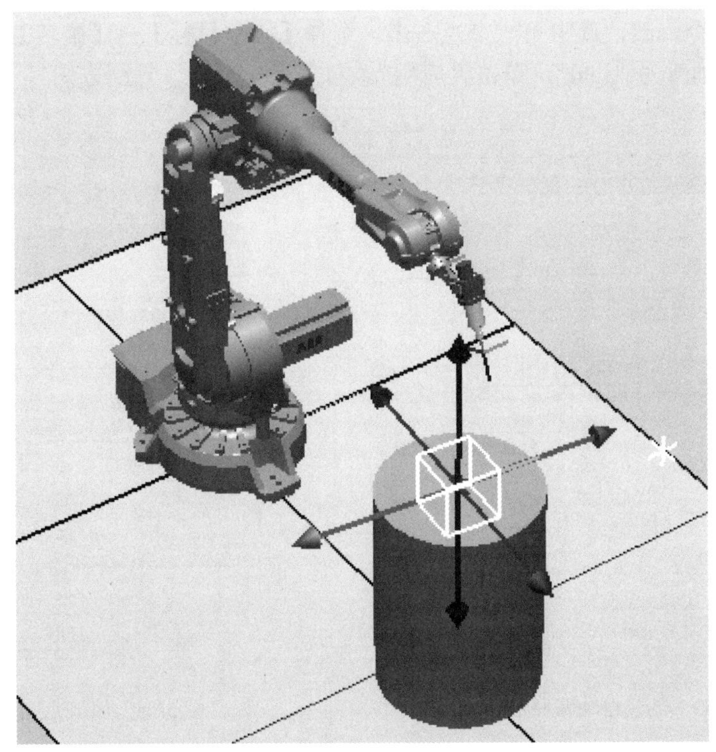

图 5-51　工作坐标创建完成

完成工件坐标的创建后，在【基本】菜单—【设置】—【工件坐标】选择为创建好的“hanjian”，如图 5-52 所示。

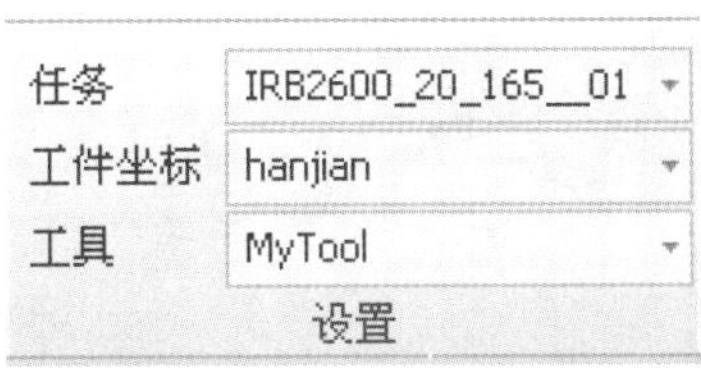

图 5-52　工件坐标设置

（6）在工具栏【基本】中，选择【机器人系统】——【从布局…】，至此导入了一个系统到工作站，控制器处于已启动状态。

（7）创建路径。该焊枪的运动轨迹为圆柱体上表面的圆，为了能够自动识别上圆的轨迹，具体操作如下。

① 选择运动轨迹曲线。

单击【建模】菜单—【表面边界】—选择【表面】，单击圆柱体的上表面，单击【创建】，完成运动轨迹曲线创建。

② 创建路径。

单击【基本】菜单—【路径】—选择【自动路径】。单击【选择曲线】，选择圆柱体的上圆，“参考面”选择为圆柱体上表面，如图 5-53 所示。

③ 轨迹点指令修改。选中第一个点右击，选择【修改目标】—【旋转】，出现对话框，如图 5-54 所示，Z 轴改为“-90”，单击“应用”。右击第一个点“复制方向”，选中全部轨迹点，右击“应用方向”。

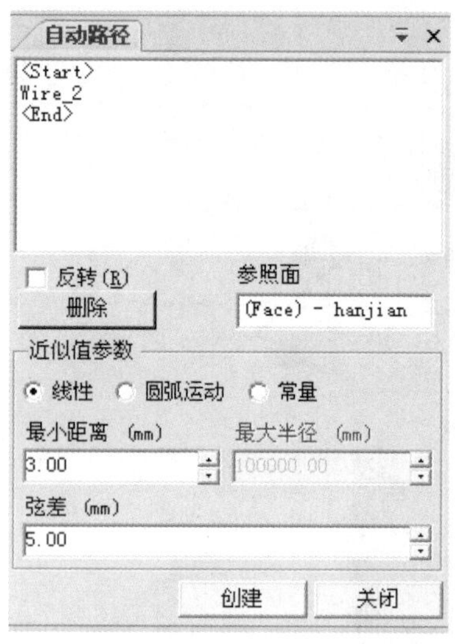

图 5-53　创建自动路径

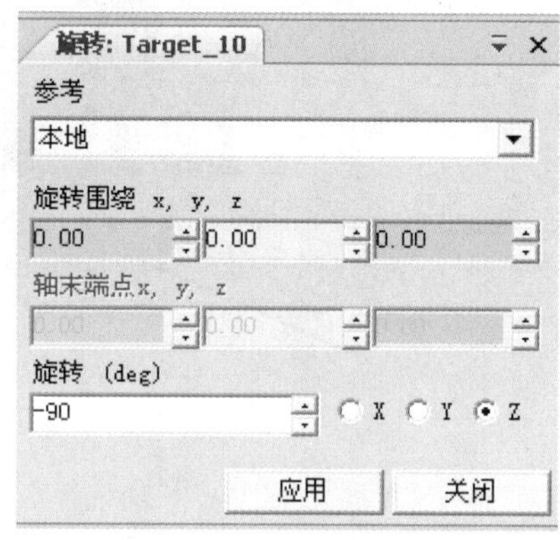

图 5-54　轨迹点指令修改

（8）运动路径指令设置。右击“path_10”路径—“配置参数”—“自动配置”，如图 5-55 所示。右击【路径 path_10】—到达能力，若{到达能力]都为“ ”，则为正确的。

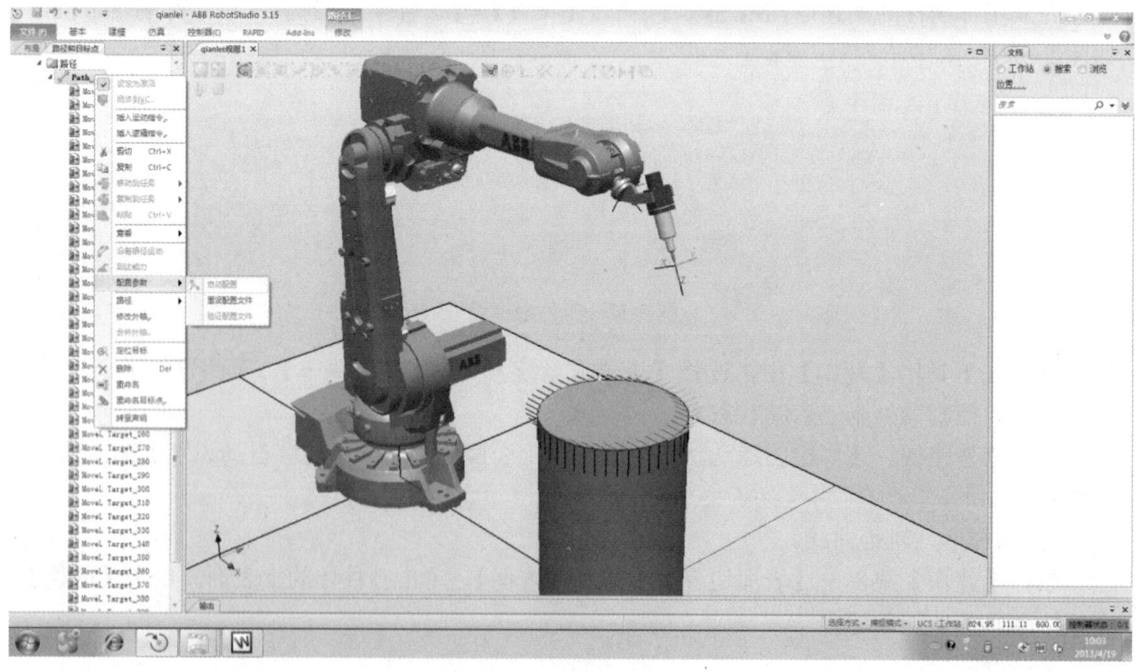

图 5-55　自动配置参数

（9）同步。单击【同步】，选择【同步到 VC】。单击“确定”按钮，完成 VC 同步。

（10）仿真。单击【仿真】里面的仿真设定，将子程序拉进【主队列】—【应用】—【确定】，如图 5-56 所示。【仿真】菜单—单击【仿真录像】—【播放】。

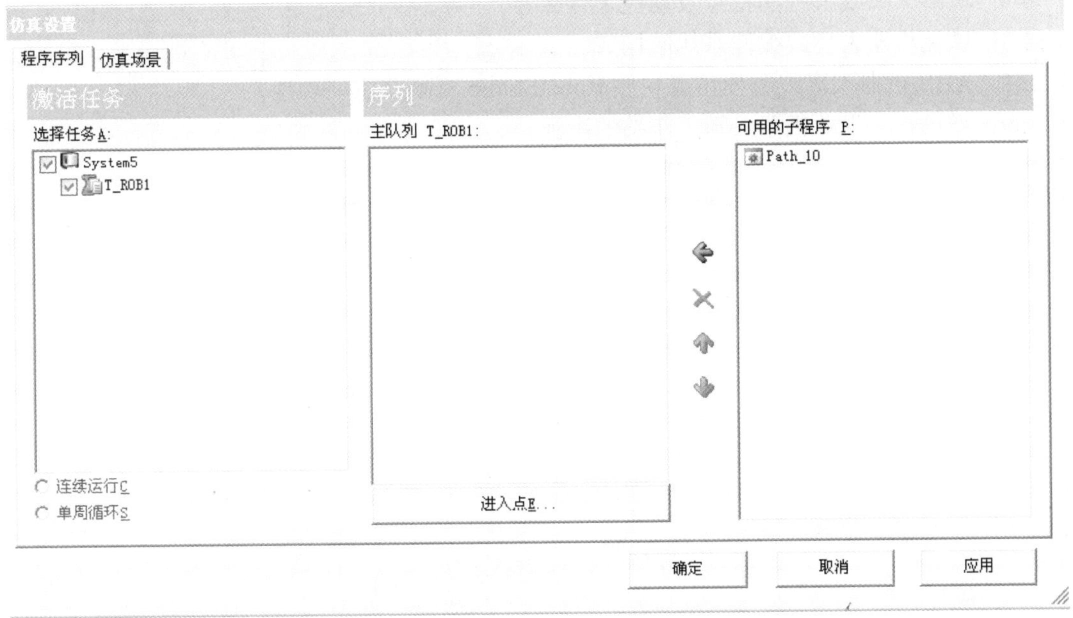

图 5-56　仿真设置

（11）保存打包。【文件】菜单—【共享】—【打包】，存入个人 U 盘。

本 章 小 结

本章主要介绍了工业机器人常用的 3 种编程方法：示教编程、语言编程、离线编程。示教编程因简单直观、易于掌握，是工业机器人目前普遍采用的编程方式。语言编程是采用专用的机器人语言来描述机器人的动作轨迹的一种方法。机器人语言按照其作业描述水平的程度可分为动作级编程语言、对象级编程语言和任务级编程语言三类。但由于目前的机器人语言都是动作级和对象级语言，因而编程工作是相当冗长繁重的。关于离线编程，操作者不对实际作业的机器人直接进行示教，而是在离线编程系统中进行轨迹规划、作业编程或在模拟环境中进行仿真，进而生成机器人作业程序。离线编程可用 CAD 方法，进行最佳轨迹规划，并可实现复杂运动轨迹的编程。

思考与练习题

5-1　常用的工业机器人编程的方法有哪三种？

5-2　什么是示教再现过程？

5-3　如何进行机器人的示教编程？分析机器人示教再现式控制系统的工作原理。

5-4　按机器人作业水平的程度划分，机器人编程语言分为哪几种？各有什么特点？

5-5　试述机器人示教编程的过程及特点。

5-6　机器人离线编程的特点及功能是什么？

5-7　试述机器人离线编程系统的构成。

5-8　ABB 机器人离线编程仿真软件 RobotStudio 有哪些主要功能？

5-9　简述建立工业机器人新工作站的步骤。

第6章 工业机器人系统集成与典型应用

教学要求

通过本章学习，了解工业机器人工作站的构成及设计原则；熟悉不同应用领域工业机器人的分类及特点；掌握几类典型工业机器人的系统组成、功能与周边设备以及典型应用。

工业机器人是面向工业领域的多关节机械手或多自由度的机器人。它是一种靠自身动力和控制能力来执行工作任务的自动化机械装备，具有可自动控制性、再编程性及柔性大等特点。自第一台工业机器人面世以来，工业机器人技术及其产品已成为制造业中重要的自动化工具，极大地提高了人类及一般机械的工作能力，为实现生产、生活的全面自动化起着重要的推动作用。作为先进制造业中不可替代的重要装备，工业机器人已经成为衡量一个国家制造水平和科技水平的重要标志。

在发达国家中，工业机器人自动化生产线已经成为自动化装备的主流和未来的发展方向。国外汽车、电子电器、工程机械、建筑、煤业化工等很多行业已经大量装备工业机器人自动化生产线，以保证产品质量，提高生产效率。全球众多国家近半个世纪使用工业机器人的生产实践表明，工业机器人的普及是实现自动化生产、提高社会生产效率、推动企业和社会生产力发展的有效手段。

由于工业机器人的可编程性和通用性较好，能满足工业产品多样化、小批量的生产要求，因此，工业机器人的应用领域也得到了极大的扩展。在工业生产中，焊接机器人（点焊机器人、弧焊机器人）、搬运机器人及喷涂机器人等工业机器人都已经被大量采用。为此，本章着重介绍这几类工业机器人的系统集成及应用情况。

6.1 工业机器人的应用准则与步骤

6.1.1 工业机器人的应用准则

在设计和应用工业机器人时，应全面和均衡考虑机器人的通用性、环境的适应性、耐久性、可靠性和经济性等因素，具体遵循的准则如下。

1）在恶劣的环境中应用机器人

机器人可以在有毒、风尘、噪声、振动、高温、易燃、易爆等危险或有害的环境中长期稳定地工作。在技术、经济合理的情况下，可采用机器人逐步把人从这些工作岗位上替代下来，以改善工人的劳动条件，降低工人的劳动强度。

2）在生产率和生产质量落后的部门应用机器人

现代化生产的分工越来越细，操作越来越简单，劳动强度越来越大，可以用机器人高效地完成一些简单、重复性的工作，以提高生产效率和生产质量。

3）从长远考虑需要机器人

一般来说，人的寿命要比机械设备的寿命长。不过，如果经常对机械设备进行保养和维修，对易换件进行补充和更换，有可能使机械设备的寿命超过人类。另外，工人会由于其自身的意志而放弃工作、停工或辞职，而工业机器人没有自己的意愿，它不会在工作中途因故障以外的原因而停止工作，能够持续地工作，直至其机械寿命完结。

与只能完成单一特定作业的设备不同，机器人不受产品性能、所执行任务的类型或具体行业的限制。若产品更新换代频繁，则通常只需要重新编制机器人程序，同时通过换装不同类型的末端执行器来完成部分改装就可以了。

4）机器人的使用成本

虽然使用机器人可以减轻工人的劳动强度，但是人们往往更为关心使用机器人的经济性，要从劳动力、材料、生产率、能源、设备等方面比较人和机器人的使用成本。若使用机器人能够带来更大的效益，则可优先选用机器人。

5）应用机器人时需要人

在应用机器人代替工人操作时，要考虑工业机器人的实际工作能力，用现有的机器人完全取代工人显然是不可能的，机器人只能在人的控制下完成一些特定的工作。

6.1.2 工业机器人的应用步骤

在现代工业生产中，机器人一般都不是单机使用的，而是作为工业生产系统的一个组成部分来使用的。将机器人应用于生产系统的步骤如下。

（1）全面考虑并明确自动化要求，包括提高劳动生产率、增加产量、减轻劳动强度、改善劳动条件、保障经济效益和社会就业率等问题。

（2）制订机器人化计划。在全面可靠的调查研究基础上，制订长期的机器人化计划，包括确定自动化目标、培训技术人员、编绘作业类别一览表、编制机器人化顺序表和大致日程表等。

（3）探讨使用机器人的条件。结合自身具备的生产系统条件，选用合适类型的机器人。

（4）对辅助作业和机器人性能进行标准化处理。辅助作业大致分为搬运型和操作型两种。根据不同的作业内容、复杂程度或与外围机械在共同任务中的关联性，所使用的工业机器人的坐标系统、关节和自由度数、运动速度、作业范围、工作精度和承载能力等也不同。因此，必须对机器人系统进行标准化处理工作。此外，还要判别各机器人分别具有哪些适于特定用途的性能，进行机器人性能及其表示方法的标准化工作。

（5）设计机器人化作业系统方案。设计并比较各种理想的、可行的或折中的机器人化作业系统方案，选定最符合使用要求的机器人及其配套设备来组成机器人化柔性综合作业系统。

（6）选择适宜的机器人系统评价指标。建立和选用适宜的机器人系统评价指标与方法，既要考虑适应产品变化和生产计划变更的灵活性，又要兼顾当前和长远的经济效益。

（7）详细设计和具体实施。对选定的实施方案进行详细的设计工作，并提出具体实施细则，交付执行。

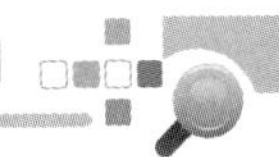

6.2 工业机器人工作站的构成及设计原则

6.2.1 机器人工作站的构成

机器人工作站是指使用一台或多台机器人，配以相应的周边设备，用于完成某一特定工序作业的独立生产系统，也可称为机器人工作单元，如图 6-1 所示。它主要由机器人及其控制系统、辅助设备及其他周边设备所构成。在这种构成中，机器人及其控制系统应尽量选用标准装置，对于个别特殊的场合需设计专用机器人。而末端执行器等辅助设备及其他周边设备则随应用场合和工件特点的不同存在着较大差异，因此，这里只阐述一般工作站的构成和设计原则。

图 6-1　机器人工作站

6.2.2 机器人工作站的一般设计原则

工作站的设计是一项较为灵活多变、关联因素甚多的技术工作，若将共同因素抽象出来，可得出一般的设计原则。

（1）设计前必须充分分析作业对象，拟定最合理的作业工艺。

（2）必须满足作业的功能要求和环境条件。

（3）必须满足生产节拍要求。

（4）整体及各组成部分必须全部满足安全规范及标准。

（5）各设备及控制系统应具有故障显示及报警装置。

（6）便于维护修理。

（7）操作系统便于联网控制。

（8）工作站便于组线。

（9）操作系统应简单明了，便于操作和人工干预。

（10）经济实惠，快速投产。

这十项设计原则体现了工作站用户的多方面需要，简单地说，就是千方百计地满足用户的要求。下面只对具有特殊性的前四项原则展开讨论。

1．作业顺序和工艺要求

对作业对象（工件）及其技术要求进行认真细致的分析，是整个设计的关键环节，它直接影响工作站的总体布局、机器人型号的选择、末端执行器和变位机等的结构，以及其周边机器型号的选择等。在设计工作中，这一内容所投入的精力和时间占总设计时间的 15%～ 50%。工件越复杂，作业难度越大，投入精力的比例就越大；分析得越透彻，工作站的设计依据就越充分，将来工作站的性能就可能越好，调试时间和修改变动量就可能越少。一般来说，工件的分析包含以下几个方面。

（1）工件的形状决定了机器人末端执行器和夹具体的结构及工件的定位基准。在成批生产中，对工件形状的一致性应有严格的要求。在那些定位困难的情况下，还需与用户商讨，适当改变工件形状的可能性，使更改后的工件既能满足产品要求，又为定位提供方便。

（2）工件的尺寸及精度对机器人工作站的使用性能有很大的影响，特别是精度决定了工件形状的一致性。设计人员应对与工作站相关的关键尺寸和精度提出明确的要求。一般情况下，与人工作业相比，工作站对工件尺寸及精度的要求更为苛刻。尺寸及精度的具体数值要根据机器人工作精度、辅助设备的综合精度以及本站产品的最终精度来确定。需要特别注意的是，如果在前期工序中对工件尺寸控制不准、精度偏低，就会造成工件在机器人工作站中的定位困难，甚至造成引入机器人工作站决策的彻底失败。因此，引入机器人工作站之前，必须对工件的全部加工工序予以研究。必要时，需改变部分原始工序，增加专用设备，使各工序相互适合，使工件具有稳定的精度。此外，工件的尺寸还直接影响周边机器的外形尺寸及工作站的总体布局。

（3）当工件安装在夹具体上或是放在某个搁置台上时，工件的质量和夹紧时的受力情况就成为夹具体、传动系统及支架等零部件的强度和刚度设计计算的主要依据，也是选择电动机或气液系统压力的主要因素之一。当工件需机器人抓取和搬运时，工件质量又成为选定机器人型号最直接的技术参数。如果工件质量过大，已经无法从现行产品中选择标准机器人，那就要设计并制造专用机器人。这种情形在冶金、建筑等行业中尤为普遍。

（4）工件的材料和强度对工作站中夹具体的结构设计、选择动力形式、末端执行器的结构以及其他辅助设备的选择都有直接的影响。设计时要以工件的受力和变形，产品质量符合最终要求为原则确定其他因素，必要时还应进行关键内容的试验，通过试验数据确定关键参数。

（5）工作环境也是机器人工作站设计中需要引起注意的一个方面。对于焊接工作站，要注意焊渣飞溅的防护，特别是机械传动零件和电子元件及导线的防护。在某些场合，还要设置焊枪清理装置，保证起弧质量。对于喷涂或粉尘较大的工作站，要注意有毒物的防护，包括对操作者健康的损害和对设备的化学腐蚀等。对于高温作业的工作站，要注意温度对计算机控制系统、导线、机械零部件和元器件的影响。在一些特殊场合，如强电磁干扰的工作环境或电网波

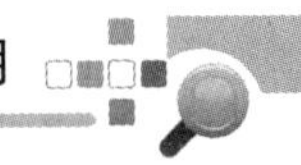

动等问题，会成为工作站设计中的一个重点研究对象。

（6）作业要求是用户对设计人员提出的技术期望，它是可行性研究和系统设计的主要依据。具体内容有年产量、工作制度、生产方式、工作站占用空间、操作方式和自动化程度等。其中，年产量、工作制度和生产方式是规划工作站的主要因素。当 1 个工作站不能足产量要求时，则应考虑设置 2 个甚至 3 个相同的工作站，或设置 1 个人工处理站，与机器人工作站协调作业。而操作方式和自动化程度又与 1 个工作站中机器人的数量、夹具的自动化水平、投入成本、操作者的劳动强度以及其他辅助设备有直接的关系。要充分研究作业要求，使工作站既符合工厂现状，又能生产出高质量的产品，即处理好投资与效益的关系。对于那些形状复杂、作业难度较大的工件，如果一味地追求更高的自动化程度，就必然会大大地增加设计难度、投入资金以及工作站的复杂程度。有时，增加必要的人工生产，则会使工作站的使用性能更加稳定，更加实用。要充分分析工厂的实际情况，多次商讨对于作业的要求，最终形成行之有效的系统方案。

2．工作站的功能要求和环境条件

机器人工作站的生产作业是由机器人连同它的末端执行器、夹具和变位机以及其他周边设备等具体完成的，其中起主导作用的是机器人。因此，这一设计原则在选择机器人时必须首先满足。满足作业的功能要求，具体到选择机器人时，可从三方面加以保证：有足够的持重能力，有足够大的工作空间和有足够多的自由度。环境条件可由机器人产品样本的推荐使用领域加以确定。下面分别加以讨论。

1）确定机器人的持重能力

机器人手腕所能抓取的质量是机器人的一个重要性能指标，习惯上称为机器人的可搬质量。一般说来，同一系列的机器人，其可搬质量越大，它的外形尺寸、手腕工作空间、自身质量以及所消耗的功率也就越大。在设计中，需要初步设计出机器人的末端执行器，比较精确地计算它的质量，然后确定机器人的可搬质量。在某些场合，末端执行器比较复杂，结构庞大，如一些装配工作站和搬运工作站中的末端执行器。质量参数是选择机器人最基本的参数，决不允许机器人超负荷运行。因此，对于它的设计方案和结构形式应当反复研究，确定出较为合理可行的结构，减小其质量。

2）确定机器人的工作空间

工作空间是机器人运动时手臂末端或手腕中心所能到达的所有点的集合，也称为工作区域，它是机器人的另一个重要性能指标。由于末端执行器的形状和尺寸是多种多样的，为真实反映机器人的特征参数，故作业范围是指不安装末端执行器时的工作区域。作业范围的大小不仅与机器人各连杆的尺寸有关，而且与机器人的总体结构形式有关。在设计中，首先根据质量大小和作业要求，初步设计或选用末端执行器，然后通过作图找出作业范围，只有作业范围完全落在机器人的工作空间之内，该机器人才能满足作业的范围要求。

工作空间的形状和大小是十分重要的，机器人在执行某作业时可能会因为手部不能到达的盲区而不能完成任务。

3）确定机器人的自由度

机器人在持重和工作空间上满足对机器人工作站或生产线的功能要求之后，还要分析它是否可以在作业范围内满足作业的姿态要求。例如，为了焊接复杂工件，一般需要 6 个自由度。

如果焊体简单，又使用变位机，在很多情况下5个自由关节的机器人即可满足要求。自由度越多，机器人的机械结构与控制就越复杂。因此，在通常情况下，如果少自由度能完成的作业，就不要盲目选用更多自由度的机器人去完成。

总之，在选择机器人时，为了满足功能要求，必须从持重、工作空间、自由度等方面来分析，只有它们同时被满足或增加辅助装置后，即能满足功能要求的条件，所选用的机器人才是可用的。

机器人的选用也常受机器人市场供应因素的影响，因此，还需考虑其市场价格。只有那些可用而且价格低廉、性能可靠且有较好的售后服务，才是最应该优先选用的机器人。

目前，机器人在各种生产领域里得到了广泛应用，如装配、焊接、喷涂和搬运、码垛等，这必然会有各自不同的环境条件。为此，机器人制造厂家根据不同的应用环境和作业特点，不断地研究、开发和生产出了各种类型的机器人供用户选用。各生产厂家都对自己的产品定出了最合适的应用领域，它们不光考虑其功能要求，还考虑了其他应用中的问题，如强度、刚度、轨迹精度、粉尘及温度、湿度等特殊要求。在设计工作站选用机器人时，应首先参考生产厂家提供的产品说明。

3. 工作站对生产节拍的要求

生产节拍是指完成一个工件规定的处理作业内容所要求的时间，也就是用户规定的年产量对机器人工作站工作效率的要求。生产周期是机器人工作站完成一个工件规定的作业内容所需要的时间，也就是工作站完成一个工件规定的处理作业内容所需要花费的时间。在总体设计阶段，首先要根据计划年产量计算出生产节拍，然后对具体工件进行分析。计算各个处理动作的时间，确定出完成一个工件处理作业的生产周期。将生产周期与生产节拍进行比较，当生产周期小于生产节拍时，说明这个工作站可以完成预定的生产任务；当生产周期大于生产节拍时，说明这个工作站不具备完成预定生产任务的能力。这时，就需要重新研究这个工作站的总体构思，或增加辅助装置，最大限度地发挥机器人的效率，使某些辅助工作时间与机器人的工作时间尽可能重合，缩短总的生产周期；或增加机器人数量，使多台机器人同时工作，缩短零件的处理周期；或改革处理作业的工艺过程，修改工艺参数。如果这些措施仍不能满足生产周期小于生产节拍的要求，就要增设相同的机器人工作站，以满足生产节拍。

4. 安全规范及标准

由于机器人工作站的主体设备机器人是一种特殊的机电一体化装置，与其他设备的运行特性不同，机器人在工作时是以高速运动的形式掠过比其基座大很多的空间，其手臂的运动形式和启动难以预料，有时会随作业类型和环境条件而改变。同时，在其关节驱动器通电的情况下，维修及编程人员有时需要进入其限定空间。另外，由于机器人的工作空间内常与其周边设备工作区重合，从而极易产生碰撞、夹挤或由于手爪松脱而使工件飞出等危险，特别是在工作站内机器人多于一台协同工作的情况下，产生危险的可能性更高。因此，在工作站的设计过程中，必须充分分析可能的危险情况，预测可能的事故风险。

根据国家标准《工业机器人安全规范》，在做安全防护设计时，应遵循以下两条原则：

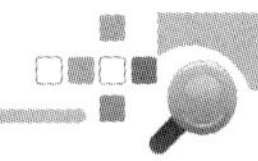

（1）自动操作期间安全防护空间内无人。

（2）当安全防护空间内有人进行示教、程序验证等工作时，应消除危险或至少降低危险。

为了保证上述原则的实施，在工作站设计时，通常应该做到：设计足够大的安全防护空间，在该空间的周围设置可靠的安全围栏，在机器人工作时，所有人员不能进入围栏；应设有安全连锁门，当该门开启时，工作站中的所有设备不能启动工作。

工作站必须设置各种传感器，包括光屏、电磁场、压敏装置、超声和红外装置及摄像装置等。当人员无故进入防护区时，利用这些传感器能立即使工作站中的各种运动设备停止工作。

当人员必须在设备运动条件下进入防护区工作时，机器人及其周边设备必须在降速条件下启动运转。工作者附近的地方应设急停开关，围栏外应有监护人员，并随时可操纵急停开关。

用于有害介质或有害光环境下的工作站，应设置遮光板、罩或其他专用安全防护装置。

机器人的所有周边设备，必须分别符合各自的安全规范。

上面讲述了机器人工作站的一般设计原则。在工程实际中，要根据具体情况灵活掌握和综合使用这些原则。随着科学技术的不断发展，一定会不断充实设计理论，提高工作站及生产线的设计水平。

6.3 焊接机器人

目前，焊接机器人已被广泛应用于汽车、铁路、航空航天、军工、冶金、电器等行业。自1969年美国GM（通用汽车）公司在美国Lordstown汽车组装生产线上装备汽车点焊机器人以来，机器人焊接技术日臻成熟。通过机器人的自动化焊接作业，可提高生产率、确保焊接质量、改善劳动环境，它是当前工业机器人应用的重要方向之一。据不完全统计，全世界在役的工业机器人大约有近一半用于各种形式的焊接加工领域。随着先进制造技术的发展，焊接产品制造的自动化、柔性化与智能化已成为必然趋势。而在焊接生产中，采用机器人焊接则是焊接自动化技术现代化的主要标志。

6.3.1 焊接机器人的分类及特点

焊接机器人作为当前广泛使用的先进自动化焊接设备，具有通用性强、工作稳定的优点，并且操作简便、功能丰富，越来越受到人们的重视。使用机器人完成一项焊接任务只需要操作者对它进行一次示教，机器人即可精确地再现示教的每一步操作。如果让机器人去做另一项工作，无须改变任何硬件，只要对它再做一次示教即可。归纳起来，焊接机器人的主要优点如下：

（1）可以稳定提高焊件的焊接质量。

（2）提高了企业的劳动生产率。

（3）改善了工人的劳动强度，可替代人类在恶劣环境下工作。

（4）降低了对工人操作技术的要求。

（5）缩短了产品改型换代的准备周期，减少了设备投资。

焊接机器人其实就是在焊接生产领域代替焊工从事焊接任务的工业机器人。在这些焊接机器人中，有的是为某种焊接方式专门设计的，而大多数的焊接机器人其实就是通用的工业机器人装上某种焊接工具构成的。焊接机器人分为点焊、弧焊、激光焊、等离子焊、搅拌摩擦焊等机器人，其中，点焊机器人和弧焊机器人是目前使用最为广泛的两种机器人产品，如图 6-2 所示。

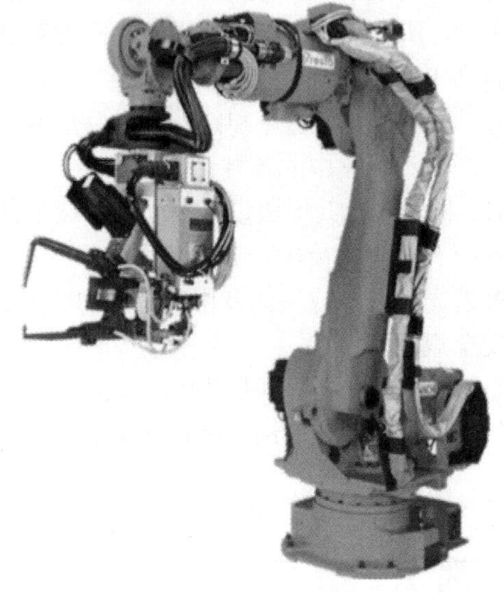

（a）点焊机器人

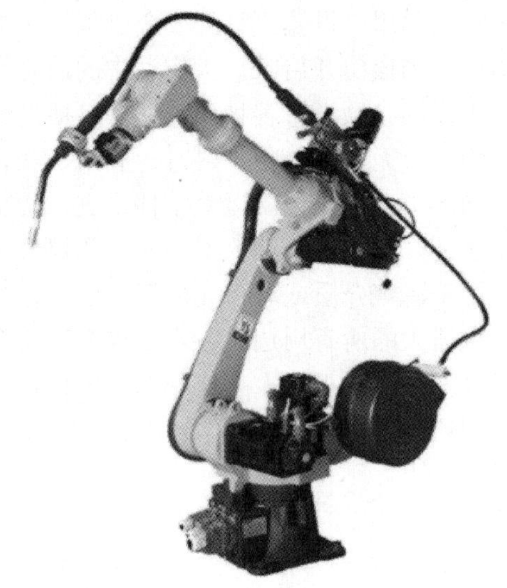

（b）弧焊机器人

图 6-2　使用最广泛的两类焊接机器人

1．点焊机器人

1）点焊机器人的应用范围

点焊机器人是用于点焊自动作业的工业机器人，其末端持握的作业工具是焊钳。汽车工业是点焊机器人一个典型的应用领域。通常装配每台汽车车体需要完成 3 000～4 000 个焊点，而其中约 60%的焊点是由机器人完成的。在有些大批量汽车生产线上，服役的机器人台数甚至高达 150 台，汽车车身机器人点焊作业如图 6-3 所示。引入工业机器人会取得下述效益：

（1）改善多品种混流生产的柔性。

（2）提高焊接质量。

（3）提高生产率。

（4）将工人从恶劣的作业环境中解放出来。

2）点焊机器人的性能要求

最初，点焊机器人只用于增强焊作业，即往已拼接好的工件上增加焊点。后来，为了保证拼接精度，又让机器人完成定位焊作业，如图 6-4 所示。因此，点焊机器人逐渐被要求有更全面的作业性能，具体要求如下：

（1）安装面积小，工作空间大。

（2）快速完成小节距的多点定位（如每 0.3～0.4s 移动 30～50mm 节距后定位）。

（3）定位精度高（+0.25mm），以确保焊接质量。

（4）夹持质量大（50～150kg），以便携带内装变压器的焊钳。

（5）内存容量大，示教简单，节省工时。

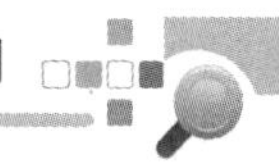

（6）点焊速度与生产线速度相匹配且安全、可靠性好。

图 6-3　汽车车身机器人点焊作业

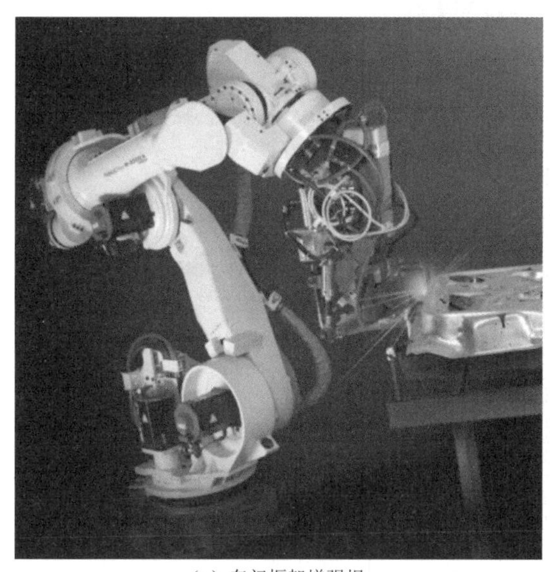

（a）车门框架增强焊

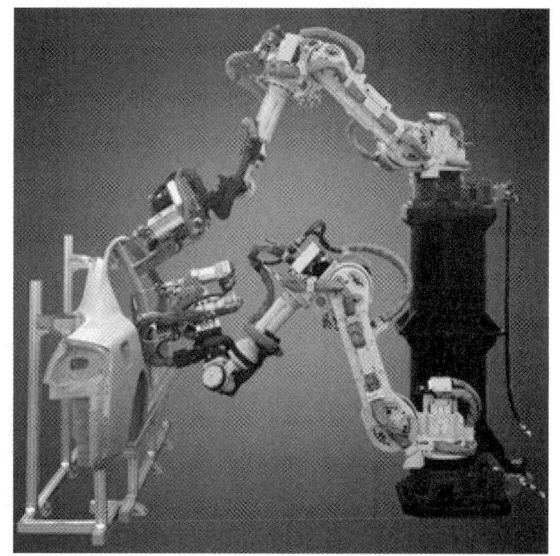

（b）车门框架定位焊

图 6-4　汽车车门的机器人点焊作业

3）点焊机器人的分类

表 6-1 列举了生产现场使用的点焊机器人的分类、特征和用途。在驱动形式方面，由于电伺服技术的迅速发展，液压伺服在机器人中的应用逐渐减少，甚至大型机器人也在朝电动机驱动方向过渡。随着微电子技术的发展，机器人技术在性能、小型化、可靠性以及维修等方面的进步日新月异。在机型方面，尽管主流仍是多用途的大型 6 轴垂直多关节型机器人，但是，出

于机器人加工单元的需要，一些汽车制造厂家也在开发立体配置的3～5轴小型专用机器人。

表6-1　点焊机器人的分类、特征和用途

分　类	特　征	用　途
垂直多关节型（落地式）	工作空间/安装面积之比大，持重多数为100kg左右，有时还可以附加整机移动自由度	主要用于增强焊点作业
垂直多关节型（悬挂式）	工作空间均在机器人下方	车体的拼接作业
直角坐标型	多数为3、4、5轴，适合于连续直线焊缝，价格便宜	车身和底盘焊接
定位焊接用机器人（单向加压）	能承受500kg加压反力的高刚度机器人，有些机器人本身带有加压作业功能	车身底板的定位焊

2．弧焊机器人

1）弧焊机器人的应用范围

弧焊机器人是用于弧焊自动作业的工业机器人，其末端持握的工具是弧焊作业用的各种焊枪。由于弧焊工艺早已在诸多行业中得到普及，因此，使得弧焊机器人除汽车行业之外，在通用机械、金属结构等行业中都得到了广泛应用，如图6-5所示，在数量上大有超过点焊机器人之势。

图6-5　工程机械的机器人弧焊作业

2）弧焊机器人的性能要求

在弧焊作业中，要求焊枪跟踪工件的焊道运动，并不断填充金属形成焊缝。因此，运动过程中速度的稳定性和轨迹精度是两项重要指标。一般情况下，焊接速度约为5～50mm/s，轨迹精度约为±(0.2～0.5)mm。由于焊枪的姿态对焊缝质量也有一定的影响，因此希望在跟踪焊道的同时，焊枪姿态的可调范围尽量大。其他一些基本性能要求如下：

（1）能够通过示教器设定焊接条件（电流、电压、速度等）。

（2）抖动功能。

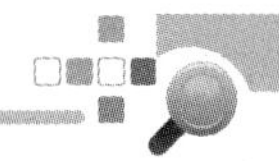

（3）坡口填充功能。

（4）焊接异常（断弧、工件熔化）检测功能。

（5）焊接传感器（焊接起始点检测、焊缝跟踪）的接口功能。

除了上述性能方面的要求，如何使机器人便于操作也是一个重要课题。

3）弧焊机器人的种类

从机构形式看，既有直角坐标型的弧焊机器人，也有关节型的弧焊机器人。对于小型、简单的焊接作业，具有 4～5 轴就可以完成任务；对于复杂工件的焊接作业，采用 6 轴机器人对调整焊枪的姿态比较方便；对于特大型工件的焊接作业，为加大工作空间，有时把关节型机器人悬挂起来，或者安装在运载小车上使用。

6.3.2　焊接机器人的系统组成

焊接机器人是包括各种焊接附属装置及周边设备在内的柔性焊接系统，而不只是一台以规划的速度和姿态携带焊接工具移动的单机。

1．点焊机器人

点焊机器人虽然有多种结构形式，但大体上都可以分为 3 大组成部分，即机器人本体、控制系统及点焊焊接系统，如图 6-6 所示。

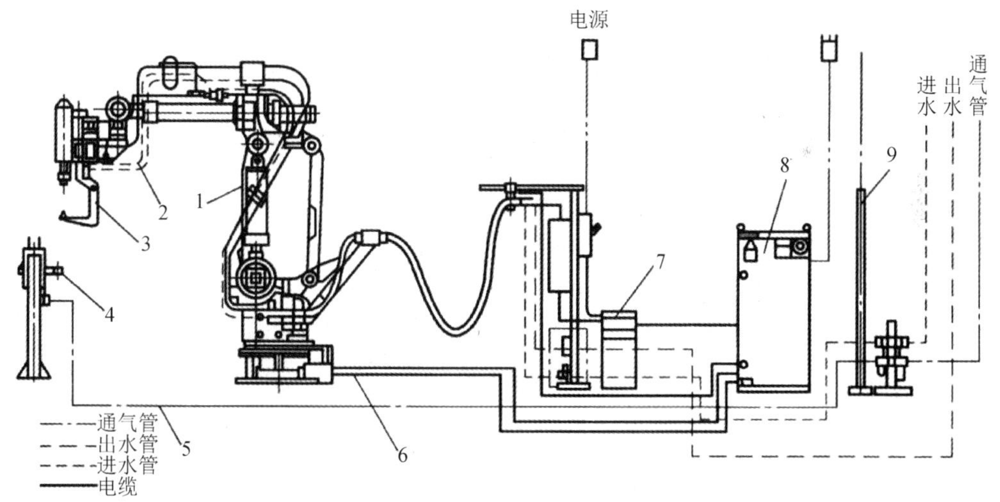

1—点焊机器人　2—进水、出水管线　3—焊钳　4—电极修整装置　5—通气管
6—控制电缆　7—点焊定时器　8—机器人控制柜　9—安全围栏

图 6-6　点焊机器人系统组成

点焊机器人控制系统由本体控制和焊接控制两部分组成。本体控制部分主要是实现机器人本体的运动控制；焊接控制部分则负责对点焊控制器进行控制，发出焊接开始指令，自动控制和调整焊接参数（如电流、压力、时间），控制焊钳的大小行程及夹紧/松开动作。

点焊焊接系统主要由点焊控制器（时控器）、焊钳（含阻焊变压器）及水、电、气等辅助部分组成。点焊控制器是由微处理器及部分外围接口芯片组成的控制系统，它可根据预定的焊接监控程序，完成焊接参数输入、焊接程序控制及焊接系统的故障自诊断，并实现与机器人控制柜、示教器的通信联系。

操作者可通过示教器和操作面板进行点焊机器人运动位置和动作程序的示教，设定运动速度、点焊参数等。点焊机器人按照示教程序规定的动作、顺序和参数进行点焊作业，其过程是完全自动化的。

机器人点焊用焊钳种类繁多，从外形结构（或用途）上来说，可分为 C 型和 X 型两种，如图 6-7 所示。

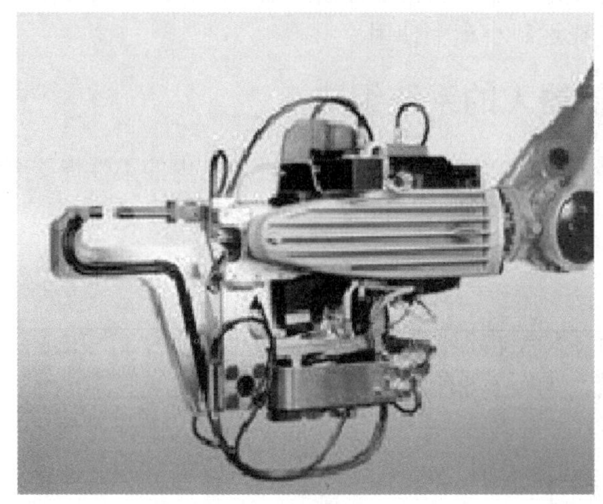

（a）C 型焊钳

（b）X 型焊钳

图 6-7　点焊机器人焊钳（外形结构）

（1）C 型焊钳。C 型焊钳用于点焊垂直及近于垂直倾斜位置的焊点，其电极通常以一侧固定而另一侧移动（称单行程）居多。

（2）X 型焊钳。X 型焊钳则主要用于点焊水平及近于水平倾斜位置的焊点，其电极可以为

一侧固定而另一侧移动（单行程），也可以为两侧同时移动（移双行程）。

根据电极臂加压驱动方式，点焊机器人焊钳又分为气动焊钳和伺服焊钳两种，如图 6-8 所示。

（a）气动焊钳

（b）伺服焊钳

图 6-8　点焊机器人焊钳（电极臂加压驱动方式）

（1）气动焊钳。气动焊钳是传统的自动焊接工具，它的电极开/合位置、开/合速度、压力均由汽缸进行控制，焊钳结构简单、制造成本低，是目前点焊机器人使用较普遍的作业工具。气动焊钳的开/合位置、开/合速度、压力需要通过汽缸位置、气压、流量进行调节，参数一旦调定，就不能随意改变。因此，其作业灵活性较差。

（2）伺服焊钳。伺服焊钳是先进的自动焊接工具，它的电极开/合位置、开/合速度、压力均由伺服电机进行控制，其开/合位置、开/合速度、压力可随时改变，焊钳的动作快速、运动平稳，作业效率高、适应性强、焊接质量好，是点焊机器人理想的作业工具。

根据阻焊变压器（将高电压、小电流的输入电源，变换成低电压、大电流的焊接电源）与焊钳的结构关系，点焊机器人焊钳又可分为分离式、内藏式和一体式三种，如图 6-9 所示。

（1）分离式焊钳。该焊钳的特点是阻焊变压器与钳体相分离，钳体安装在机器人机械臂上，而阻焊变压器悬挂在机器人上方，可在轨道上沿机器人手腕移动的方向移动，两者之间用二次电缆相连，如图 6-9（a）所示。其优点是减小了机器人的负载，运动速度高，价格便宜。分离式焊钳的主要缺点是需要大容量的阻焊变压器，电力损耗较大，能源利用率低。此外，粗大的二次电缆在焊钳上引起的拉伸力和扭转力作用于机器人机械臂上，限制了点焊工作区间与焊接位置的选择。

（2）内藏式焊钳。内藏式结构是将阻焊变压器安放到机器人机械臂内，使其尽可能地接近钳体，变压器的二次电缆可以在内部移动，如图 6-9（b）所示。当采用这种形式时，必须同机器人本体统一设计。另外，极坐标或球坐标的点焊机器人也可以采取这种结构。其优点是二次电缆较短，变压器的容量可以减小，但是会使机器人本体的设计变得复杂。

（3）一体式焊钳。所谓一体式就是将阻焊变压器和钳体安装在一起，然后共同固定在机器人机械臂末端法兰盘上，如图 6-9（c）所示。主要的一个优点是省掉了粗大的二次电缆及悬挂变压器的工作架，直接将焊接变压器的输出端连到焊钳的上下电极臂上，另一个优点是节省能量。其缺点是焊钳重量显著增大，体积也变大，要求机器人本体的承载能力增大。此外，焊钳重量在机器人活动手腕上产生惯性力易引起过载，这就要求在设计时，尽量减小焊钳重心与机器人机械臂轴心线间的距离。

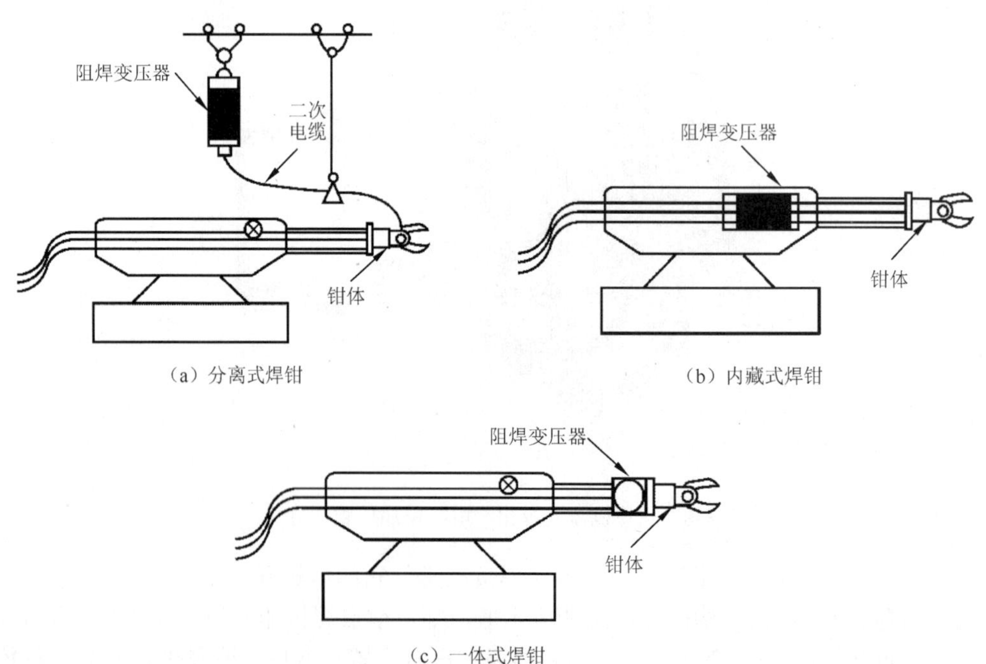

（a）分离式焊钳

（b）内藏式焊钳

（c）一体式焊钳

图 6-9　点焊机器人焊钳（阻焊变压器与焊钳的结构）

点焊机器人的焊钳需要安装气动元件、伺服电机及相关的控制装置，一体式焊钳还需要安装阻焊变压器，其工具的质量较大。对于常用的点焊作业，分离式焊钳的总质量大约为 30～

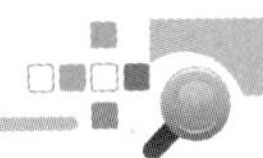

50kg，一体式焊钳的总质量大约为 70～100kg，它对机器人的承载能力要求较高。此外，由于点焊的焊点分布范围较广、数量较多，因此，它对机器人的作业范围、定位速度、作业灵活性要求均较高，通常需要采用中大型机器人才能满足点焊作业的要求。

2．弧焊机器人

弧焊机器人的组成与点焊机器人基本相同，主要是由机器人本体、控制系统、弧焊系统和安全设备等几部分组成，如图 6-10 所示。

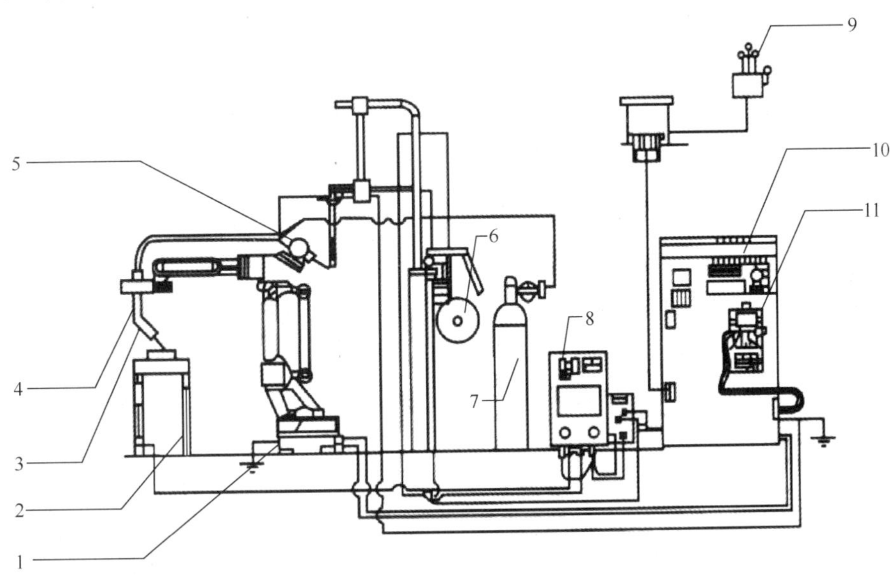

1—弧焊机器人　2—工作台（变位机）　3—焊枪　4—防撞传感器　5—送丝机　6—焊丝盘
7—气瓶　8—弧焊电源　9—三相电源　10—机器人控制柜　11—示教器

图 6-10　弧焊机器人系统组成

弧焊机器人本体的结构与点焊机器人基本相似，主要区别在于末端执行器——焊枪，如图 6-11 所示为弧焊机器人气体保护焊用的典型焊枪。

（a）外置式气保焊枪　　（b）内置式气保焊枪

图 6-11　弧焊机器人气体保护焊用的典型焊枪

焊枪将焊接电源的大电流产生的热量聚集在焊枪的终端来熔化焊丝，熔化的焊丝渗透到需要焊接的部位，冷却后，被焊接的物体牢固地连接成一体。气体保护焊枪有电缆外置式和电缆内置式两种。如果焊枪及气管、电缆、焊丝通过支架安装在机器人的手腕上，那么气管、电缆、焊丝从手腕、手臂外部引入，这种焊枪称为外置焊枪，如图 6-12（a）所示；如果焊枪直接安装在机器人的手腕上，那么气管、电缆、焊丝从手腕、手臂内部引入，这种焊枪称为内置焊枪，如图 6-12（b）所示。外置焊枪、内置焊枪的质量均较小，因此，弧焊对机器人的承载能力的要求并不高，绝大多数中小规格的机器人都可满足弧焊机器人的承载要求。

由于弧焊机器人需要进行焊缝的连续焊接作业，因此机器人需要具备直线、圆弧等连续轨迹控制能力，对控制系统的插补性能有较高的要求。为了保证焊接准确、焊缝均匀，它对机器人的运动速度平稳性和定位精度的要求也较高。弧焊机器人的承载能力通常为 3～20kg、作业半径为 1～2m、重复定位精度为 0.1～0.2mm。

（a）外置焊枪

（b）内置焊枪

图 6-12　弧焊机器人（焊枪、电缆安装方式）

弧焊机器人控制系统在控制原理、功能及组成上和通用工业机器人基本相同。目前最流行的是采用分级控制的系统结构，一般分为两级：上级具有存储单元，可实现重复编程、存储多种操作程序，负责程序管理、坐标变换、轨迹生成等；下级由若干处理器组成，每一处理器负责一个关节的动作控制及状态检测，实时性好，易于实现高速、高精度控制。此外，弧焊机器人周边设备的控制，如工件定位夹紧、变位调控，设有单独的控制装置，可以单独编程，同时又可以和机器人控制装置进行信息交换，由机器人控制系统实现全部作业的协调控制。

弧焊系统是完成弧焊作业的核心装备，主要由弧焊电源、送丝机、焊枪和气瓶等组成。下面主要介绍前两种组成。

1）焊接电源

焊接电源是用于焊接电压、焊接电流、焊接时间等焊接工艺参数自动控制与调整的电源设备，如图 6-13 所示为松下 YD-350GR 弧焊电源。弧焊机器人多采用气体保护焊（CO_2、MIG、

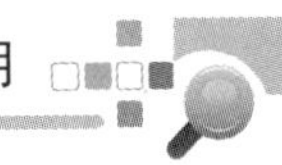

MAG 和 TIG），通常使用的晶闸管式、逆变式、波形控制式、脉冲或非脉冲式等焊接电源都可以装到机器人上进行电弧焊。由于机器人控制柜采用数字控制，而焊接电源多为模拟控制，所以需要在焊接电源与控制柜之间增加一个接口。近年来，国外机器人生产厂都有自己特定的配套焊接设备，这些焊接设备内已插入相应的接口板，所以在有些弧焊机器人系统中并没有附加接口板。在弧焊机器人工作周期中电弧时间所占的比例较大，因此在选择焊接电源时，一般应按持续率 100%来确定电源的容量。

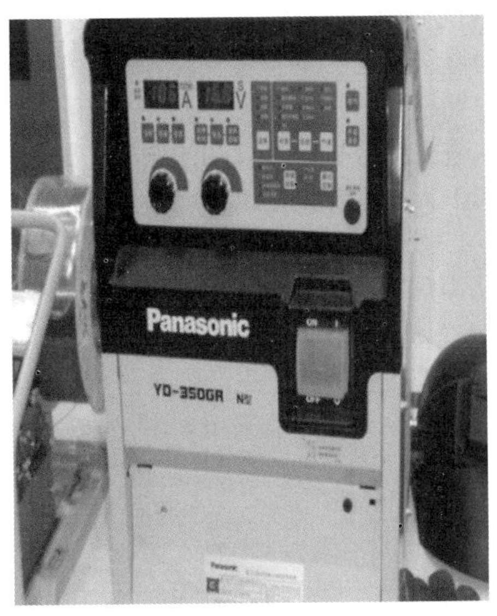

图 6-13　松下 YD-350GR 弧焊电源

2）送丝机

送丝机是焊枪自动输送焊丝装置，主要由送丝电动机、驱动轮、加压轮、送丝轮、加压螺母等组成，如图 6-14 所示。

1—加压螺母　2—加压轮　3—送丝轮　4—送丝电动机　5—驱动轮　6—绝缘衬垫

图 6-14　弧焊机器人送丝机

送丝电动机通过驱动轮驱动送丝轮旋转，为送丝提供动力。加压轮将焊丝压入送丝轮上的送丝槽，增大焊丝与送丝轮的摩擦，将焊丝修整平直，平稳送出，使进入焊枪的焊丝在焊接过程中不会出现卡丝现象。

送丝机可以安装在机器人的上臂上，也可以放在机器人之外。采用前一种方式时焊枪到送丝机之间的软管较短，有利于保持送丝的稳定性；而采用后一种方式时软管较长，当机器人把焊枪送到某些位置，使软管处于多弯曲状态时会严重影响送丝的效果。因此，送丝机的安装方式一定要考虑保证送丝稳定性的问题。

安全设备是弧焊机器人系统安全运行的重要保障，主要包括驱动系统过热自断电保护、动作超限位自断电保护、超速自断电保护、机器人系统工作空间干涉自断电保护和人工急停断电保护等，它们起到防止机器人伤人或保护周边设备的作用。在机器人的末端焊枪上还装有各类触觉或接近传感器，可以使机器人在过分接近工件或发生碰撞时停止工作（相当于暂停或急停开关）。当发生碰撞时，一定要检验焊枪是否被碰歪。否则，由于工具中心点的变化，焊接的路径将会发生较大的变化，从而焊出废品。

弧焊机器人系统上的保护气体、送丝机构的管线较多，自动作业时，气管、焊丝等都需要运动，如果不采取相应的保护措施，会给安全生产带来一定的隐患。为此，对于需要长时间自动化作业的中、小规格弧焊机器人系统，一般采用如图 6-15 所示的封闭式焊接工作站结构形式，以提高安全性。

图 6-15　封闭式焊接工作站

在焊接工作站上，机器人、变位机、保护气体和送丝机构、焊枪清洗装置、焊枪自动交换装置等运动部件，均可通过安全防护罩进行防护；控制系统、示教器、焊机等装置则置于防护罩外部，以方便操作、调试。焊接作业时，防护罩上的安全门可自动关闭，从而大大提高焊接作业的安全性和可靠性。

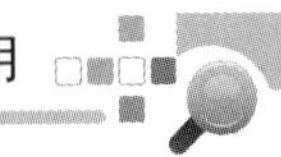

6.3.3　焊接机器人的周边设备

为完成一项焊接机器人工程，除需要焊接机器人（机器人和焊接设备）以外，还需要实用的周边设备，如变位机、滑移平台、焊接工具清洗装置、焊枪自动交换装置等。为满足实际作业需求，通常将焊接机器人与周边设备组成系统，称之为焊接机器人集成系统（工作站）。

1．变位机

对于某些焊接场合，由于工件空间几何形状过于复杂，使焊接机器人的末端工具无法到达指定的焊接位置或姿态。此时，可以通过增加 1～3 个外部轴的办法来增加机器人的自由度。其中一种做法是采用变位机让焊接工件移动或转动，使工件上的待焊部位进入机器人的作业空间，如图 6-16 所示。

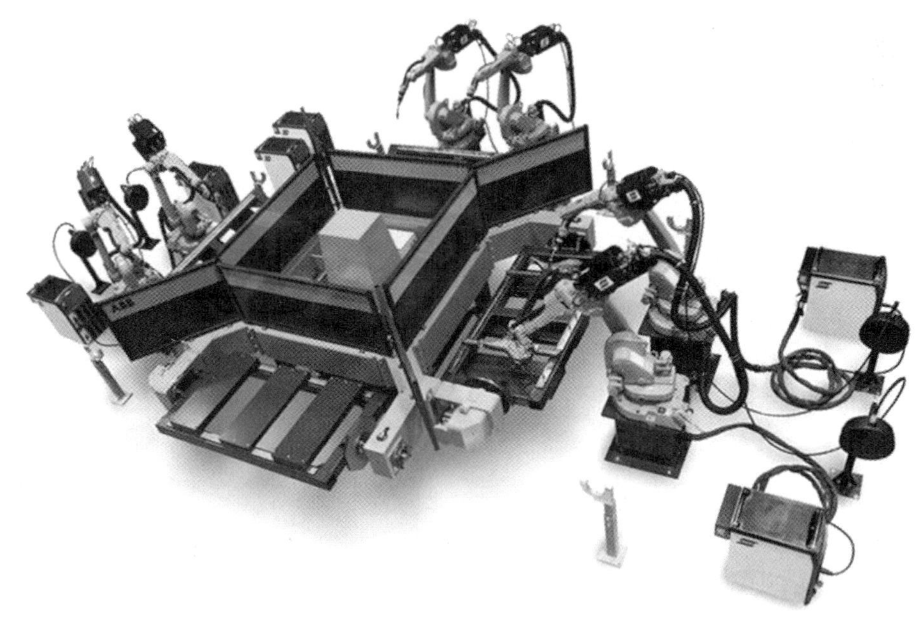

图 6-16　焊接机器人外部轴扩展

变位机是机器人焊接生产线及焊接柔性加工单元的重要组成部分。变位机用来安装工件，实现工件的移动、回转、摆动或自动交换功能，以改变工件和机器人的相对位置、增加机器人系统的总自由度，提高系统的作业效率和自动化程度。弧焊机器人的变位机有多种形式，如单回转式、双回转式和倾翻回转式，如图 6-17 所示。控制轴的数量及类型（回转、摆动、直线移动）、结构外观等均可根据实际生产的需要进行选择，在焊接作业前和焊接过程中，变位机通过夹具来装卡和定位被焊工件。

具体选用何种形式的变位机，取决于工件的结构特点和工艺程序。变位机的安装必须使工件的变位均处在机器人动作范围之内，并需要合理分解机器人本体和变位机的各自职能，使两者按照统一的动作规划进行作业。同时，为充分发挥机器人的效能，焊接机器人系统通常采用两台以上变位机，如图 6-18 所示。其中，一台进行焊接作业时，另一台则完成工件的卸载和装卡，从而使整个系统获得最高的效能。

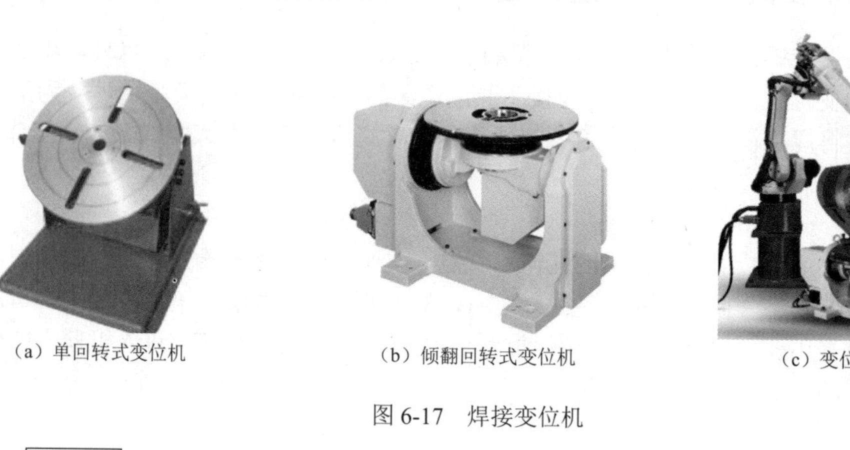
（a）单回转式变位机　（b）倾翻回转式变位机　（c）变位机及夹具

图 6-17　焊接变位机

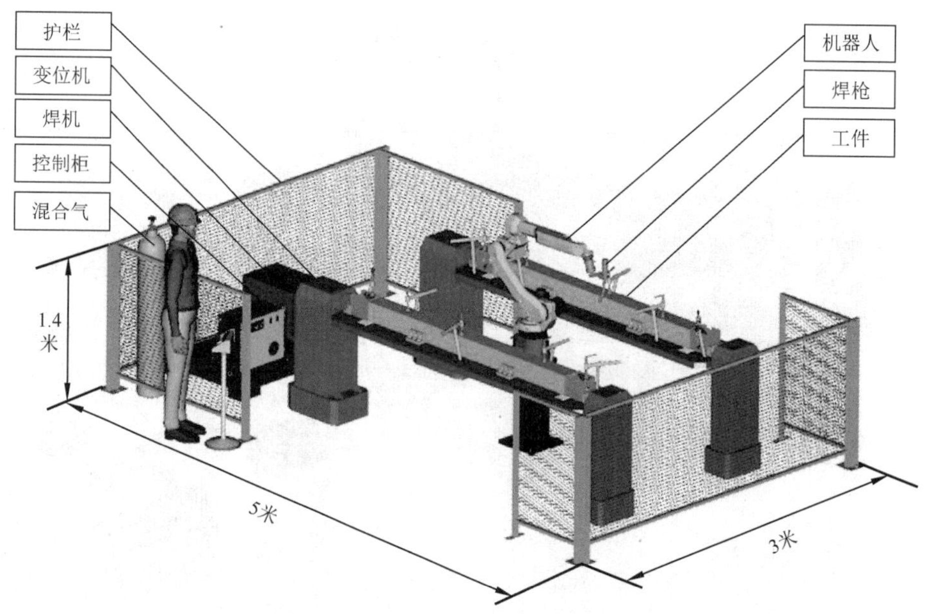

图 6-18　单轴双工位变位机弧焊机器人工作站

变位机既可由机器人生产厂家配套提供，也可由用户自行设计、制造，或者选配标准部件。但是，如果变位机采用的是伺服控制，则其位置、速度需要机器人控制系统进行协同控制，因此，一般需要选配机器人生产厂家配套提供的产品，或者由用户与机器人生产厂家联合设计、制造。

2．滑移平台

随着机器人应用领域的不断延伸，经常遇到大型结构件的焊接作业。针对这些场合，可以把机器人本体装在可移动的滑移平台或龙门架上，以扩大机器人本体的作业空间；或者采用变位机和滑移平台的组合，确保工件的待焊部位和机器人都处于最佳焊接位置和姿态，如图 6-19

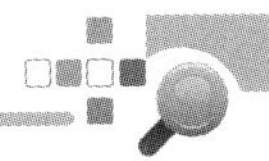

所示。滑移平台的动作控制可以看做机器人关节坐标系下的一轴。机器人系统中运动轴的一般切换顺序为基本轴→手腕轴→外部轴。

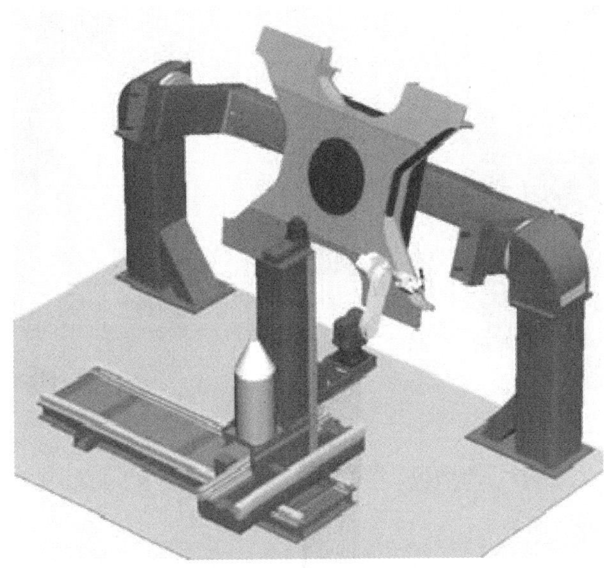

（a）挖掘机中心支架

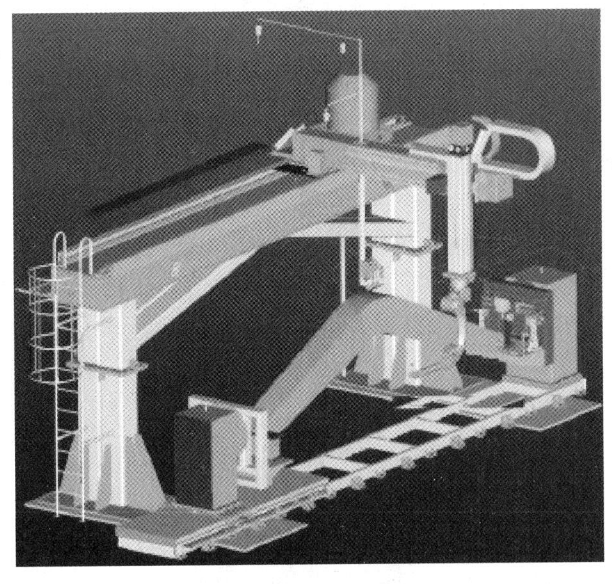

（b）挖掘机动臂

图 6-19　工程机械结构件的机器人焊接作业

3．焊接工具清洗装置

焊接作业工具（焊钳或焊枪）经过长时间使用，必然会导致电极磨损、导电嘴焊渣残留等问题，从而影响焊接质量和作业效率。因此，在自动化焊接工作站或生产线上，一般都需要配备自动清洗装置，如图 6-20 所示。

（a）焊钳电极修磨机

（b）焊枪自动清枪站

图 6-20　焊接机器人工具清洗装置

1）焊钳电极修磨机

焊钳电极修磨机是为点焊机器人配备自动清洗装置，可实现电极头工作面氧化磨损后的修磨过程自动化和提高生产线节拍。同时，也可避免人员频繁进入生产线所带来的安全隐患。电极修磨机由机器人控制柜通过数字 I/O 接口控制，一般通过编制专门的电极修磨程序块以供其他作业程序调用。电极修磨完成后，需根据修磨量的多少对焊钳的工作行程进行补偿。

2）焊枪自动清枪站

焊枪自动清枪站主要包括清枪装置、喷硅油/防飞溅装置和剪丝装置三部分，如图 6-21 所示。清枪装置主要功能是清除喷嘴内表面的飞溅，以保证保护气体的通畅；喷硅油/防飞溅装置喷出的防溅液可以减少焊渣的附着，降低维护频率；剪丝装置主要用于利用焊丝进行起始点检测的场合，以保证焊丝的干伸长度一定，提高检测的精度和起弧的性能。焊枪自动清枪站同焊钳电极修磨机的动作控制相似，也是通过机器人控制柜的数字 I/O 接口进行控制。

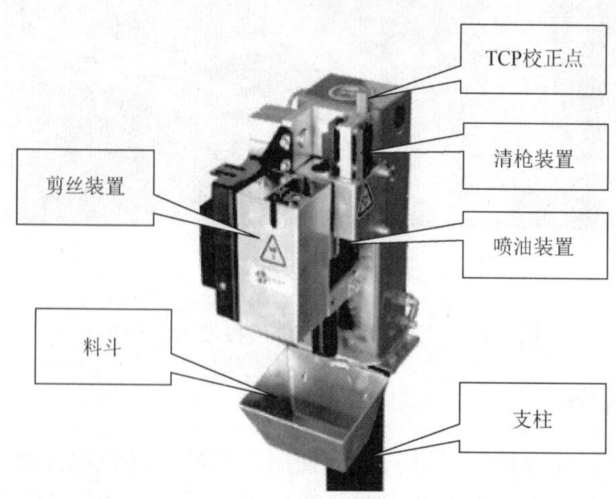

图 6-21　焊枪自动清枪站

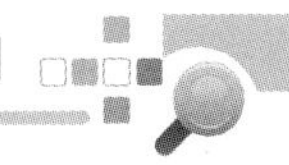

4. 焊枪自动交换装置

焊枪自动交换装置是高效、自动化弧焊作业工作站或生产线常用的配套附件。由于在弧焊机器人作业过程中，焊枪是一个重要的执行工具，需要定期更换或清理焊枪配件，如导电嘴、喷嘴等，这样不仅浪费工时，且增加维护费用。采用自动换枪装置（见图 6-22）可有效解决此问题，使得机器人空闲时间大为缩短，焊接过程的稳定性、系统的可用性、产品质量和生产效率都大幅度提高，适用于不同填充材料或必须在工作过程中改变焊接方法的自动焊接作业场合。

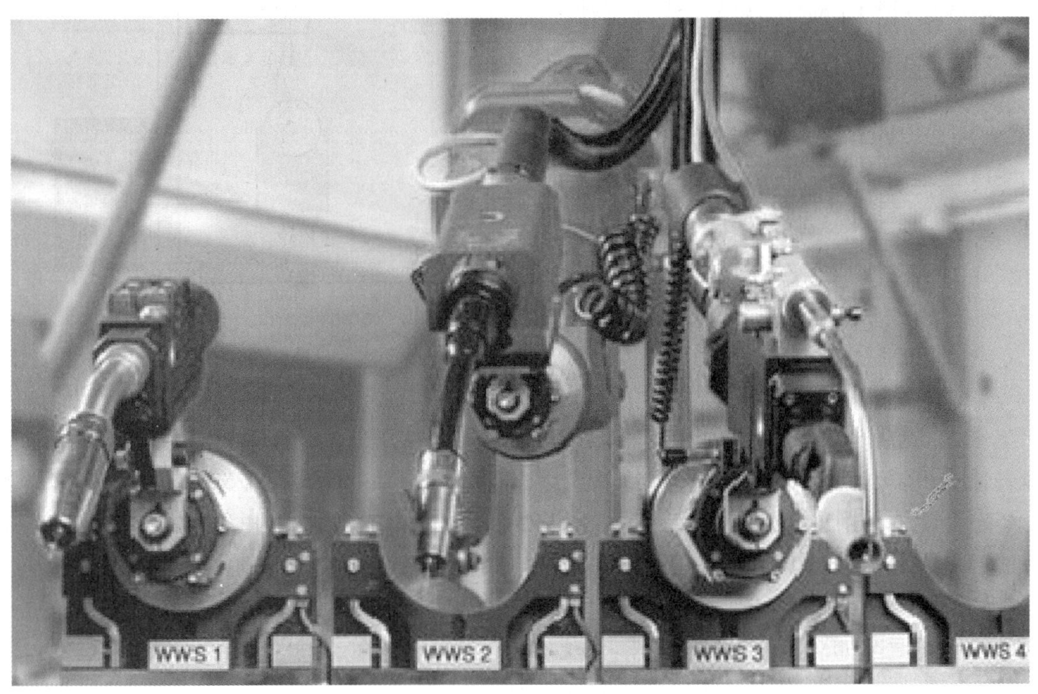

图 6-22　焊枪自动交换装置

焊接机器人是成熟、标准、批量生产的高科技产品，但其周边设备是非标准的，需要专业设计和非标产品制造。周边设备设计的依据是焊接工件，由于焊接工件的差异很大，需要的周边设备差异也就很大，繁简不一。

6.3.4 焊接机器人应用实例

1. 点焊机器人的应用

1）点焊机器人工作站的基本组成

图 6-23 所示为汽车车体点焊机器人工作站布局。汽车车体点焊机器人工作站主要由点焊机器人、点焊控制器、焊枪修磨器、PLC 控制系统单元、焊枪单元和点焊辅助设备等组成。

工作站采用 PLC 作为主控制装置，它负责整个系统的集中调度，通过 Fieldbus 总线和 I/O 接口获取各个 Agent（处在一定执行环境中具有反应性、自治性和目的驱动性等特征的智能对象）的功能和状态信息，将焊接任务划分为各个子任务，分发并协调各个 Agent 的工作。

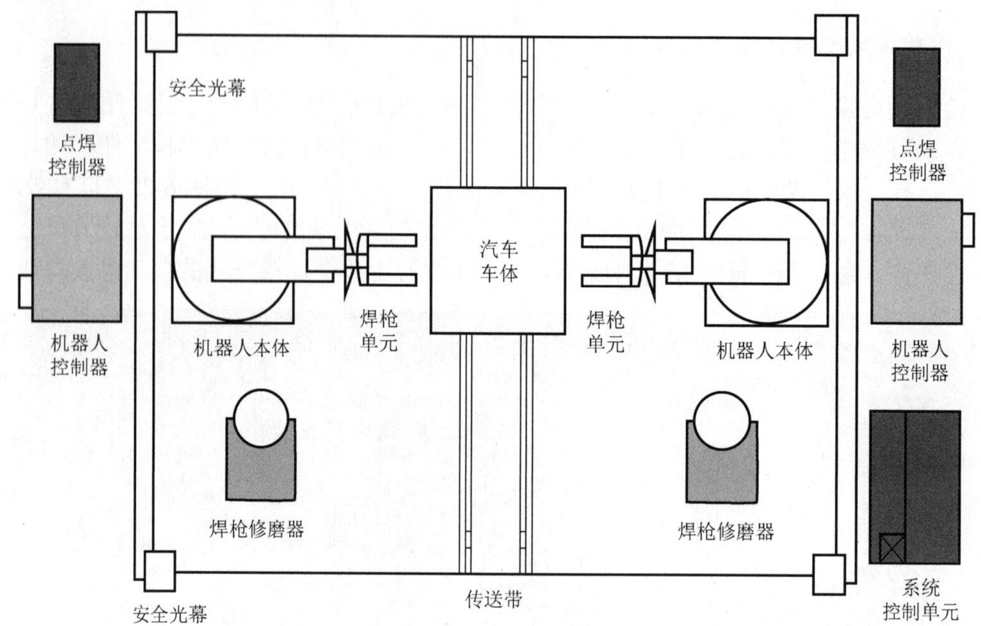

图 6-23　汽车车体点焊机器人工作站布局

工作站的焊枪单元采用逆变焊接电源，减小了焊接变压器的质量和体积，将变压器与焊钳制成一体式机器人点焊钳。一体式焊钳的应用，有利于点焊机器人在其运动范围内实现轨迹运动及姿态变化。采用逆变焊接电源还可以改善焊机的电气性能，提高电源的热效率，达到节能的目的。中频逆变电源原理是将三相工频交流电通过逆变器转换为 1000 Hz 的中频直流电，提供给中频逆变变压器。

该工作站具有如下特点：

（1）控制器与电源模块一体化，因此控制器体积小。

（2）电缆用量少。

（3）采用了自诊断专家系统。

（4）控制精度高。

数字化的阻焊控制系统具有如下功能：

（1）控制程序任意编辑。

（2）电流、电极压力、焊接结束时间任意编程。

（3）自由的扩展编程输出。

（4）电流、压力分步。

（5）电流控制模式选择（如混合模式和标准模式、连续电流控制、电压模式控制、相角控制等）。

2）控制系统工作原理

控制系统上电并初始化后，检测各个 Agent 的状态，主要包括机器人是否在原位，机器人工作是否完成，控制系统的水、气、光栅是否正常。控制系统和生产线控制器通信，获取和机器人工作站有关的生产线的多个状态，如输送线是否处于自动状态，相关传感器的信号是否正常等。对于安全信号，则分等级处理：重要的安全信号通过和机器人的硬线连接，引起机器人

急停；级别较低的安全信号通过 PLC 给机器人发“外部停止”命令。控制系统的任务选择是由线控制器完成的，输送线控制器通过传感器来确定车型并通过编码方式向机器人点焊工作站发出相应的工作任务，点焊控制器接受任务并调用相应的机器人程序进行焊接。

在焊接过程中，系统检测各 Agent 的工作状态，如 Agent 发生错误或故障，系统自动停止机器人及焊枪的动作，并在触摸屏上对故障进行显示。当机器人在车身不同的部位焊接时，需要不同的焊接参数。控制焊枪动作的焊接控制器中可存储十六种焊接规范，每组焊接规范对应一组焊接工艺参数。机器人向 PLC 发出焊接文件信号，PLC 通过焊接控制器向焊枪输出需要的焊接工艺参数。车体焊接完成后，机器人可按设定的方式进行电极修磨。

2. 弧焊机器人的应用

1）弧焊机器人工作站的基本组成

图 6-24 所示为汽车前桥焊接机器人工作站布局。汽车前桥焊接机器人工作站是一个以弧焊机器人为中心的综合性高、集成度高、多设备协同运动的焊接工作单元，主要包括机器人系统、AC 伺服双轴变位机、自动转位台、焊接夹具、工作站系统控制器、焊机、焊接辅助设备等。其中，弧焊机器人采用日本安川 MA1400 型机器人，焊机采用配套的 RD350 焊机。该机器人采用扁平型交流伺服电动机，结构紧凑、响应快、效率高。带有防碰撞系统，可以检测出示教、自动模式下机器人与周边设备之间的碰撞。机器人焊枪姿态变化时，焊接电缆弯曲小，

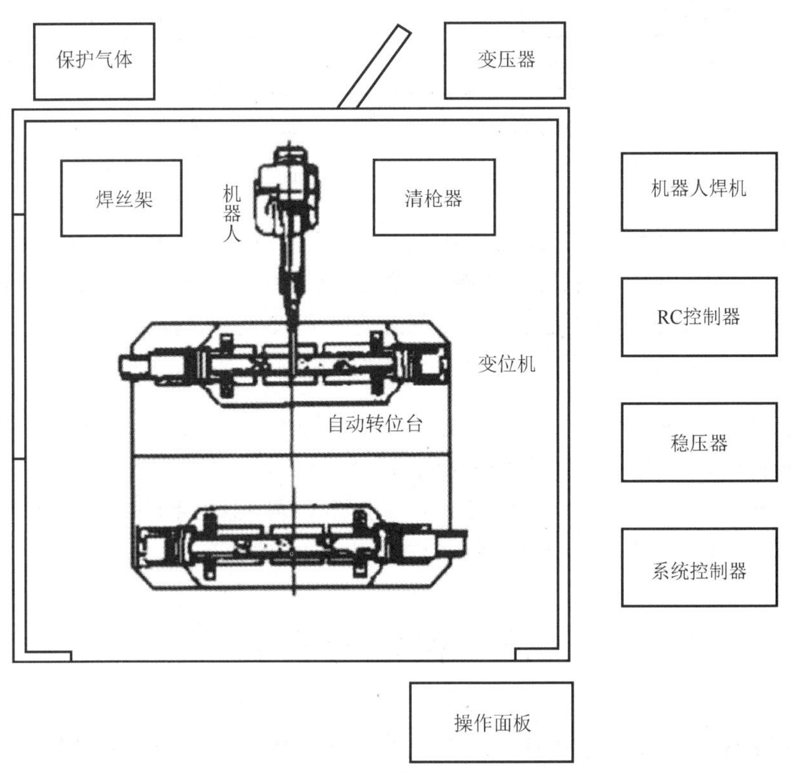

图 6-24 汽车前桥焊接机器人工作站布局

送丝平稳，能够连续稳定工作。RD350 型焊机采用 100 kHz 高速逆变器控制，通过 DSP 控制电流、电压以及对送丝装置伺服电动机的全数字控制。自动转位台采用双工位双轴变位机，工作时机器人固定不动，由系统控制器控制自动转位台的转动及变位机的变位，机器人根据系统控制器发出的指令依次对前桥几个焊接面进行焊接。

2）控制系统工作原理

前桥焊接机器人工作站的控制系统由系统控制器和机器人控制器这两个 Agent 组成，如图 6-25 所示。在工作中，两个 Agent 完成各自的任务，同时彼此之间又相互通信协作，对焊接动态过程进行智能传感，并根据传感信息对各自复杂的工作状态进行实时跟踪；通过预先编好的程序，对现场传感信息进行逻辑判断，使执行机构按预定程序动作，实现以开关量为主的自动控制，从而控制焊接过程的每道工序。

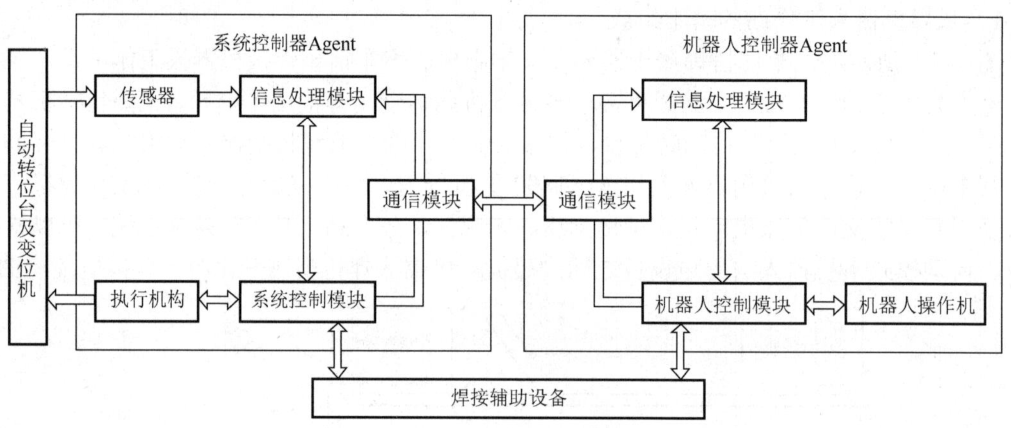

图 6-25　前桥焊接机器人工作站的控制系统

系统控制器 Agent 的作用是根据控制要求及传感信息对变位机和自动转位台进行实时控制。在一个工位的焊接完成后，系统控制模块按变位要求通过执行装置向变位机发送转位要求，变位机开始变位，信息处理模块通过传感器确定变位完成，并将信息传送给系统控制模块，系统控制模块通知执行装置停止运行，变位机一次变位完成。

机器人控制器 Agent 的作用是实时监控和调整焊接工艺参数（如焊接电压、电流及焊缝跟踪等），调用正确的焊接程序，完成对前桥的自动焊接工作，并对一些实时信号（如剪丝动作信号等）做出响应。在自动焊接前，焊接轨迹是机器人控制器在手动工作方式时对焊接机器人示教得到的。对于每一轨迹，给定唯一的二进制编码的程序号。

6.4　搬运机器人

搬运机器人的用途广泛，是工业机器人的重要应用领域之一。搬运机器人是从事物体移载作业的工业机器人的总称，主要用于物体的输送和装卸。从产品功能上看，装配机器人中的部件装配工业机器人，包装机器人中的物品分拣、物料码垛、成品包装机器人，实际上也属于物体移载的范畴，故也可将其归至搬运工业机器人大类。因此，在大多数场合，搬运机器人通常

是集装卸、分拣、码垛功能于一体的综合性设备。搬运机器人的出现，不仅可提高产品的质量与产量，而且对保障人身安全、改善劳动环境、减轻劳动强度、提高劳动生产率、节约原材料消耗及降低生产成本等有着十分重要的意义。

6.4.1　搬运机器人的分类及特点

搬运机器人是可以进行自动搬运作业的工业机器人，目前世界上使用的搬运机器人超过 10 万台，广泛应用于机床上下料、压力机自动化生产线、自动装配流水线、码垛搬运、集装箱搬运等场合。搬运机器人又可分为可以移动的搬运小车，如用于码垛的机器人、用于分拣的机器人、用于机床上下料的机器人等。其主要作用就是实现产品、物料或工具的搬运，主要优点如下：

（1）提高生产率，可以 24 小时无间断地工作。

（2）改善工人劳动条件，可在有害环境下工作。

（3）降低工人劳动强度，减少人工成本。

（4）缩短了产品改型换代的准备周期，减少相应的设备投资。

（5）可实现工厂自动化、无人化生产。

搬运机器人为工业机器人当中的一员，其结构形式多和其他类型机器人相似，只是在实际制造生产当中逐渐演变出多机型，以适应不同场合。从结构形式上看，搬运机器人可分为龙门式搬运机器人、悬臂式搬运机器人、侧臂式搬运机器人、摆臂式搬运机器人、关节式搬运机器人和无人搬运车。

1. 龙门式搬运机器人

龙门式搬运机器人坐标系主要由 X 轴、Y 轴和 Z 轴组成。其多采用模块化结构，可依据负载位置、大小等选择对应直线运动单元及组合结构形式（在移动轴上添加旋转轴便可成为 4 轴或 5 轴搬运机器人）。其结构形式决定其负载能力，可实现大物料、重吨位搬运，采用直角坐标系，编程方便快捷，广泛应用于生产线转运及机床上下料等大批量生产过程，如图 6-26 所示。

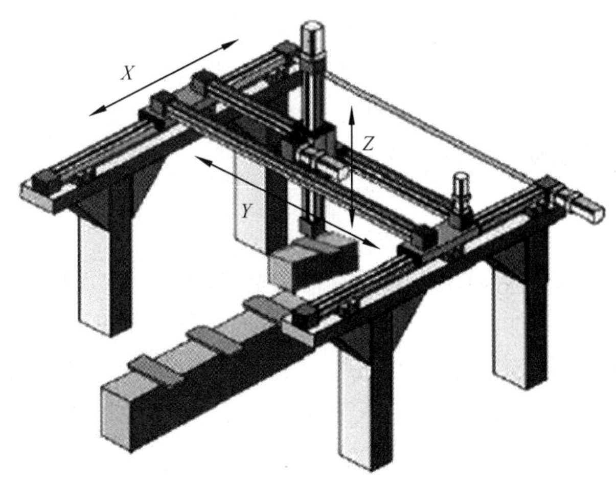

图 6-26　龙门式搬运机器人

2. 悬臂式搬运机器人

悬臂式搬运机器人坐标系主要由 *X* 轴、*Y* 轴和 *Z* 轴组成。其也可随不同的应用采取相应的结构形式（在 *Z* 轴的下端添加旋转或摆动就可以延伸成为 4 轴或 5 轴机器人）。此类机器人的多数结构为 *Z* 轴随 *Y* 轴移动，但有时针对特定的场合，*Y* 轴也可在 *Z* 轴下方，方便进入设备内部进行搬运作业，广泛应用于卧式机床、立式机床及特定机床内部和冲压机热处理机床的自动上下料，如图 6-27 所示。

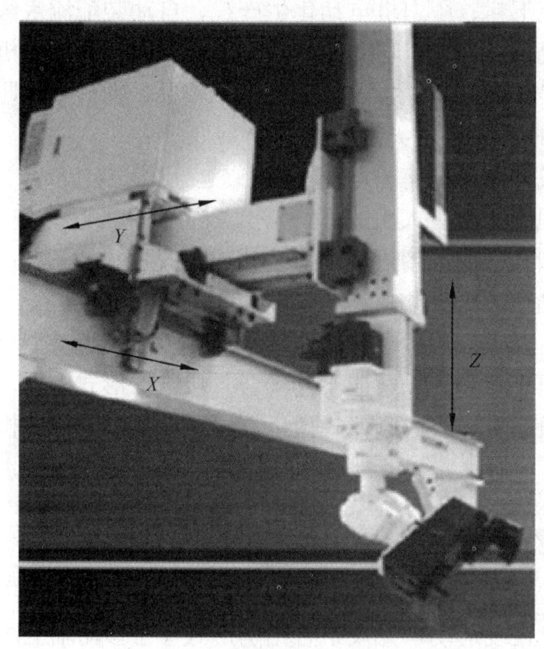

图 6-27　悬臂式搬运机器人

3. 侧臂式搬运机器人

侧臂式搬运机器人坐标系主要由 *X* 轴、*Y* 轴和 *Z* 轴组成，可随不同的应用采取相应的结构形式（在 *Z* 轴的下端添加旋转或摆动就可以延伸成为 4 轴或 5 轴机器人）。这类机器人专用性强，主要应用于立体库类，如档案自动存取、全自动银行保管箱存取系统等，图 6-28 所示为侧臂式搬运机器人在档案自动存储馆工作。

4. 摆臂式搬运机器人

摆臂式搬运机器人坐标系主要由 *X* 轴、*Y* 轴和 *Z* 轴组成。*Z* 轴主要是起升降作用，也称为主轴。*Y* 轴的移动主要通过外加滑轨，*X* 轴末端连接控制器，其绕 *X* 轴的转动，实现 4 轴联动。此类器人具有较高的强度和稳定性，广泛应用于国内外生产厂家，是关节式机器人的理想替代品，但其负载能力相对于关节式搬运机器人来说比较小。图 6-29 所示为摆臂式搬运机器人进行箱体搬运。

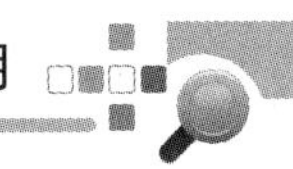

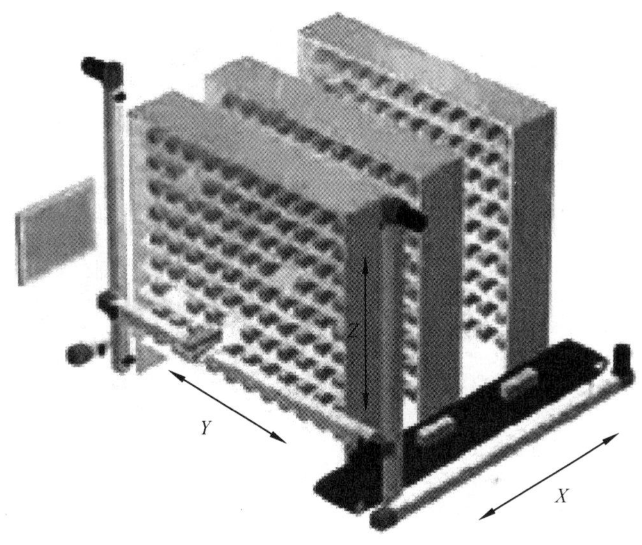

图 6-28　侧臂式搬运机器人

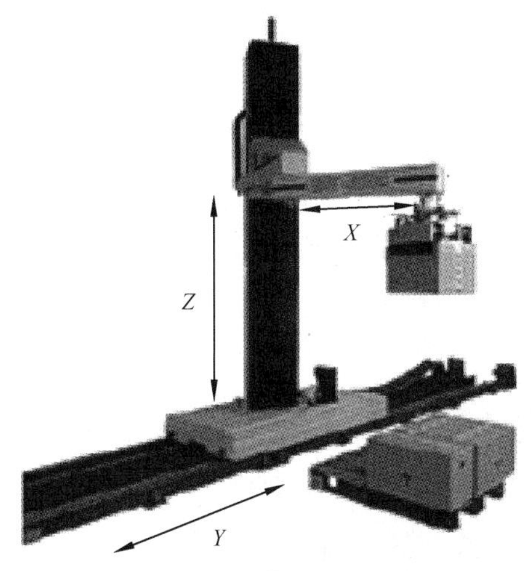

图 6-29　摆臂式搬运机器人

5. 关节式搬运机器人

从运动学原理上说，绝大多数机器人的本体都是由若干关节和连杆组成的运动链。根据关节间的连接形式，多关节工业机器人的典型结构主要有垂直串联、水平串联（或 SCARA）和并联 3 大类，其中垂直串联关节式机器人应用最为广泛。垂直串联关节式搬运机器人是当今工业中常见的机型之一，一般拥有 4～7 个轴，行为动作类似于人的手臂，具有结构紧凑、占地空间小、相对工作空间大、自由度高等特点，适合于几乎任何轨迹或角度的工作，图 6-30 所示为关节式机器人进行钣金件搬运作业。搬运机器人本体在结构设计上与其他关节式工业机器人本体类似，在负载较轻时两者本体可以互换，但负载较重时搬运机器人本体通常会有附加连杆，其依附于轴形成平行四连杆机构，起到支撑整体和稳固末端作用，且不因臂展伸缩而产生变化。关节机器人可以落地安装、天吊安装或者安装在轨道上以服务更多的加工设备。

图 6-30　关节式搬运机器人

6．无人搬运车

无人搬运车（Automated Guided Vehicle，AGV）是输送机器人的代表性产品。工业用 AGV 主要有如图 6-31 所示的电磁引导车、激光引导车等，它们能按规定的导引途径行驶，以输送物品，故可用于机械、电子、纺织、烟草、医疗、食品、造纸等各种行业的物品搬运和输送作业。AGV 是现代制造业物流自动化的基础设备，例如，在机械加工业的无人化工厂、柔性制造系统（FMS）中，自动化仓库、刀具中心与数控加工设备、柔性加工单元（FMC）之间的工件和刀具搬运、输送，一般都通过 AGV 实现。

（a）电磁引导车

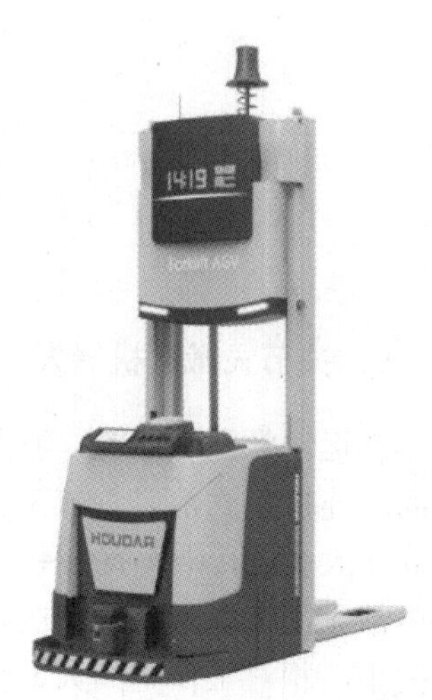

（b）激光引导车

图 6-31　工业用无人搬运车

AGV 有自身的计算机控制系统和路径识别传感器，能够在无人驾驶的情况下，大范围行走和定位，并且具有途径判别、自动避障等基本的智能、安全功能。因此，无论从作业范围、

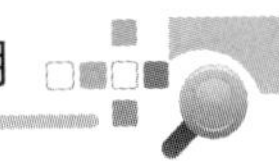

技术性能，还是从操作、控制要求等方面看，它都与服务机器人更为接近。也可以认为，工业用 AGV 是服务机器人在工业领域的应用。

6.4.2　搬运机器人的系统组成

搬运机器人是包括相应附属装置及周边设备而形成的一个完整系统，主要包括机器人和搬运系统。以关节式搬运机器人为例，其工作站主要由机器人本体、控制系统、搬运系统（夹持器、夹持控制装置等）及安全保护装置组成，如图 6-32 所示。操作者可通过示教器和操作面板进行搬运机器人运动位置和动作程序的示教，设定运动速度及搬运参数等。

机器人本体和控制系统（统称为机器人基本部件）与其他机器人系统并无区别。夹持器是用来抓取物品的作业部件，它与作业对象的外形、体积、质量等因素密切相关。其形式多样，常用的有后述的电磁吸盘、真空吸盘和手爪三类。夹持控制装置包括气泵、真空泵、气动阀、汽缸、传感器等，它是用来控制夹持器松、夹的部件，大多数搬运机器人都需要配备。此外，用于分拣、仓储搬运的机器人系统，还需要配备相应的物品识别、检视等传感系统；在码垛机器人系统中，则需要配套重量复检、不合格品剔除、堆垛整形、物品输送带等附加设备及防护网、警示灯等安全保护装置，以构成自动、安全运行的搬运工作站系统。

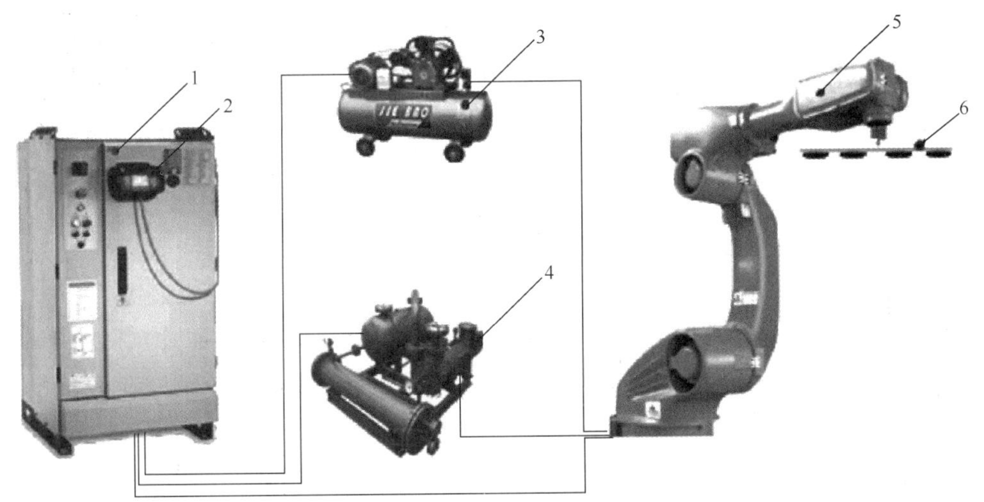

1—机器人控制柜　2—示教器　3—气体发生装置　4—真空发生装置　5—机器人本体　6—夹持器

图 6-32　搬运机器人系统组成

1．机器人本体

搬运类机器人的作业对象极为广泛，原则上说，从 3C 行业的微型电子元器件到大型集装箱，都属于搬运类机器人的作业对象。因此，机器人本体的结构形式多样、规格众多、性能差异极大。可以说，所有结构形式的工业机器人都可以、并可能用于搬运作业。由于龙门式、悬臂式、侧臂式、摆臂式搬运装置不具备机器人的“关节”和“手臂”特征，并且均在直角式坐标系下作业，其适应范围相对较窄、针对性较强，适合定制专用机来满足特定需求，故在此不再进行介绍。

1）小型机器人

小型机器人一般是指承载能力在 15kg 以下、作业空间在 2m 以内的机器人。根据不同的用途，小型搬运机器人的典型结构可分为如图 6-33 所示的三类。

垂直串联结构的小型机器人的承载能力通常为 3～15kg、作业空间为 1 000～2 000mm，它是小型物品搬运、分拣、码垛的通用结构，运动灵活、作业面宽，故可用于机械、电子、化工、食品、药品及仓储物流等行业。

并联结构机器人又称为 Delta 机器人，其承载能力通常在 12kg 以下、作业范围 ϕ1500×500mm 以内，由于其结构简单、上置式安装可节省空间，因此是机械、电子、食品、药品行业小型物品分拣、搬运作业所普遍使用的典型结构。

水平串联结构又称 SCARA 结构，对于承载能力 5kg 以下、作业半径 ϕ800～2000mm 的 3C 行业印制电路板电子器件、液晶屏安装，及光伏行业的小型太阳电池板安装等平面搬运作业，SCARA 结构的机器人是目前常用的典型结构。

（a）垂直串联

（b）并联

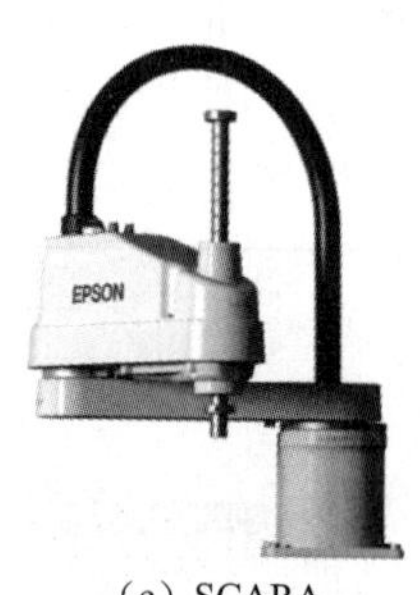

（c）SCARA

图 6-33　小型搬运机器人的典型结构

2）中型机器人

中型机器人一般是指承载能力为 15～80kg、作业空间为 2～3m 的机器人。中型搬运类机器人多采用垂直串联结构，但在中型液晶屏、太阳电池板安装等平面搬运作业，也有采用 SCARA 结构的情况，如图 6-34 所示。

（a）垂直串联

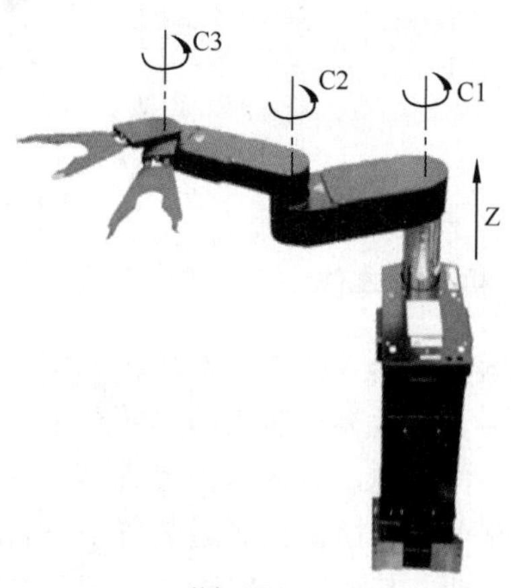

（b）SCARA

图 6-34　中型搬运机器人的典型结构

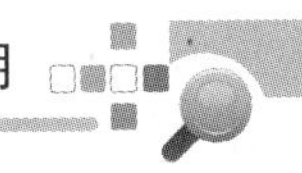

3）大型机器人

大型机器人包括作业空间 2～4m、承载能力在 80～300kg 的大型及承载能力在 300～1300kg 的重型机器人。大型搬运机器人一般都采用垂直串联结构，由于承载要求高，大型机器人的上、下臂摆动一般采用如图 6-35 所示的连杆驱动。

（a）上下臂附加连杆

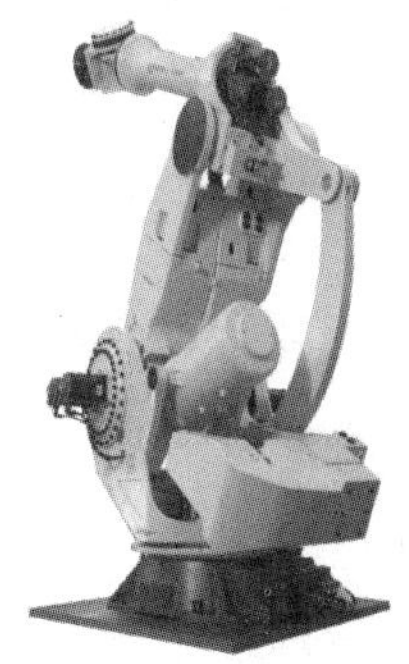

（b）下臂附加连杆

图 6-35　大型搬运机器人的典型结构

2. 夹持器

夹持器是搬运类机器人用来抓取物品的作业工具，夹持稳固、动作可靠，且不损伤被搬运的物品，是对夹持器的基本要求。夹持器的形式与作业对象的外形、体积、质量等因素有关，机器人目前常用的夹持器主要有电磁吸盘、真空吸盘和手爪三类。

1）电磁吸盘

电磁吸盘可通过电磁吸力抓取金属零件，其结构简单、控制方便，夹持力大、对夹持面的要求不高，夹持时也不会损伤工件，而且还可根据需要制成各种形状。但是，电磁吸盘只能用于导磁材料的抓取，且容易在夹持的零件上留下剩磁，故多用于原材料、集装箱类物品的搬运作业。

2）真空吸盘

真空吸盘如图 6-36 所示，它利用吸盘内部和大气压力间的压力差来吸持物品。压力差既可利用伯努利（Bernoulli）原理产生（称为伯努利吸盘）；也可直接利用真空发生器将吸盘内部抽真空产生。

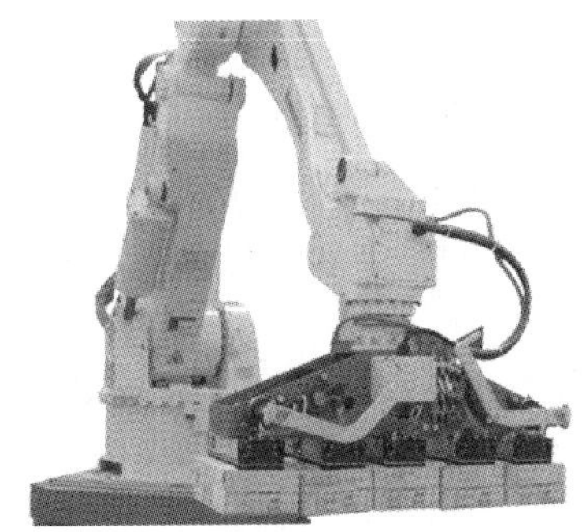

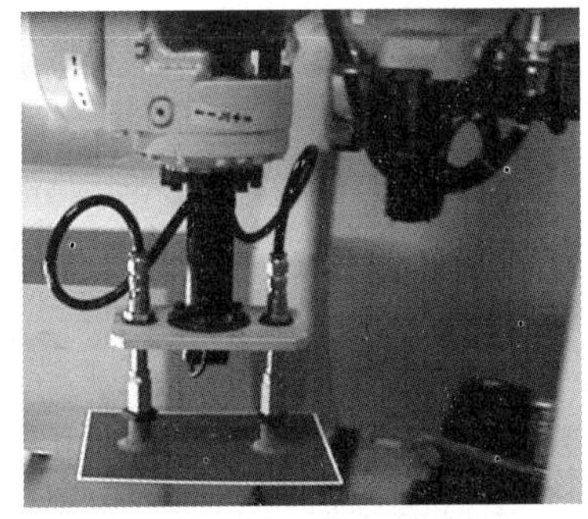

图 6-36　真空吸盘

真空吸盘对所夹持的材料无要求，其适用范围广、无污染，但它要求吸持面光滑、平整、不透气，且吸持力受大气压力的限制，故多用于玻璃、金属、塑料或木材等轻量平板类物品，或小型密封包装的袋状物品夹持。

3）手爪

手爪是利用机械锁紧或摩擦力来夹持物品的夹持器。搬运机器人的手爪形式多样，它可根据作业对象的外形、重量和夹持要求，设计成各种各样的形状。手爪的夹持力可根据要求设计并随时调整，其适用范围广、夹持可靠、使用灵活方便、定位精度高，它是搬运类机器人使用最广泛的夹持器。

根据机器人的用途与规格，常用的手爪主要有图6-37所示的几类。

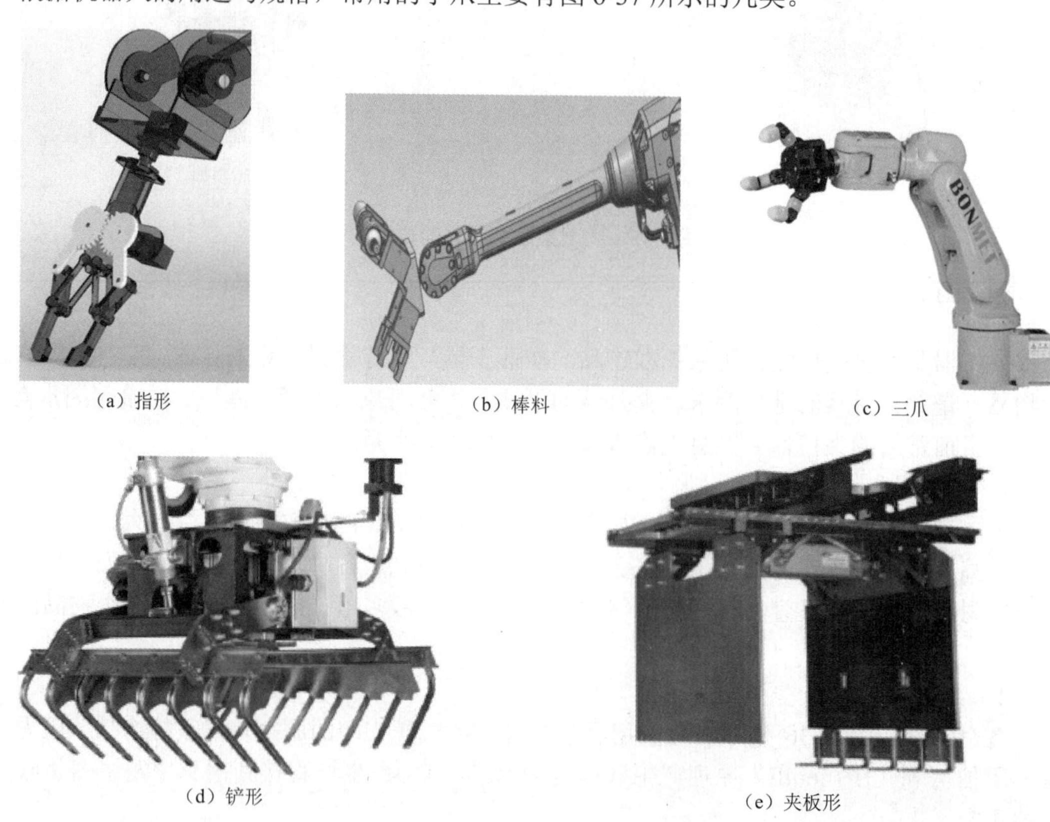

（a）指形　（b）棒料　（c）三爪

（d）铲形　（e）夹板形

图6-37　手爪夹持器

图 6-37（a）所示为指形手爪夹持器，它利用牵引丝或凸轮带动关节运动、控制指状夹持器的开合，以实现工件的松夹动作。指形手爪的动作灵活，适用面广，但其机械结构较为复杂、夹持力相对较小，故通常用于机械、电子、食品、药品等行业的小型装卸机器人、分拣机器人的夹持作业。

图 6-37（b）所示为棒料手爪夹持器，它利用气缸或电磁铁控制一对或多对爪子同步开合、实现棒料的松夹。棒料手爪的夹持可靠、定位精度高，且具有自动定心的功能，因此，在数控车床、数控磨床等棒料加工设备装卸机器人上使用广泛。

图 6-37（c）所示为三爪夹持器，其原理与通用三爪卡盘相同，它同样具有夹持可靠、定

位精度高、自动定心等特点，可用于圆盘类、法兰类物品的松夹，在数控铣床、加工中心等法兰类加工设备装卸机器人上使用广泛。

图 6-37（d）、（e）所示为大中型搬运、码垛机器人常用的夹持器，多用于化工、食品、药品、饮料及物流业的大宗货物搬运和码垛。铲形夹持器可用于外形不规范的袋装物品搬运、码垛作业；夹板形夹持器多用于正方体、长方体类箱装物品的搬运、码垛作业。

3. 夹持控制装置

夹持控制装置是控制夹持器松夹动作的设备，它需要根据夹持器的控制要求选配。例如，使用电磁吸盘的机器人，需要配套相应的电源及通断控制装置；使用真空吸盘的机器人，需要配套真空泵、电磁阀等部件；使用手爪夹持器的机器人，则需要配套相关的气泵、气动阀、气缸或液压泵、液压阀、油缸等部件。以上控制装置和配套部件均为通用型产品，可根据实际需要进行选配。

6.4.3　搬运机器人的周边设备

用机器人完成一项搬运工作，除需要搬运机器人（机器人和搬运设备）以外，还需要一些辅助周边设备。目前，常见的搬运机器人辅助装置有增加移动范围的滑移平台、合适的搬运系统装置和安全保护装置等。

1. 滑移平台

对于某些搬运场合，由于搬运空间大，搬运机器人的末端工具无法到达指定的搬运位置或姿态，此时可通过外部轴的办法来增加机器人的自由度。其中增加滑移平台是搬运机器人增加自由度最常用的方法，其可安装在地面上或安装在龙门框架上，如图 6-38 所示。

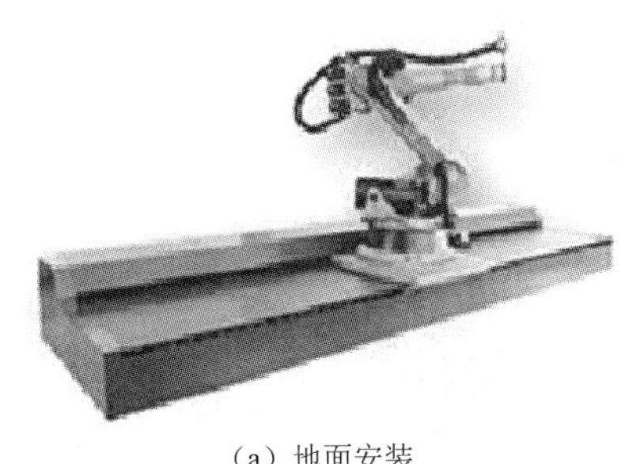

（a）地面安装

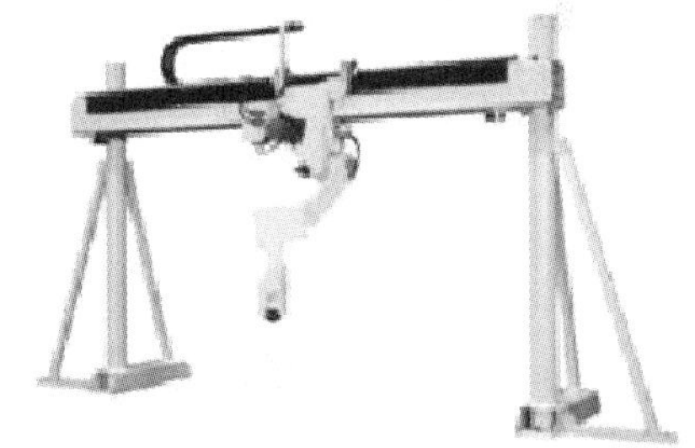

（b）龙门架安装

图 6-38　滑移平台安装方式

2. 搬运系统

搬运系统主要包括真空发生装置、气体发生装置、液压发生装置等，均为标准件。一般的真空发生装置和气体发生装置均可满足吸盘和气动夹钳所需动力，企业常用空气控压站对整个车间提供压缩空气和抽真空；液压发生装置的动力元件（电动机、液压泵等）布置在搬运机器人周围，执行元件（液压缸）与夹钳一体，需安装在搬运机器人末端法兰上，与气动夹钳相类似。

6.4.4 搬运机器人应用实例

1. 上下料机器人工作站的基本组成

上下料机器人在工业生产中一般是为数控机床服务的。数控机床的加工时间包括切削时间和辅助时间。当上下料机器人的上料精度达到一定的要求时，就可以缩减数控机床对刀，从而减少切削时间。因此，上下料机器人就是通过减少生产辅助时间和缩短对刀时间来达到提高数控机床加工效率的目的。机加工领域主要运用桁架机器人、多关节机器人来完成。

以加工电动机前端盖为例，工业机器人上下料工作站如图 6-39 所示。电动机前端盖柔性加工单元（FMC）以一台六自由度垂直多关节工业机器人为核心，整个加工单元采用“岛式”结构，对电机前端盖进行两次装夹、两道车工工序（根据机床工作的实际情况，系统进行自动分配）。机器人为三台数控机床自动上下料，配备自动料仓、离线检测系统、上位机控制系统及高精度的液压卡盘，实现了两次装夹后加工同轴度<0.015mm，并可以对工件进行自动检测，机床自动刀补，最大程度地实现了无人化加工，操作人员只负责料仓的批量上下料及少数工件的抽查检验，每个操作人员可以同时管理 2 个加工单元共计 6 台机床。劳动强度小，加工效率高，产品质量稳定。此加工单元适宜于需要两次装夹且精度要求较高的盘类零件自动加工。

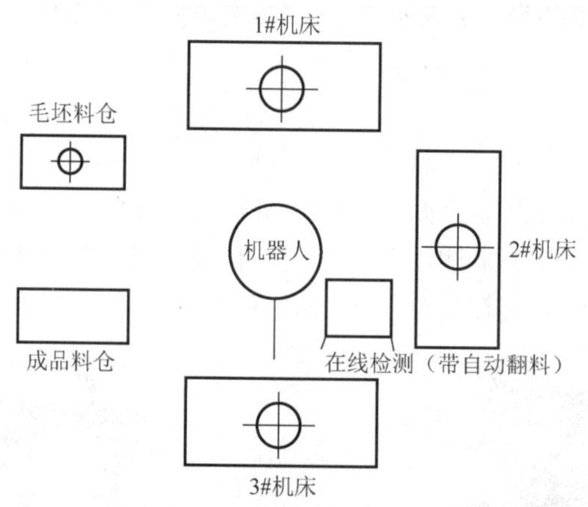

（a）示意图

（b）实际布局

图 6-39 工业机器人上下料工作站

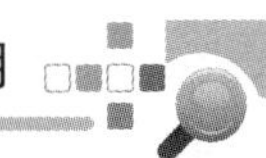

2. 控制系统工作原理

1）电动机前端盖生产线的通信

电动机前端盖生产线控制系统采用 PLC+上位机模式，图 6-40 为生产线通信图。其中 PLC 主要负责整条生产线各功能单元的动作控制与协调，确保生产流程的顺利进行。上位机负责各设备预设程序的管理，控制整条生产线的启动、急停、复位及关闭等，收集并记录各设备的工作参数和报警信息，监控其工作状态，统计汇总整个生产线的生产情况，包括生产周期、时间、工件总数等信息并显示在总控台的显示屏上。操作人员在总控台即可迅速全面地掌握整条生产线的工作情况，并能针对突发情况迅速采取相应措施。其生产数据记录功能可让操作者方便地调阅生产线历史生产情况，为生产管理提供第一手的参考数据。

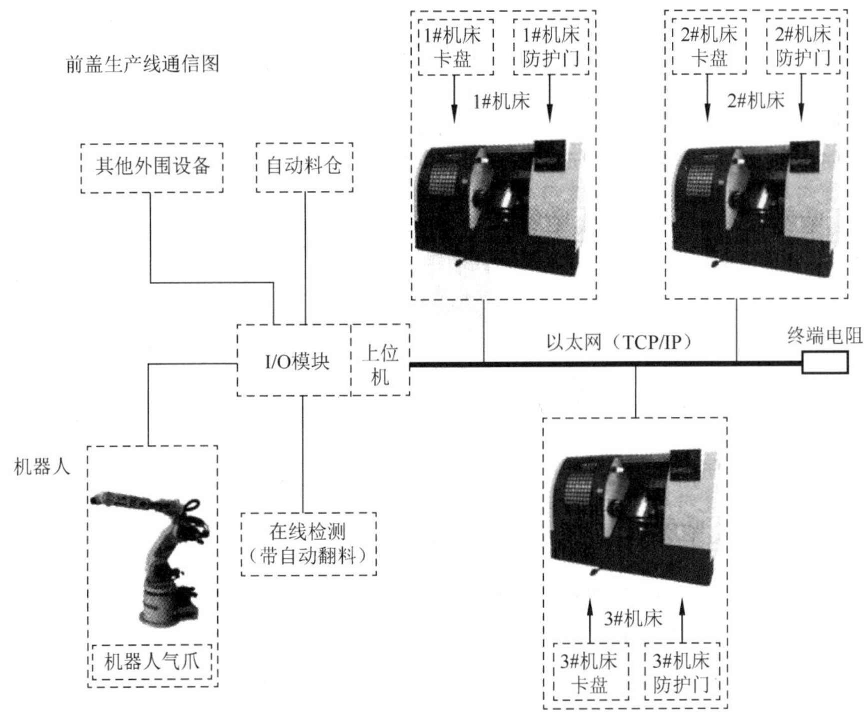

图 6-40　电动机前端盖生产线通信图

2）电动机前端盖生产线的检测

工件在线测量系统位于 2#、3#数控车床之间，当工件进行完第一道车工工序后，即由机器人将其放入在线检测系统（图 6-41），检测中间轴承孔位和带 O 型圈槽止口的尺寸精度，并将数据编号后发送给系统上位机，再由上位机反馈给对应数控车床的数控系统，数控系统根据接收到的数据进行刀具补偿，来保证下一个工件的加工精度。控制系统主界面、机床监控界面、自动料仓监控界面分别如图 6-42 至图 6-44 所示。

图 6-41　电动机前端盖在线检测

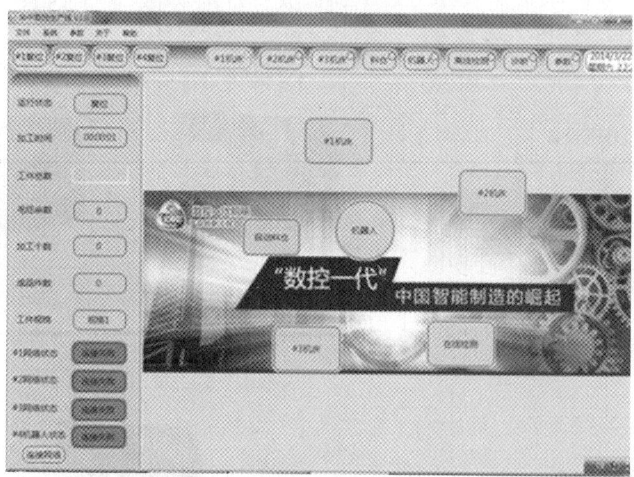

图 6-42　控制系统主界面

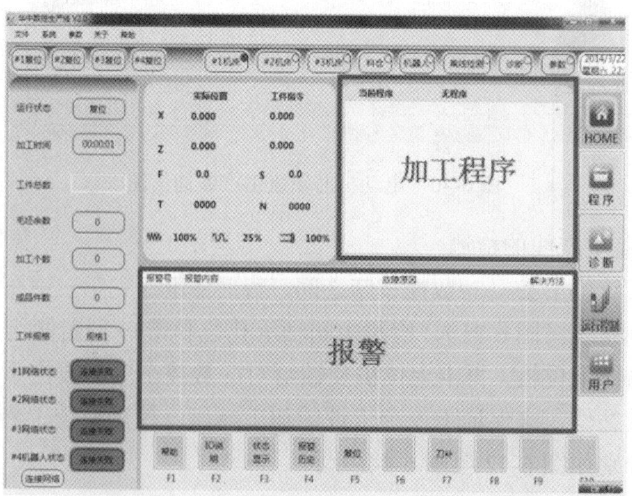

图 6-43　机床监控界面

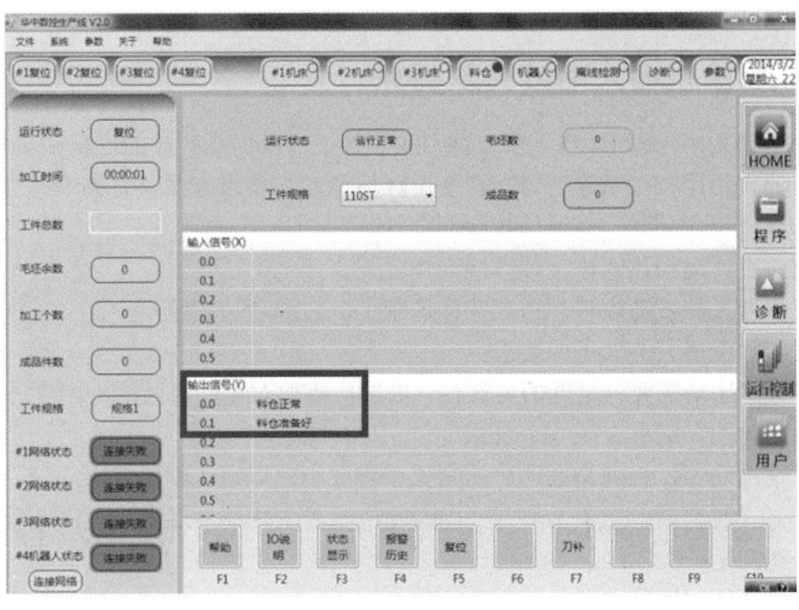

图 6-44　自动料仓监控界面

6.5　喷涂机器人

喷涂机器人又称为喷漆机器人，是可进行自动喷漆或喷涂其他涂料的工业机器人，具有工件涂层均匀、重复精度好、通用性强、工作效率高，能够将工人从有毒、易燃、易爆的工作环境中解放出来等优点，已在汽车、工程机械制造、3C 产品（计算机、通信和消费类电子产品）及家具建材等领域得到广泛应用，如图 6-45 所示。

图 6-45　汽车车身的机器人喷涂作业

6.5.1 喷涂机器人的分类及特点

使用喷涂机器人，不仅可以改善劳动条件，而且还可以提高产品的产量和质量、降低成本。与其他工业机器人相比较，喷涂机器人在使用环境和动作要求方面具有如下特点：

（1）工作环境包含易燃、易爆的喷涂剂蒸气。

（2）沿轨迹高速运动，轨迹上各点均为作业点。

（3）多数机器人和被喷涂件都搭载在传送带上，边移动边喷涂。

因此，对喷涂机器人有如下的要求：

（1）机器人的运动链要有足够的灵活性，以适应喷枪对工件表面的不同姿态的要求。多关节型运动链最为常用，它有 5 至 6 个自由度。

（2）要求速度均匀，特别是在轨迹拐角处误差要小，以避免喷涂层不均匀。

（3）控制方式通常为手把手示教方式，因此，要求在其整个工作空间内，示教省力，同时要考虑重力平衡问题。

（4）可能需要轨迹跟踪装置。

（5）一般均用连续轨迹控制方式。

（6）要有防爆机构。

目前，国内外的喷涂机器人从结构上大多数仍采取与通用工业机器人相似的 5 或 6 自由度串联关节式机器人，在其末端加装自动喷枪。按照手腕结构划分，喷涂机器人应用中较为普遍的主要有两种：球形手腕喷涂机器人和非球形手腕喷涂机器人，如图 6-46 所示。

1．球形手腕喷涂机器人

球形手腕喷涂机器人与通用工业机器人手腕结构类似，手腕三个关节轴线交于一点，即目前绝大多数商用机器人所采用的 Bendix 手腕，如图 6-47 所示。该手腕结构能够保证机器人运动学逆解具有解析解，便于离线编程的控制，但是由于其腕部第二关节不能实现 360° 旋转，故工作空间相对较小。采用球形手腕的喷涂机器人多为紧凑型结构，其工作半径多在 0.7～1.2m，多用于小型工件的喷涂。

（a）球形手腕喷涂机器人

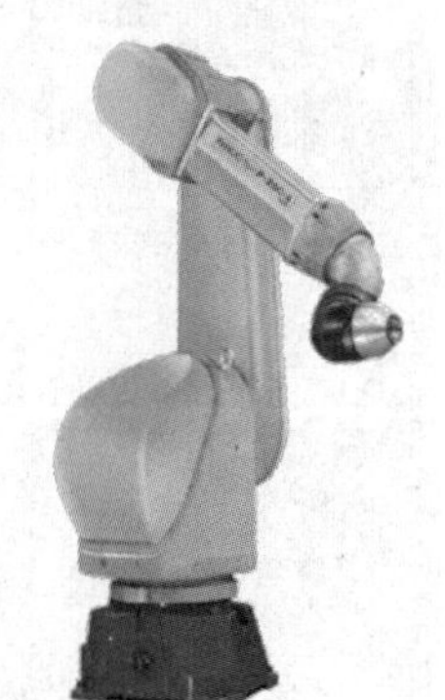

（b）非球形手腕喷涂机器人

图 6-46　喷涂机器人分类

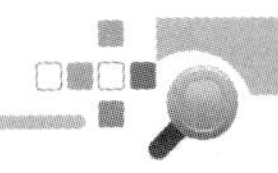

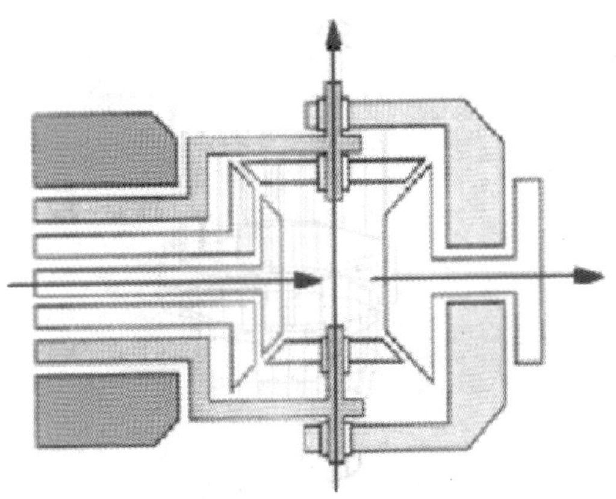

（a）Bendix 手腕结构

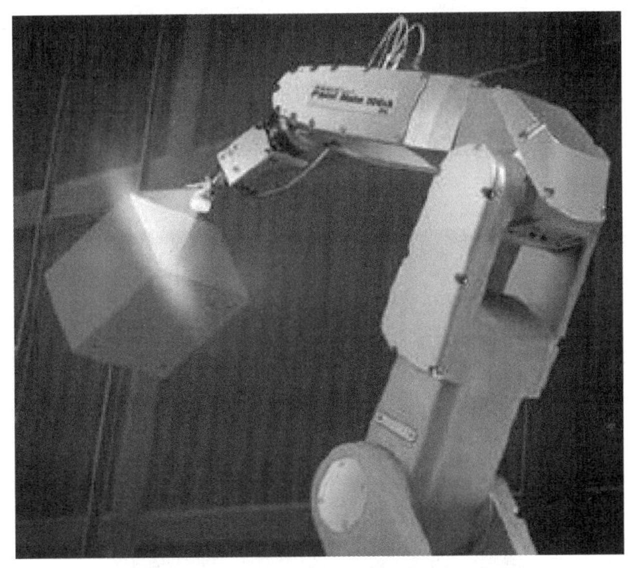

（b）采用 Bendix 手腕构型的喷涂机器人

图 6-47　Bendix 手腕结构及喷涂机器人

2. 非球形手腕喷涂机器人

非球形手腕喷涂机器人，其手腕的 3 个轴线并非如球形手腕机器人一样相交于一点，而是相交于两点。非球形手腕机器人相对于球形手腕机器人来说更适合于喷涂作业。该型喷涂机器人每个腕关节转动角度都能达到 360° 以上，手腕灵活性强，机器人工作空间较大，特别适用复杂曲面及狭小空间内的喷涂作业，但由于非球形手腕运动学逆解没有解析解，增大了机器人控制的难度，难于实现离线编程控制。

非球形手腕喷涂机器人根据相邻轴线的位置关系又可分为正交非球形手腕和斜交非球形手腕两种形式，如图 6-48 所示。图 6-48（a）所示 Comau SMART-3S 型机器人所采用的就是正交非球形手腕，其相邻轴线夹角为 90°；而 FANUC P-250iA 型机器人的手腕相邻两轴线不垂直，而是呈一定的角度，即斜交非球形手腕，如图 6-48（b）所示。

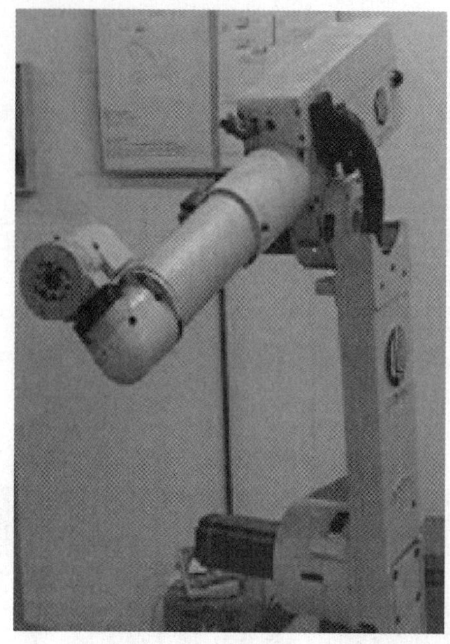

（a）正交非球形手腕

（b）斜交非球形手腕

图 6-48　非球形手腕喷涂机器人

现今应用的喷涂机器人中很少采用正交非球型手腕，主要是其在结构上相邻腕关节彼此垂直，容易造成从手腕中穿过的管路出现较大的弯折、堵塞甚至折断管路。相反，斜交非球型手腕若做成中空的，各管线从中穿过，直接连接到末端高转速旋杯喷枪上，在作业过程中内部管线较为柔顺，故被各大厂商所采用。

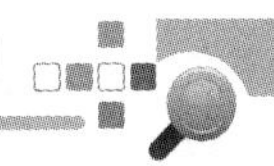

6.5.2　喷涂机器人的系统组成

典型的喷涂机器人工作站一般是由喷涂机器人、喷涂工作台、喷房、过滤送风系统、安全保护系统等组成。图 6-49 所示为一喷涂机器人工作站。喷涂机器人一般由机器人本体、喷涂控制系统、雾化喷涂系统三部分组成，如图 6-50 所示。喷涂控制系统包含机器人控制柜和喷涂控制柜，主要完成本体和喷涂工艺控制。本体控制在控制原理、功能及组成上与通用工业机器人基本相同；喷涂工艺控制则是对雾化喷涂系统的控制。雾化喷涂系统包含气动盘、换色阀、涂料混合器、流量调节器、齿轮泵、雾化器、涂料调压阀、喷枪/旋杯等。其中调压阀主要是实现喷枪的流量和扇幅调整；换色阀可以实现不同颜色的喷涂以及喷涂完成后利用水性漆清洗剂进行喷枪和管路的清洗；气动盘（涂料单元控制盘）接收机器人控制系统发出的喷涂工艺的控制指令，精准控制调节器、齿轮泵、喷枪/旋杯完成流量、空气雾化和空气成型的调整，同时控制涂料混合器、换色阀等以实现自动化的颜色切换和指定的自动清洗等功能，实现高质量和高效率的喷涂。

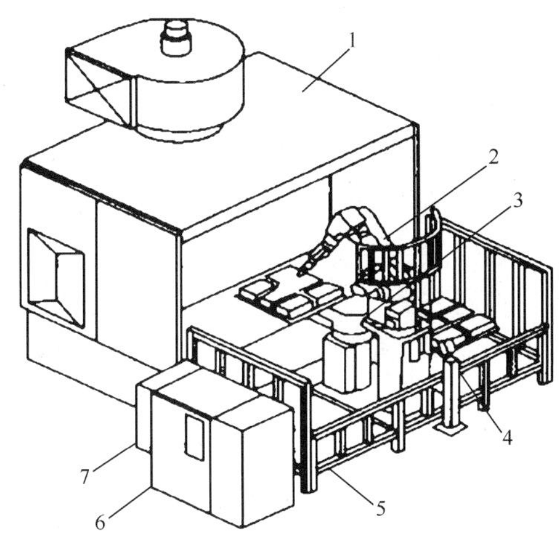

1—喷房　2—喷涂机器人　3—伺服转台　4—手动操作盒　5—安全围栏　6—机器人控制器　7—气动盘

图 6-49　喷涂机器人工作站

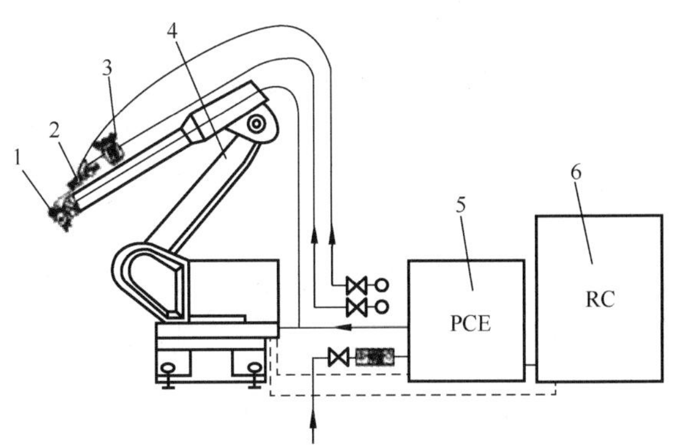

1—自动混气喷枪　2—换色阀　3—涂料调压阀　4—机器人本体　5—喷涂控制柜　6—机器人控制柜

图 6-50　喷涂机器人

1. 喷涂机器人的基本性能

喷涂机器人按照驱动方式，可分为液压喷涂机器人和电动喷涂机器人两类。采用液压驱动方式，主要是从安全的角度着想。随着交流伺服电动机的应用和高速伺服技术的进步，喷涂机器人已采用电驱动。为确保安全，无论何种类型的喷涂机器人都要求有防爆机构，一般采用“本质安全防爆机构”，即要求机器人在可能发生强烈爆炸的 0 级危险中也能安全工作。

喷涂机器人一般为六自由度多关节型，其手腕多为 3R 结构。示教有两种方式：直接示教和远距离示教。远距离示教系统具有较强的软件功能，可以在直线移动的同时保持喷枪头姿态不变，改变喷枪的方向而不影响目标点。还有一种所谓的跟踪再现动作，只允许在传送带保持静止状态时示教，再现时则靠实时坐标变换连续跟踪移动的传送带进行作业。这样，即使传送带的速度发生变化，也能保持喷枪与工件的距离和姿态一定，从而保证喷涂质量。

喷涂作业环境中充满了易燃、易爆的有害挥发性有机物，除了要求喷涂机器人具有出色的重复定位精度和循径能力及较高的防爆性能，仍有特殊的要求。在喷涂作业过程中，高速旋杯喷枪的轴线要与工件表面法线在一条直线上，且高速旋杯喷枪的端面要与工件表面始终保持一个恒定的距离，并完成往复蛇形轨迹，这就要求喷涂机器人要有足够大的工作空间和尽可能紧凑灵活的手腕，即手腕关节要尽可能短。

其他的一些基本性能要求如下：

（1）能够通过示教器方便的设定流量、雾化气压、喷幅气压及静电量等喷涂参数。

（2）具有供漆系统，能够方便地进行换色、混色，确保高质量、高精度的工艺调节。

（3）具有多种安装方式，如落地、倒置、角度安装和壁挂。

（4）能够与转台、滑台、输送链等一系列的工艺辅助设备轻松集成。

（5）结构紧凑，减少密闭喷涂室（简称喷房）尺寸，降低通风要求。

2. 喷涂工艺类型

对于喷涂机器人，根据所采用的喷涂工艺不同，机器人“手持”的喷枪及配备的喷涂系统也存在差异。传统喷涂工艺中空气喷涂与高压无气喷涂仍在广泛使用，但近年来静电喷涂，特别是旋杯式静电喷涂工艺凭借其高质量、高效率、节能环保等优点已成为现代汽车车身喷涂的主要手段之一，并且被广泛应用于其他工业领域。

1）空气喷涂

所谓空气喷涂，就是利用压缩空气的气流，流过喷枪喷嘴孔形成负压，在负压的作用下涂料从吸管吸入，经过喷嘴喷出，通过压缩空气对涂料进行吹散，以达到均匀雾化的效果。空气喷涂一般用于家具、3C 产品外壳，汽车等产品的喷涂。

2）高压无气喷涂

高压无气喷涂是一种较先进的喷涂方法，其采用增压泵将涂料增至 6～30MPa 的高压，通过很细的喷孔喷出，使涂料形成扇形雾状，具有较高的涂料传递效率和生产效率，表面质量明显优于空气喷涂。

3）静电喷涂

静电喷涂一般是以接地的被涂物为阳极，接电源负高压的雾化涂料为阴极，使得涂料雾化颗粒上带电荷，通过静电作用，吸附在工件表面。通常应用于金属表面或导电性良好且结构复

杂的表面，或是球面、圆柱面等的喷涂。

3. 静电喷枪及工作原理

静电喷枪是工业喷涂设备现代化的基础产品。在涂装工艺流水线里，静电喷枪就是担任表面处理最核心设备的主体，它通过用低压高雾化装置以及静电发生器产生静电电场力，高效、快速地将涂料喷涂至被涂物的表面，使被涂物得到完美的表面处理，故既是涂料雾化器又是静电电极发生器。

喷枪按其用途可分为手提式喷粉枪、固定式自动喷粉枪、圆盘式喷枪等；按带电形式分为内带电枪和外带电枪；按其扩散机构形式可分为冲突式枪、反弹式枪、二次进风式枪、离心旋杯式枪等。其中高速旋杯式静电喷枪已成为应用最广的工业喷涂设备，如图 6-51 所示。它在工作时利用旋杯的高速（一般为 30 000～60 000r/min）旋转运动产生离心作用，将涂料在旋杯内表面伸展成为薄膜，并通过巨大的加速度使其向旋杯边缘运动，在离心力及强电场的双重作用下涂料破碎为极细的且带电的雾滴，向极性相反的被涂工件运动，沉积于被涂工件表面，形成均匀、平整、光滑、丰满的涂膜，其工作原理如图 6-52 所示。

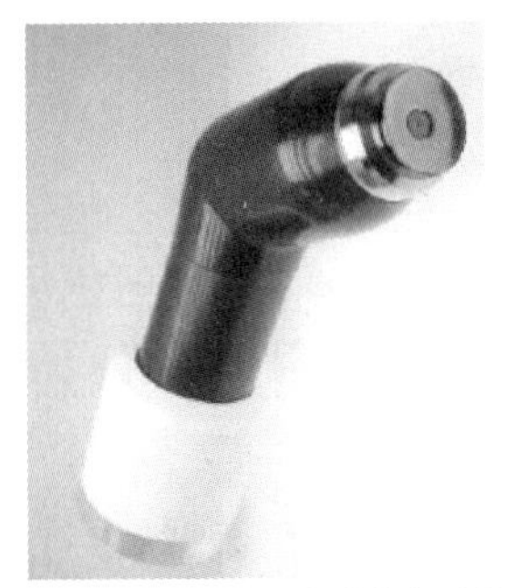

（a）ABB 溶剂性涂料适用高速旋杯式静电喷枪

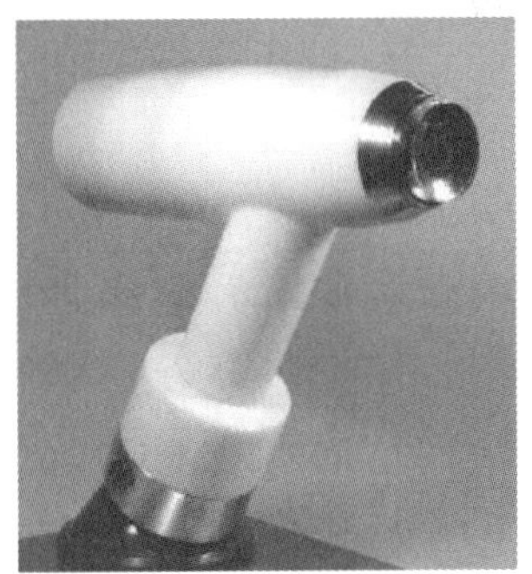

（b）ABB 水性涂料适用高速旋杯式静电喷枪

图 6-51　高速旋杯式静电喷枪

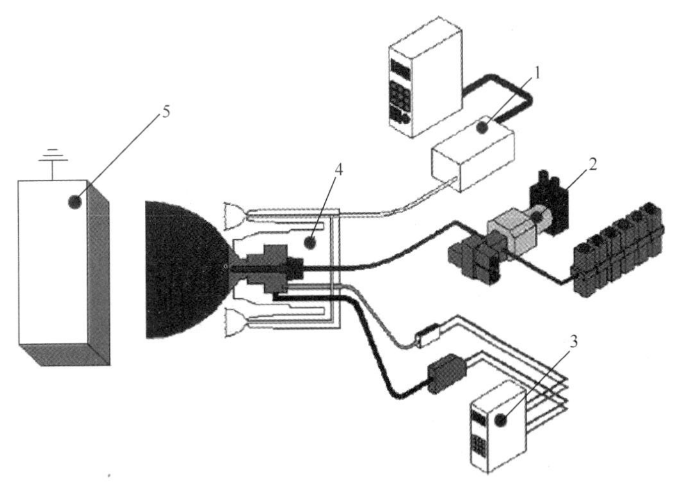

1—供气系统　2—供漆系统　3—高压静电发生系统　4—旋杯　5—工件

图 6-52　高速旋杯式静电喷枪工作原理

4．换色阀系统结构与工作原理

喷涂机器人换色主要通过换色阀组来实现。换色阀系统主要安装在机器人大臂内，比较靠近机器人雾化器。换色阀组是由一个个换色块集成的，每一个换色块可以转换两种颜色，可根据需要增减换色块数目，每种颜色的涂料通过单独的供漆管路连接到换色块上。换色块结构如图 6-53 所示，微阀是换色块上的重要组成部件，其作用类似于开关，用于控制油漆走向。微阀的结构如图 6-54 所示，在压缩空气作用下，微阀内弹簧向 *A* 方向运动，此时顶针打开，油漆可以从管路流入公共管路。

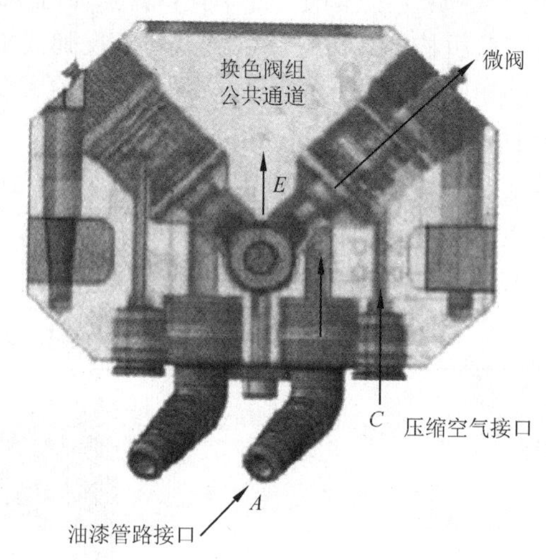

图 6-53　换色块结构

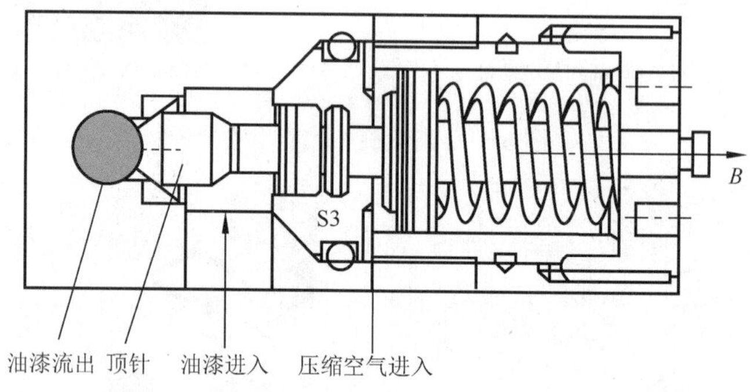

图 6-54　微阀的结构

喷涂机器人换色原理：当喷涂某一颜色时，控制 C 处压缩空气的电磁阀接收信号，此时喷涂控制柜内两位三通阀打开，释放压缩空气由 C 处进入，微阀在压缩空气作用下开启，此时油漆由 A 处流入 E 处通道，然后经过稳压器进人齿轮泵，在高压静电及整形空气的作用下，通过旋杯离心作用，油漆雾化并附着在喷涂对象的表面。若不再喷涂此颜色油漆时，则关闭微阀，油漆由 A 处进人后，从另外一个接口流入循环管路进行循环。每次喷涂完成后，E 通道都需要用溶剂和压缩空气进行吹洗。

5. 防爆吹扫系统及工作原理

一般来说，喷房由喷涂作业的工作室、收集有害挥发性有机物的废气舱、排气扇以及可将废气排放到建筑外的排气管等组成。喷涂机器人多在封闭的喷房内喷涂工件的内外表面，由于喷涂的薄雾是易燃易爆的，如果机器人的某个部件产生火花或温度过高，就会引起大火甚至引起爆炸，所以防爆吹扫系统对于喷涂机器人是极其重要的一部分。防爆吹扫系统主要由危险区域之外的吹扫单元、操作机内部的吹扫传感器、控制柜内的吹扫控制单元三部分组成。其防爆工作原理如图 6-55 所示，吹扫单元通过柔性软管向包含有电气元件的操作机内部施加压力，阻止爆燃性气体进入操作机内。同时由吹扫控制单元监视操作机内压、喷房气压，当异常状况发生时立即切断操作机伺服电源。

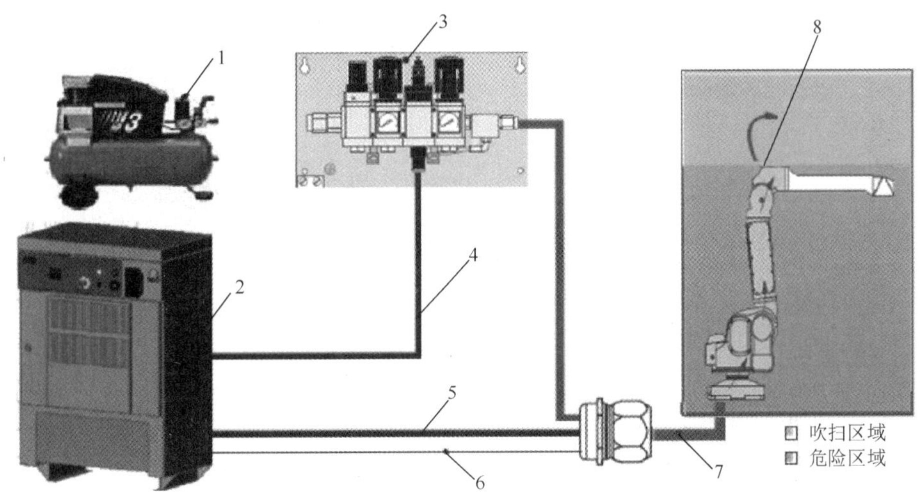

1—空气接口　2—控制柜　3—吹扫单元　4—吹扫单元控制电缆　5—操作机控制电缆　6—吹扫传感器控制电缆　7—软管　8—吹扫传感器

图 6-55　防爆吹扫系统工作原理

6.5.3　喷涂机器人的周边设备

完整的喷涂机器人生产线及柔性喷涂单元除了机器人和自动喷涂设备两部分外，还包括一些周边辅助设备，如机器人行走单元、工件传送（旋转）单元、空气过滤系统、输调漆系统、喷枪清理装置、喷涂生产线控制盘等。为满足实际作业需求，通常将喷涂机器人与周边设备集合成喷涂机器人工作站，并将多个工作站按照生产工序要求布置成喷涂生产线。

1. 行走单元与工件传送（旋转）单元

如同焊接机器人变位机和滑移平台一样，喷涂机器人也有类似的装置，主要包括完成工件的传送及旋转动作的伺服转台、伺服穿梭机及输送系统，以及完成机器人上下左右滑移的行走单元，但是喷涂机器人所配备的行走单元与工件传送和旋转单元的防爆性能有着较高的要求。一般来说，配备行走单元和工件传送（旋转）单元的喷涂机器人生产线及柔性喷涂单元的工作方式有三种：动/静模式、流动模式及跟踪模式。

（1）动/静模式。在动/静模式下，工件先由伺服穿梭机或输送系统传送到喷涂室中，由伺服转台完成工件旋转，之后由喷涂机器人单体或者配备行走单元的机器人对其完成喷涂作业。在喷涂过程中工件可以是静止地做独立运动，也可与机器人作协调运动，如图 6-56 所示。

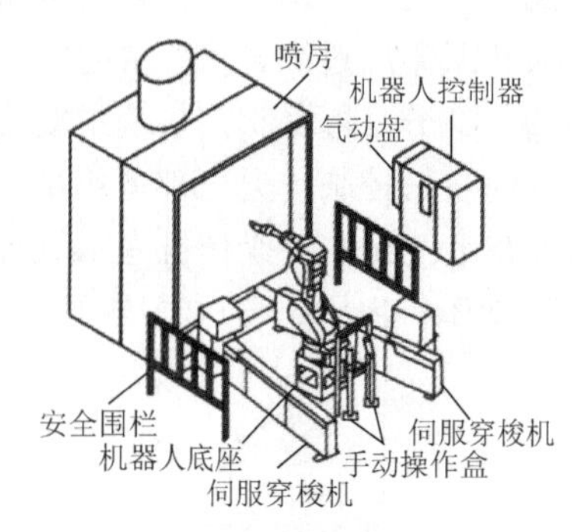

（a）配备伺服穿梭机的喷涂单元

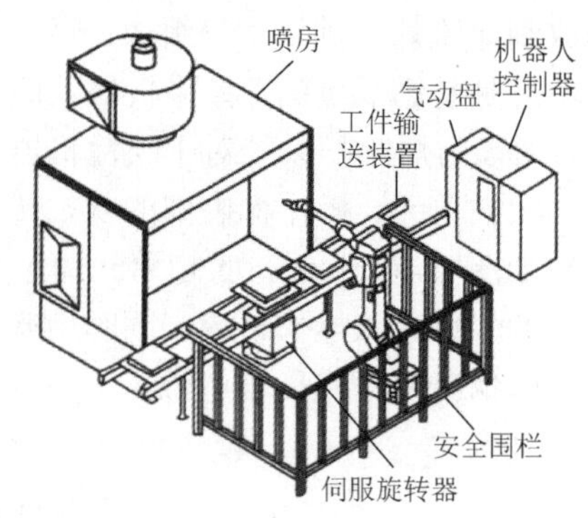

（b）配备输送系统的喷涂单元

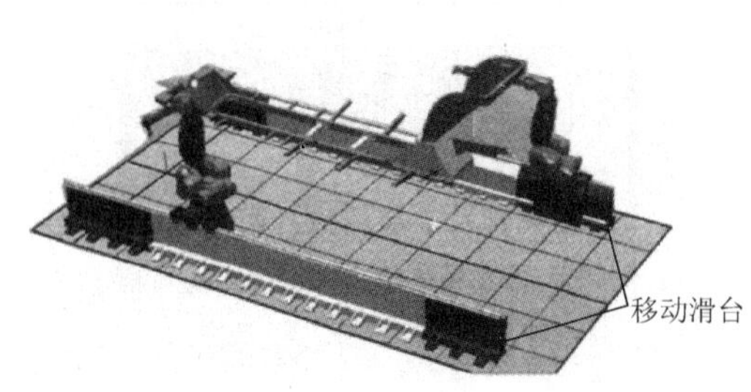

（c）配备行走单元的喷涂单元

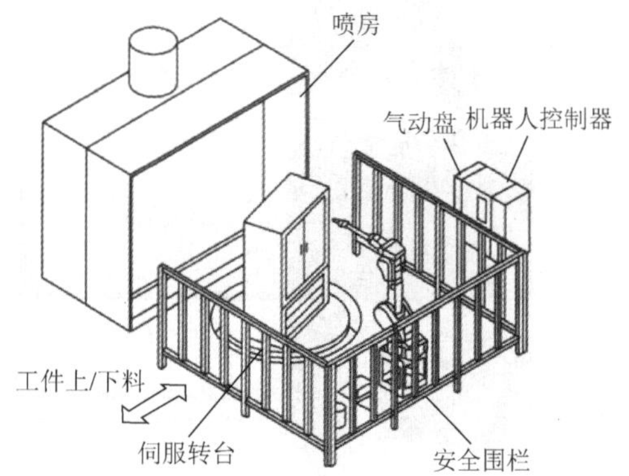

（d）机器人与伺服转台协调运动的喷涂单元

图 6-56　动/静模式下的喷涂单元

（2）流动模式。在流动模式下，工件由输送链承载匀速通过喷涂室，由固定不动的喷涂机器人对工件完成喷涂作业，如图 6-57 所示。

图 6-57　流动模式下的喷涂单元

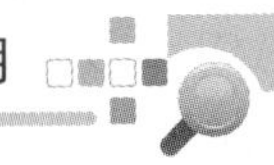

（3）跟踪模式。在跟踪模式下，工件由输送链承载匀速通过喷涂室，机器人不仅要跟随输送链运动的喷涂物，而且要根据喷涂面而改变喷枪的方向和角度，如图 6-58 所示。

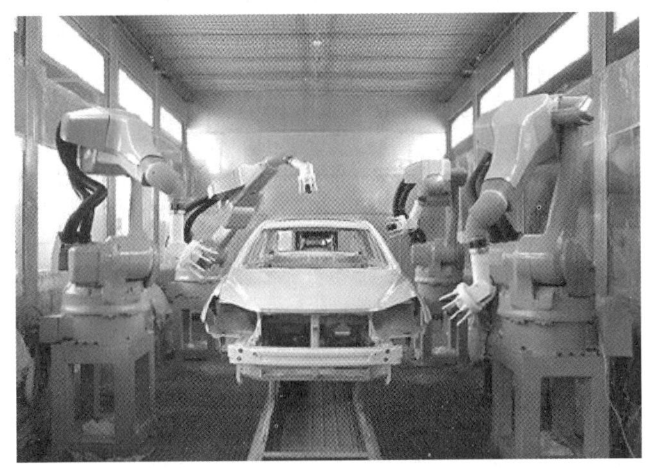

图 6-58　跟踪模式下的喷涂机器人生产线

2. 空气过滤系统

在喷涂作业过程中，当大于或者等于 10μm 的粉尘混入漆层时，用肉眼就可以明显地看到由粉尘造成的瑕点。为了保证喷涂作业的表面质量，喷涂线所处的环境及空气喷涂所使用的压缩空气应尽可能保持清洁，这是由空气过滤系统使用大量空气过滤器对空气质量进行处理以及保持喷涂车间正压来实现的。喷房内的空气纯净度要求最高，一般来说要求经过三道过滤。

3. 输调漆系统

喷涂机器人生产线一般由多个喷涂机器人单元协同作业，这时需要有稳定、可靠的涂料及溶剂的供应，而输调漆系统则是保证这一问题的重要装置。一般来说，输调漆系统由以下几部分组成：油漆和溶剂混合的调漆系统、为机器人提供油漆和溶剂的输送系统，液压泵系统、油漆温度控制系统、溶剂回收系统、辅助输调漆设备及输调漆管网等，如图 6-59 所示。

图 6-59　输调漆系统

4．喷枪清理装置

喷涂机器人的设备利用率高达 90%～95%，在进行喷涂作业中难免发生污物堵塞喷枪气路，同时在对不同工件进行喷涂时也需要进行换色作业，此时需要对喷枪进行清理。自动化的喷枪清洗装置能够快速、干净、安全地完成喷枪的清洗和颜色更换，彻底清除喷枪通道内及喷枪上飞溅的涂料残渣，同时对喷枪完成干燥，减少喷枪清理所耗用的时间、溶剂及空气，如图 6-60 所示为 UniRam UG4000 自动喷枪清洗机。

图 6-60　Uni-ram UG4000 自动喷枪清洗机

5．喷涂生产线控制盘

对于采用两套或者两套以上喷涂机器人单元同时工作的喷涂作业系统，一般需配置生产线控制盘对生产线进行监控和管理，如图 6-61 所示，其功能如下所述：

图 6-61　喷涂生产线控制盘

（1）生产线监控功能。通过管理界面可以监控整个喷涂作业系统的状态，例如工件类型、颜色、喷涂机器人和周边装置的操作、喷涂条件、系统故障信息等。

（2）可以方便设置和更改喷涂条件和涂料单元的控制盘，即对涂料流量、雾化气压、喷幅气压、静电电压进行设置，并可设置颜色切换的时序图、喷枪清洗及各类工件类型和颜色的程序编号。

（3）可以管理统计生产线各类生产数据，包括产量统计、故障统计、涂料消耗率等。

6.5.4　喷涂机器人应用实例

1．喷涂机器人工作站的基本组成

中国一拖集团有限公司在对国内汽车和农机行业底盘涂装技术调研基础上，从涂装工艺、设备、质量控制等方面进行了专项研究与生产测试，对原涂装工艺进行了全面改进和提升，采用 2C2B 整体底盘涂装工艺，研制开发了大型拖拉机底盘机器人自动喷涂集成系统。该工作站主要由喷涂机器人及其控制系统、集中供漆混气喷涂系统、集中供漆循环系统、喷涂室、积放链机运系统、工件识别控制系统等组成。系统布局如图 6-62 所示。

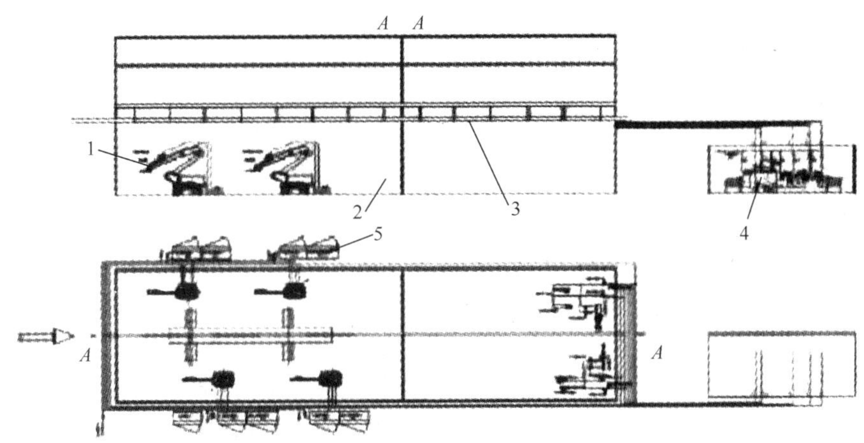

1—机器人　2—喷涂室　3—积放链机运系统　4—集中供漆混气喷涂系统　5—控制系统

图 6-62　大型拖拉机底盘机器人自动喷涂系统

该系统包括四台 FANUC 喷涂机器人 P-250iA/15、四个机器人控制柜（R/C）、四个喷涂控制柜（PEC）、一个系统控制柜（SCC）、两个接近开关、一个安全门开关、一对安全检测光电管、一个手动输入装置等，如图 6-63 所示。

2．控制系统工作原理

系统设有手动输入单元（MIS），可编程逻辑控制器（PLC）接收来自 MIS（发给射频识别（RFID）系统）的输入单元的工作信号信息或者 MIS 确认的工件号信息，并发送给机器人，通过对射传感器检测吊具上的工件，依靠与积放链同步动作的脉冲编码器计算脉冲数换算成距离，四台机器人分别按照各自与工件感应之间的实际距离设定距离参数。机器人

开始对工件追踪，在工件进入设定的工作窗口后，按事前接收到的来自 PLC 的调用程序及颜色号执行工作。

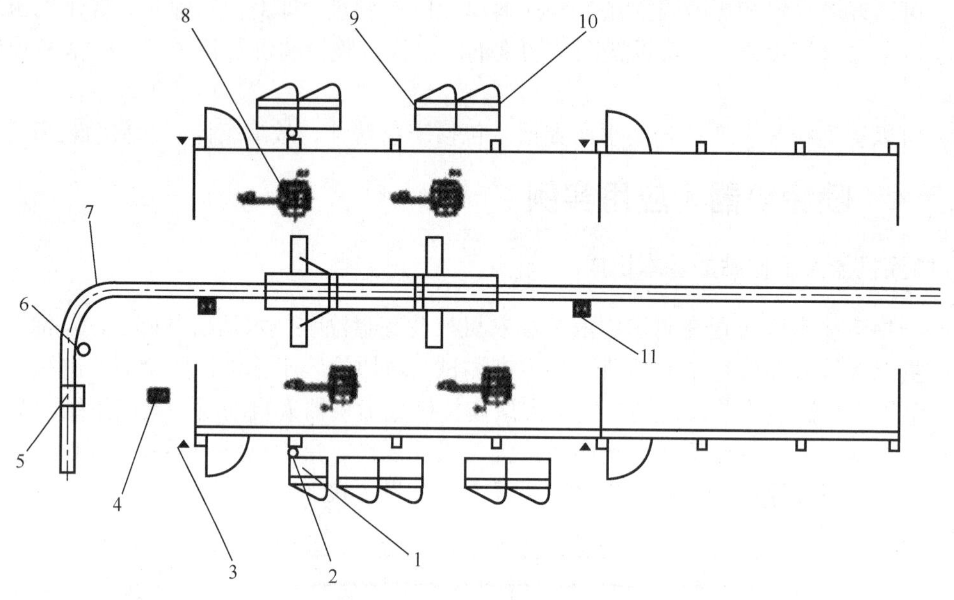

1—系统控制柜　2—安全门开关　3—安全检测光电管　4—手动输入装置　5—RFID 读写器
6—旋转编码器　7—积放链　8—喷涂机器人　9—机器人控制柜　10—喷涂控制柜

图 6-63　喷涂机器人系统布局

1）系统工作流程

整体底盘上线→前处理→水分烘干→射频识别系统自动识别底盘类型→发送给机器人控制柜→机器人系统控制柜根据积放链的旋转编码器传送正确信号及工件类型，按照优化的程序，采用混气喷涂方式依次喷涂底盘不同部位→每个机器人完成底盘喷涂后复位，开始接收下一条指令→人工空气喷涂水性磁漆→面漆烘干→自然冷却→整体底盘下线。

2）系统特点

系统具有降级和防撞、在线跟踪等功能。涂装工艺采用了多项国际先进技术，主要在底盘上采用能自动进行喷漆的机器人，与集中循环供漆系统及喷涂效率较高的混气喷涂技术集成后喷涂环保的水性磁漆。通过先进的射频识别系统与制造执行系统（MES）集成，使机器人能够自动根据识别码识别工件类型，通过预先在机器人控制系统中设置对应的程序，灵活柔性地改变喷涂轨迹，实现小批量、多品种、混线涂装的生产工艺。

本 章 小 结

工业机器人是一台具有若干个自由度的机电装置，应用非常广泛，而孤立的一台机器人在生产中没有任何应用价值，只有根据作业内容、工作形式、质量和大小等工艺因素，给机器人配以相适应的辅助机械装置等周边设备，机器人才能成为实用的加工设备。

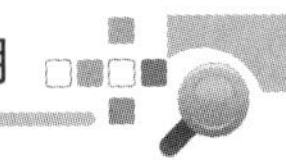

本章介绍了工业机器人工作站的构成及设计原则，针对工业机器人在通用工业领域中的应用，重点介绍了其焊接、搬运、喷涂等典型作业应用系统及周边设备等相关内容，并以常见的典型案例为对象具体介绍了工业机器人的应用。

思考与练习题

6-1　列举应用工业机器人带来的好处。

6-2　应用工业机器人时必须考虑哪些因素？

6-3　焊接变位机在焊接系统中起什么作用？

6-4　查阅资料，阐述工业机器人的应用现状和发展趋势。

6-5　查阅资料，以一类应用领域的机器人为例，详细介绍其目前的应用现状、技术要点和难点，以及未来发展的方向。

第7章 》》》》》》

工业机器人的管理与维护

教学要求

通过本章学习，了解机器人的系统结构；熟悉机器人的主机、控制柜主要部件的管理；掌握机器人日常检查保养维护的项目。

机器人在现代企业生产活动中的地位和作用十分重要，而机器人状态的好坏则直接影响机器人的效率是否得到充分发挥，从而影响企业的经济效益。因此，机器人管理、维护的主要任务之一就是保证机器人正常运转，管理维护得好，机器人发挥的效率就高，企业取得的经济效益就大，相反，再好的机器人也不会发挥作用。

机器人在使用过程中，由于机器人的物质运动和化学作用，必然会产生技术状况的不断变化和难以避免的不正常现象，以及人为因素造成的耗损，例如松动、干摩擦、腐蚀等，这是机器人的隐患，如果不及时处理，就会造成机器人的过早磨损，甚至形成严重事故。做好机器人的维护保养工作，及时处理随时发生的各种问题，改善机器人的运行条件，就能防患于未然，避免不应有的损失。实践证明，机器人的寿命在很大程度上取决于对机器人的管理、维护保养的程度。因此，对机器人的管理、维护保养工作必须强制进行，并严格督促检查。本章内容分为两个独立部分，分别介绍了机器人日常管理和维护的知识。

7.1 工业机器人的管理

7.1.1 系统安全和工作环境安全管理

在设计和布置机器人系统时，为使操作员、编程员和维修人员能得到恰当的安全防护，应按照机器人制造厂的规范进行。为确保机器人及其系统与预期的运行状态相一致，则应评价分析所有的环境条件，包括爆炸性混合物、腐蚀情况、湿度、污染、温度、电磁干扰（EMI）、射频干扰（RFI）和振动等是否符合要求，否则应采取相应的措施。

1. 机器人系统的布局

控制装置的机柜宜安装在安全防护空间外。这可使操作人员在安全防护空间外进行操作、启动机器人完成工作任务，并且在此位置上操作人员应具有开阔的视野，能观察到机器人运行情况及是否有其他人员处于安全防护空间内。若控制装置被安装在安全防护空间内，则其位置

和固定方式应能满足在安全防护空间内各类人员安全性的要求。

2. 机器人的系统安全管理

（1）机器人系统的布置应避免机器人运动部件和与机器人作业无关的周围固定物体和机器人（如建筑结构件、公用设施等）之间的挤压和碰撞，应保持有足够的安全间距，一般最少为 0.5m。但那些与机器人完成作业任务相关的机器人和装置（如物料传送装置、工作台、相关工具台、相关机床等）则不受约束。

（2）当要求由机器人系统布局来限定机器人各轴的运动范围时，应按要求来设计限定装置，并在使用时进行器件位置的正确调整和可靠固定。

在设计末端执行器时，应使其当动力源（电气、液压、气动、真空等）发生变化或动力消失时，负载不会松脱落下或发生危险（如飞出）；同时，在机器人运动时由负载和末端执行器所生成的静力和动力及力矩应不超出机器人的负载能力。机器人系统的布置应考虑操作人员进行手动作业时（如零件的上、下料）的安全防护。可通过传送装置、移动工作台、旋转式工作台、滑道推杆、气动和液压传送机构等过渡装置来实现，使手动上、下料的操作人员置身于安全防护空间之外。但这些自动移出或送进的装置不应产生新的危险。

（3）机器人系统的安全防护可采用一种或多种安全防护装置，如固定式或联锁式防护装置，包括双手控制装置，智能装置、握持-运行装置、自动停机装置、限位装置等；现场传感安全防护装置（PSSD），包括安全光幕或光屏、安全垫系统、区域扫描安全系统、单路或多路光束等。

机器人系统安全防护装置的作用：

① 防止各操作阶段中与该操作无关的人员进入危险区域。

② 中断引起危险的来源。

③ 防止非预期的操作。

④ 容纳或接受由于机器人系统作业过程中可能掉落或飞出的物件。

⑤ 控制作业过程中产生的其他危险（如抑制噪声、遮挡激光和弧光、屏蔽辐射等）。

3. 机器人工作环境安全管理

根据 GB/T 15706.1—1995 的定义，安全防护装置是安全装置和防护装置的统称。安全装置是“消除或减小风险的单一装置或与防护装置联用的装置（而不是防护装置）”。例如，联锁装置、使能装置、握持-运行装置、双手操纵装置、自动停机装置、限位装置等。防护装置是“通过物体障碍方式专门用于提供防护的机器部分。根据其结构，防护装置可以是壳、罩、屏、门、封闭式防护装置等”，如图 7-1 所示。机器人安全防护装置有固定式防护装置、活动式防护装置、可调式防护装置、联锁防护装置、带防护锁的联锁防护装置及可控防护装置等。

为了减小已知的危险和保护各类工作人员的安全，在设计机器人系统时，应根据机器人系统的作业任务及各阶段操作过程的需要和风险评价的结果，选择合适的安全防护装置。所选用的安全防护装置应按制造厂的说明进行使用和安装。

1）固定式防护装置

（1）通过紧固件（如螺钉、螺栓、螺母等）或通过焊接将防护装置永久固定在所需的地方。

（2）其结构能经受预定的操作力和环境产生的作用力，即应考虑结构的强度与刚度。

（3）其构造应不增加任何附加危险（如应尽量减少锐边、尖角、凸起等）。

（4）不使用工具就不能移开固定部件。

（5）隔板或栅栏底部离走道地面不大于 0.3m，高度应不低于 1.5m。

注意：

① 除通过与通道相连的联锁门或现场传感装置区域外，应能防止由别处进入安全防护空间。

② 在物料搬运机器人系统周围安装的隔板或栅栏应有足够的高度以防止任何物件由于末端夹持器松脱而飞出隔板或栅栏。

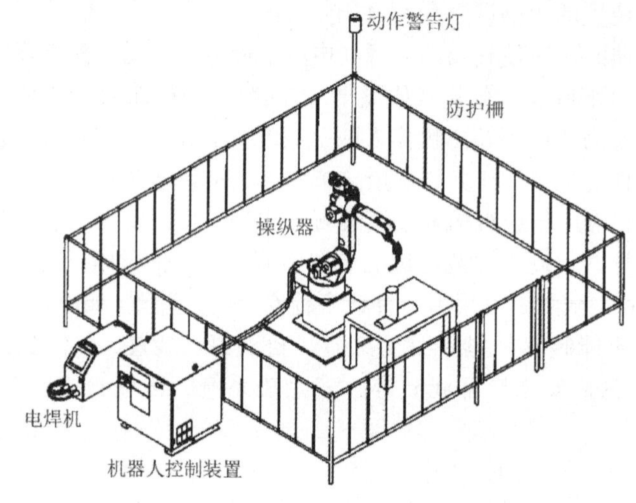

图 7-1　机器人安全防护装置

2）联锁式防护装置

（1）在机器人系统中采用联锁式防护装置时，应考虑下述原则：

① 防护装置关闭前，联锁能防止机器人系统自动操作，但防护装置的关闭应不能使机器人进入自动操作方式，而启动机器人进入自动操作应在控制板上谨慎地进行。

② 在伤害的风险消除前，具有防护锁定的联锁防护装置处于关闭和锁定状态；或当机器人系统正在工作时，防护装置被打开应给出停止或急停的指令。联锁装置起作用时，若不产生其他危险，则应能从停止位置重新启动机器人运行。

③ 中断动力源可消除进入安全防护区之前的危险，但是，如果动力源中断不能立即消除危险，那么联锁系统中应含有防护装置的锁定或制动系统。

④ 在进出安全防护空间的联锁门处，应考虑设有防止无意识关闭联锁门的结构或装置（如采用两组以上触点，具有磁性编码的磁性开关等）。应确保所安装的联锁装置的动作在避免了一种危险（如停止了机器人的危险运动）时，不会引起另外的危险发生（如使危险物质进入工作区）。

（2）在设计联锁系统时，也应考虑安全失效的情况，即万一某个联锁器件发生不可预见的失效时，安全功能应不受影响。若万一受影响，则机器人系统仍应保持在安全状态。

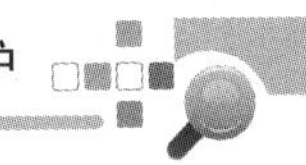

（3）在机器人系统的安全防护中经常使用现场传感装置，在设计时应遵循下述原则：

① 现场传感装置的设计和布局应能使传感装置未起作用前人员不能进入且身体各部位不能伸到限定空间内。为了防止人员从现场传感装置旁边绕过进入危险区，要求将现场传感装置与隔栏一起使用。

② 在设计和选择现场传感装置时，应考虑到其作用不受系统所处的任何环境条件（如湿度、温度、噪声、光照等）的影响。

3）安全防护空间

安全防护空间是由机器人外围的安全防护装置（如栅栏等）所组成的空间。确定安全防护空间的大小是通过风险评价来确定超出机器人限定空间而需要增加的空间。一般应考虑当机器人在作业过程中，所有人员身体的各部分应不能接触到机器人运动部件和末端执行器或工件的运动范围。

4）动力断开

（1）提供给机器人系统及外围机器人的动力源应满足由制造商的规范以及本地区的或国家的电气构成规范要求，并按标准提出的要求进行接地。

（2）在设计机器人系统时，应考虑维护和修理的需要，必须具备能与动力源断开的技术措施。断开必须做到既可见（如运行明显中断），又能通过检查断开装置操作器的位置而确认，而且能将切断装置锁定在断开位置。切断电器电源的措施应按相应的电气安全标准。机器人系统或其他相关机器人动力断开时，应不发生危险。

5）急停

机器人系统的急停电路应超越其他所有控制，使所有运动停止，并从机器人驱动器上和可能引起危险的其他能源（如外围机器人中的喷漆系统、焊接电源、运动系统、加热器等）上撤除驱动动力。

（1）每台机器人的操作站和其他能控制运动的场合都应设有易于迅速接近的急停装置。

（2）机器人系统的急停装置应如机器人控制装置一样，其按钮开关应是掌揿式或蘑菇头式，衬底为黄色的红色按钮，且要求人工复位。

（3）重新启动机器人系统运行时，应在安全防护空间外，按规定的启动步骤进行。

（4）若机器人系统中安装有两台机器人，且两台机器人的限定空间具有相互交叉的部分，则其共用的急停电路应能停止系统中两台机器人的运动。

6）远程控制

当机器人控制系统需要具有远程控制功能时，应采取有效措施防止由其他场所启动机器人运动而产生危险。

具有远程操作（如通过通信网络）的机器人系统，应设置一种装置（如键控开关），以确定在进行本地控制时，任何远程命令均不能引发危险产生。

（1）当现场传感装置已起作用时，只要不产生其他的危险，可将机器人系统从停止状态重新启动到运行状态。

（2）在恢复机器人运动时，应要求撤除传感区域的阻断，此时不应使机器人系统重新启动自动操作。

（3）应具有指示现场传感装置正在运行的指示灯，其安装位置应易于观察。可以集成在现场传感装置中，也可以是机器人控制接口的一部分。

7）警示方式

在机器人系统中，为了引起人们注意潜在危险的存在，应采取警示措施。警示措施包括栅栏或信号器件。它们是被用于识别通过上述安全防护装置没有阻止的残留风险，但警示措施不应是前面所述安全防护装置的替代品。

8）警示栅栏

为了防止人员意外进入机器人限定空间，应设置警示栅栏。

9）警示信号

为了给接近或处于危险中的人员提供可识别的视听信号，应设置和安装信号警示装置。在安全防护空间内采用可见的光信号来警告危险时，应有足够多的器件以便人们在接近安全防护空间时能看到光信号。

音响报警装置则应具有比环境噪声分贝级别更高的独特的警示声音。

10）安全生产规程

考虑到机器人系统寿命中的某些阶段（例如调试阶段、生产过程转换阶段、清理阶段、维护阶段），若想设计出完全适用的安全防护装置去防止各种危险，则不大可能，并且那些安全防护装置也可以被暂停。在这种状态下，应该采用相应的安全生产规程。

11）安全防护装置复位

重建联锁门或现场传感装置区域时，其本身应不能重新启动机器人的自动操作。应要求在安全防护空间仔细地动作来重新启动机器人系统。重新启动装置的安装位置，应在安全防护空间内的人员不能够到的地方，且能观察到安全防护空间。

7.1.2 主机和控制柜的管理

1. 机器人主机的管理

机器人主机位于机器人控制柜（见图 7-2）内，是出故障较多的部分。故障种类有串口/并口/网卡接口失灵、进不了系统、屏幕无显示等。而机器人主板是主机的关键部件，起着至关重要的作用。它集成度越来越高，维修机器人主机主板的难度也越来越大，需专业的维修技术人员借助专门的数字检测设备才能完成。机器人主机主板集成的组件和电路多而复杂，容易引起故障，其中也不乏是客户人为造成的。归纳起来主要有以下三方面因素：

（1）人为因素。热插拔硬件非常危险，许多主板故障都是热插拔引起的，带电插/拔装板卡及插头时用力不当容易造成对接口、芯片等的损害，从而导致主板损坏。

（2）内因。随着使用机器人时间的增长，主板上的元器件就会自然老化，从而导致主板故障。

（3）环境因素。由于操作者的保养不当，机器人主机主板上布满了灰尘，可能造成信号短路。此外，静电也常造成主板上芯片（特别是 CMOS 芯片）被击穿，引起主板故障。

因此，特别注意机器人主机的通风、防尘，减少因环境因素引起的主板故障。

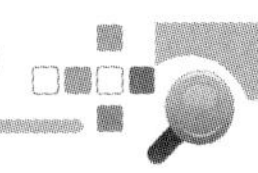

图 7-2　机器人控制柜

2．机器人控制柜的管理

1）控制柜的保养计划表

机器人的控制柜必须有计划的经常保养，以便其正常工作。表 7-1 为控制柜保养计划。

表 7-1　控制柜保养计划

保养内容	设　备	周　期	说　明
检查	控制柜	6 个月	—
清洁	控制柜	—	—
清洁	空气过滤器	—	—
更换	空气过滤器	4000 小时/24 个月	小时表示运行时间，而月份表示实际的日历时间
更换	电池	12000 小时/36 个月	同上

2）检查控制柜

控制柜的检查方法与步骤参见表 7-2。

表 7-2　控制柜的检查方法与步骤

步骤	操作方法
1	检查并确定柜子里面无杂质，如果发现杂质，清除并检查柜子的衬垫和密封
2	检查柜子的密封结合处及电缆密封管的密封性，确保灰尘和杂质不会从这些地方吸入柜子里面
3	检查插头及电缆连接的地方是否松动，电缆是否有破损
4	检查空气过滤器是否干净
5	检查风扇是否正常工作

在维修控制柜或连接到控制柜上的其他单元之前，先注意以下几点：

（1）断掉控制柜的所有供电电源。

（2）控制柜或连接到控制柜的其他单元内部很多元件都对静电很敏感，如果受静电影响，有可能损坏。

（3）在操作时，一定要带上一个接地的静电防护装置，如特殊的静电手套等。有的模块或元件安装了静电保护扣，用来连接保护手套，请使用它。

3）清洁控制柜

所需设备有一般清洁器具和真空吸尘器。对于一般清洁器具，可以用软刷蘸酒精清洁外部柜体，用真空吸尘器进行内部清洁。控制柜内部清洁方法与步骤见表 7-3。

表 7-3 控制柜内部清洁方法与步骤

步骤	操 作	说 明
1	用真空吸尘器清洁柜子内部	—
2	如果柜子里面装有热交换装置，需保持其清洁，这些装置通常在供电电源后面、计算机模块后、驱动单元后面	如果需要，可以先移开这些热交换装置，然后再清洁柜子

清洗柜子之前的注意事项：

（1）尽量使用上面介绍的工具清洗，否则，容易造成一些额外的问题。

（2）清洁前检查保护盖或者其他保护层是否完好。

（3）在清洗前，千万不要移开任何盖子或保护装置。

（4）千万不要使用指定外的清洁用品，如压缩空气及溶剂等。

（5）千万不要使用高压的清洁器喷射。

7.2 工业机器人的维护和保养

7.2.1 控制装置及示教器的检查

机器人控制装置及示教器的检查参见表 7-4。

表 7-4 控制装置及示教器的检查

序号	检查内容	检查事项	方法及对策
1	外观	（1）机器人本体和控制装置是否干净； （2）电缆外观有无损伤； （3）通风孔是否堵塞	（1）清扫机器人本体和控制装置； （2）目测外观有无损伤，如果有，就应紧急处理，损坏严重时应进行更换； （3）目测通风孔是否堵塞并进行处理
2	复位急停按钮	（1）面板急停按钮是否正常； （2）示教器急停按钮是否正常； （3）外部控制复位急停按钮是否正常	开机后用手按动面板复位急停按钮，确认有无异常，损坏时进行更换
3	电源指示灯	（1）面板、示教器、外部机器、机器人本体的指示灯是否正常； （2）其他指示灯是否正常	目测各指示灯有无异常
4	冷却风扇	运转是否正常	打开控制电源，目测所有风扇运转是否正常，不正常予以更换
5	伺服驱动器	伺服驱动器是否洁净	清洁伺服驱动器
6	底座螺栓	检查有无缺少、松动	用扳手拧紧、补缺
7	盖类螺栓	检查有无缺少、松动	用扳手拧紧、补缺
8	放大器输入/输出电缆安装螺钉	（1）放大器输入/输出电缆是否连接； （2）安装螺钉是否紧固	连接放大器输入/输出电缆，并紧固安装螺钉

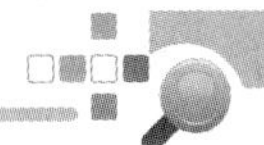

续表

序号	检查内容	检查事项	方法及对策
9	编码器电池	机器人本体内的编码器挡板上的蓄电池电压是否正常	电池没电，机器人遥控盒显示编码器复位时，按照机器人维修手册上的方法进行更换（所有机型每 2 年更换一次）
10	I/O 模块的端子导线	I/O 模块的端子导线是否连接导线	连接 I/O 模块的端子导线，并紧固螺钉
11	伺服放大器的输入/输出电压（AC、DC）	打开伺服电源，参照各机型维修手册测量伺服放大器的输入/输出电压（AC、DC）是否正常，判断基准在±15%范围内	建议由专业人员指导
12	开关电源的输入/输出电压	打开伺服电源，参照各机型维修手册，测量各 DC 电源的输入/输出电压。输入端为单相 220V，输出端为 DC 24V	建议由专业人员指导
13	电动机抱闸线圈打开时的电压	在电动机抱闸线圈打开时的电压判定基准为 DC 24V	建议由专业人员指导

7.2.2　机器人本体的检查

机器人本体的检查参见表 7-5。

表 7-5　机器人本体的检查

序号	检查内容	检查事项	方法及对策
1	整体外观	机器人本体外观上有无脏污、龟裂及损伤	清扫灰尘、焊接飞溅，并进行处理（用真空吸尘器、用布擦拭时使用少量酒精或清洁剂，用水清洁加入防锈剂）
2	机器人本体安装螺钉	（1）机器人本体所安装螺钉是否紧固； （2）焊枪本体安装螺钉、母材线、地线是否紧固	（1）紧固螺钉； （2）紧固螺钉和各零部件
3	同步皮带	检查皮带的张紧力和磨损程度	（1）皮带的扩张程度松弛进行调整； （2）损伤、磨损严重时要更换
4	伺服电动机安装螺钉	伺服电动机安装螺钉是否紧固	根据力矩紧固伺服电动机安装螺钉
5	超程开关的运转	闭合电源开关，打开各轴开关，检查运转是否正常	检查机器人本体上有几个超程开关
6	原点标志	原点复位，确认原点标志是否吻合	目测原点标志是否吻合（思考：不吻合时如何进行示教修正操作？）
7	腕部	（1）伺服锁定时腕部有无松动； （2）在所有运转领域中腕部有无松动	松动时要调整锥齿轮（思考：如何调整锥齿轮松动？）
8	阻尼器	检查所有阻尼器上是否损伤，破裂或存在大于 1mm 的印痕，检查连接螺钉是否变形	目测到任何损伤必须更换新的阻尼器，如果螺钉有变形更换连接螺钉
9	润滑油	检查齿轮箱润滑油量和清洁程度	卸下注油塞，用带油嘴和集油箱的软管排出齿轮箱中的油，装好油塞，重新注油（注油的量根据排出的量而定）
10	平衡装置	检查平衡装置有无异常	卸下螺母，拆去平衡装置防护罩，抽出一点汽缸检查内部平衡缸，擦干净内部，目测内部环有无异常，更换任何有异常的部分，推回汽缸装好防护罩并拧好螺母

续表

序号	检查内容	检查事项	方法及对策
11	防碰撞传感器	闭合电源开关及伺服电源，拨动焊枪使防碰撞传感器运转，紧急停止功能是否正常	防碰撞传感器损坏或不能正常工作时应进行更换
12	空转（刚性损伤）	运转各轴检查是否有刚性损伤	（思考：如何确认刚性损伤？）
13	锂电池	检查锂电池使用时间	每两年更换一次
14	电线束、谐波油（黄油）	检查在机器人本体内电线束上黄油的情况	在机器人本体内电线束上涂敷黄油，以三年为一周期更换
15	所有轴的异常振动、声音	检查所有运转中轴的异常振动和异常声音	用示教器手动操作转动各轴，不能有异常振动和声音
16	所有轴的运转区域	示教器手动操作转动各轴，检查在软限位报警时是否达到硬限位	目测是否达到硬限位，进行调节
17	所有轴与原来标志的一致性	原点复位后，检查所有轴与原来标志是否一致	用示教器手动操作转动各轴，目测所有轴与原点标志是否一致，不一致时重新检查第 6 项
18	变速箱润滑油	打开注油塞检查油位	如有漏油，用油枪根据需要补油（第一次工作就隔 6 000h 更换，以后每隔 24 000h 更换）
19	外部导线	目测检查有无污迹及损伤	如有污迹、损伤，进行清理或更换
20	外露电动机	目测有无漏油	如有漏油，请及时进行清理并联系专业人员
21	大修	30 000h	请联系厂家人员

7.2.3 连接电缆的检查

连接电缆的检查参见表 7-6。检查机器人连接电缆时关闭连接到机器人的所有电源、液压源、气压源，然后进入机器人工作区域进行检查。

表 7-6 连接电缆的检查

序号	检查内容	检查事项	方法及对策
1	机器人本体与伺服电动机相连的电缆	（1）接线端子的松紧程度； （2）电缆外观有无磨损和损伤	（1）用手确认松紧程度； （2）目测外观有无损伤，如果有任何磨损，应及时更换
2	与接口箱相连的电缆	同机器人本体与伺服电动机相连的电缆	同上
3	与控制装置相连的电缆	（1）接线端子的松紧程度； （2）电缆外观（包括示教器及外部轴电缆）有无损伤	同上
4	接地线	（1）本体与控制装置间是否接地； （2）外部轴与控制装置间是否接地	目测并连接接地线
5	电缆导向装置	检查底座上的连接器，检查电缆导向装置有无损坏	如有任何磨损或损坏，应及时更换

7.2.4 日常维护及保养计划

想要最大程度保证工业机器人正常运行，提高机器人使用寿命，保证高效益产出，工业机器人日常的安全使用和文明操作，以及日常的自检与维护工作是相当重要的。根据上述检查内容，参考产品手册，结合企业生产实际情况制订按时间段进行的机器人日常维护及保养计划，见表 7-7。

表 7-7　机器人日常维护及保养计划

序号	日常检查及维护	三个月检查及维护（包括日常检查及维护）	一年保养（包括日常、三个月检查及维护）
1	检查设备的外表有没有灰尘附着	检查各接线端子是否固定良好	检查控制箱内部各基板接头有无松动
2	检查外部电缆是否磨损、压损，各接头是否固定良好，有无松动	检查机器人本体的底座是否固定良好	检查内部各线有无异常情况（如各接点是否有断开的情况）
3	检查冷却风扇工作是否正常	清扫内部灰尘	检查本体内配线是否断线
4	检查各操作按钮动作是否正常	—	检查机器人的电池电压是否正常（正常为 3.6V）
5	检查机器人动作是否正常	—	检查机器人各轴电动机的制动是否正常
6	—	—	检查各轴的传动带张紧度是否正常
7	—	—	给各轴减速机加机器人专用油
8	—	—	检查各设备电压是否正常

机器人的维护保养工作由操作者负责，操作者必须严格按照保养计划书保养维护好设备，每次保养必须填写保养记录。操作者应严格按照操作规程操作，在每班交接时仔细检查设备完好状况，记录好各班设备运行情况。设备发生故障时，应及时向维修人员反映设备情况，包括故障出现的时间、故障的现象，以及故障出现前操作者进行的详细操作，以便维修人员正确快速地排除故障，顺利恢复生产。

本章小结

本章内容主要讲述了工业机器人的系统安全和工作环境安全的管理，工业机器人的主机及控制柜主要部件的管理，以及工业机器人的维护和保养。重点阐述如何管理机器人和机器人的日常保养维护。从机器人的控制装置、示教器、机器人本体以及辅助装置等多方面维护保养，并制订按时间段进行的保养计划，提高机器人的使用寿命。

思考与练习题

7-1　为什么要进行机器人的保养和维护？

7-2　如果发生机器人故障是否马上通知专业服务人员处理，为什么？

参 考 文 献

[1] 肖南峰. 工业机器人[M]. 北京：机械工业出版社，2011.

[2] 谢存禧，张铁. 机器人技术及其应用[M]. 北京：机械工业出版社，2005.

[3] 张玫，邱钊鹏，诸刚. 机器人技术[M]. 北京：机械工业出版社，2011.

[4] 董春利. 机器人应用技术[M]. 北京：机械工业出版社，2014.

[5] 李云江. 机器人概论[M]. 北京：机械工业出版社，2011.

[6] 吴振彪. 工业机器人[M]. 武汉：华中科技大学出版社，1997.

[7]（美）John J. Craig. 机器人学导论（原书第 3 版）[M]. 负超, 等译. 北京：机械工业出版社，2014.

[8]（美）Saeed B. Niku. 机器人学导论——分析、系统及应用[M]. 孙富春, 等译. 北京：电子工业出版社，2004.

[9] 刘小波. 工业机器人技术基础[M]. 北京：机械工业出版社，2016.

[10] 兰虎. 工业机器人技术及应用[M]. 北京：机械工业出版社，2014.

[11] 佘明洪，余永洪. 工业机器人操作与编程[M]. 北京：机械工业出版社，2017.

[12] 何成平，董诗绘. 工业机器人操作与编程技术[M]. 北京：机械工业出版社，2016.

[13] 叶晖，管小清. 工业机器人实操与应用技巧[M]. 北京：机械工业出版社，2010.

[14] 叶晖　等. 工业机器人工程应用虚拟仿真教程[M]. 北京：机械工业出版社，2013.

[15] 熊清平，黄楼林. 工业机器人技术[M]. 北京：电子工业出版社，2016.

[16] 张宪民. 机器人技术及其应用[M]. 北京：机械工业出版社，2017.

[17] 韩建海. 工业机器人[M]. 武汉：华中科技大学出版社，2015.

[18] 郭彤颖，安冬. 机器人系统设计及应用[M]. 北京：化学工业出版社，2015.

[19] 龚仲华. 工业机器人编程与操作[M]. 北京：机械工业出版社，2016.

[20] 郭洪红. 工业机器人技术[M]. 西安：西安电子科技大学出版社，2012.